北京工商大学学术专著出版资助项目

U0266414

果汁分离技术与装备

马松柏　著

中国农业科学技术出版社

图书在版编目（CIP）数据

果汁分离技术与装备／马松柏著．—北京：中国农业科学技术
出版社，2015.8

ISBN 978 - 7 - 5116 - 2242 - 6

Ⅰ.①果… Ⅱ.①马… Ⅲ.①果汁-食品加工 Ⅳ.①TS255.44

中国版本图书馆 CIP 数据核字（2015）第 201731 号

责任编辑	崔改泵
责任校对	贾海霞

出 版 者	中国农业科学技术出版社
	北京市中关村南大街 12 号　邮编：100081
电　　话	(010)82109194(编辑室)　　(010)82109702(发行部)
	(010)82106629(读者服务部)
传　　真	(010)82106650
网　　址	http://www.castp.cn
经 销 者	各地新华书店
印 刷 者	北京富泰印刷有限责任公司
开　　本	710mm×1000mm　1/16
印　　张	16.75
字　　数	301 千字
版　　次	2015 年 8 月第 1 版　2015 年 8 月第 1 次印刷
定　　价	60.00 元

前　言

　　由于果汁具有天然果实的风味,不但能解渴,更内含多种对人体健康有益的维生素、矿物质、微量元素及生物活性物质等,具有极高的营养价值和保健功能,作为新世纪绿色健康饮品,正日益成为消费者追逐的热点。我国是世界上最大的果品生产国,其中,大宗的果品多年来一直被用于加工果汁饮料,即使国内较小面积种植的水果,基本也都开发出了相应的果汁饮料。然而,与之形成鲜明对比的是,我国的果汁生产行业长期与发达国家同行业存在很大差距。虽然我国连续在"十五"、"十一五"和"十二五"科技攻关重大专项和国家"863"项目中,专门设置了果蔬汁加工的课题,涌现了大批科研成果与技术装备,极大地推动了行业的发展,一定程度上加快了行业技术进步,但总体仍存在国产果汁加工机械品种少,许多关键机械设备仍依赖进口的局面。

　　本书共分5章,全书深入详尽地阐述了果汁分离的传统与现代技术及装备,包括果汁及其加工原料的基础物性、果汁分离工艺,重点介绍了压榨和浸提工艺过程及作业机理、分析了提高果汁出汁率的主要因素及具体措施、与果汁加工密切相关的酶制剂及其在果汁加工中的应用,并全面介绍了当前压榨与浸提工艺分离果汁的机械设备及其辅助设备等方面的内容。希望通过本书的出版为我国果汁加工行业的发展略尽绵薄之力。

　　编写本书时,得到了中国农业大学工学院张绍英教授及其课题组成员的大力支持,张绍英教授长期处于果汁加工机械设备的研发与教学一线,积累了大量的研究成果与技术经验,使本书作者受益匪浅。北京工商大学材料与机械工程学院黄志刚教授、项辉宇教授、刘玉德教授、王晶副教授等人也给予了本书作者极大的帮

1

助。此外,本书内容中参考了有关研究者的著作和资料,吸收了部分院校的教学成果,在此一并致谢。

因作者编写水平和时间所限,在内容选取、编排以及文字上不免会有粗糙及不完善之处,敬请读者提出宝贵意见,以便修正。

马松柏

2015 年 5 月

目　录

第1章　果汁及其原料的基础物性

1.1　果汁的定义及分类

果汁可依据产品加工工艺、产品用途、产品特点和市场发展等进行分类，不同国家制定的分类标准有差异。目前，国际食品法规的标准体系有3个层次，分别是联合国层次、国际性非政府组织层次和国家层次。联合国层次的食品标准由联合国粮农组织（FAO）与世界卫生组织（WHO）成立的食品法典委员会（Codex Alimentarius Commission, CAC）负责制定。属于非政府组织层次的标准主要由国际果汁生产商联合会（International Federation of Fruit Juice Producers, IFU）负责。我国自2001年11月先后加入WTO和IFU以来，食品工业也逐步与国际标准接轨。

CAC（Codex Stan 247—2005）制定的《果汁及果肉果汁通用标准》中对果汁的定义是：果汁是从完好、适当成熟的新鲜水果或通过合适方法（包括按照CAC的适用条款对采后水果的表面进行处理）保持了完好状态的水果的可食部分获取的未经发酵但可以发酵的汁液。并强调所述果汁应是通过适当工艺制备，并保持它所来源水果汁液的必要的物理、化学、感官和营养特性。果汁可以是浑浊汁或清汁，并可能已经还原了香气物质和挥发性的风味成分，所述的全部芳香物质和挥发性的风味成分都必须通过适当的物理方法获得且必须从相同种类的水果中回收而来。

同时，CAC的通用标准中将果汁类产品分为6类：果汁（Fruit Juice）、浓缩果汁（Concentrated Fruit Juice）、已提取水分的果汁（Water Extracted Fruit Juice）、用于生产果汁及果肉果汁的果浆（Fruit Puree for use in the manufacture of Fruit Juices and Nectars）、用于生产果汁及果肉果汁的浓缩果浆（Concentrated Fruit Puree for use in the manufacture of Fruit Juices and Nectars）及果肉果汁（Fruit Nectar，或译为果肉饮料）。

我国现行国家标准GB/T 31121—2014《水果汁类及其饮料》（2015年

6月1日实施）从加工技术层面将果汁类产品划分为3大类并分别给出了各自的定义。

（1）果汁（浆）［Fruit/Vegetable Juice（Puree）］。采用物理方法（机械方法直接榨取、水浸提等），将水果加工制成可发酵但未发酵的汁液、浆液，或在浓缩汁（浆）中加入其加工过程中除去的等量水分复原而成的制品，或以水果、果汁（浆）、浓缩果汁（浆）经发酵后制成的汁液。未发酵果汁（浆）包括非复原果汁（浆）和复原果汁（浆）。

可以使用糖（包括食糖和淀粉糖）或酸味剂或食盐调整果汁的口感，但不得同时使用糖（包括食糖和淀粉糖）和酸味剂调整果汁、果浆的口感。可以回添香气物质和挥发性风味成分，但这些物质或成分获取方式必须是物理方法且只能来源于同一种水果。通过物理方法从同一种水果中获得的纤维、囊胞（来源于柑橘属水果）、果粒也可以添加到果汁（浆）中。

（2）浓缩果汁（浆）［Concentrated Fruit Juice（Puree）］。采用机械方法从水果榨取的果汁（浆）中除去一定比例的水分，加水复原后具有果汁（浆）应有特征的制品，也包括经水浸提后榨取或打浆得到的果汁（浆）的浓缩制品。可以回添香气物质和挥发性风味成分，这些物质或成分获取方式必须是物理方法且只能来源于产品对应的同一种水果，从同一种水果中获得的纤维、囊胞（来源于柑橘属水果）、果粒也可以添加到浓缩果汁（浆）中。

（3）果汁（浆）类饮料［Fruit Juice（Puree）Beverage］。果汁（浆）、浓缩果汁（浆）加水后，添加或不添加其他原辅料等调制而成的饮料。可添加从水果中获得的纤维、囊胞、果粒、蔬菜粒。同时，每个大类下又细分成若干个子类，如果汁（浆）大类下分为：鲜榨汁（Fresh Fruit Juice）、果汁（Fruit Juice）、果浆（Fruit Puree）、复合果汁（浆）（Blended Fruit）和发酵果汁（Fermented Fruit Juice）5个子类；浓缩果汁（浆）大类下分为：浓缩果汁（浆）［Concentrated Fruit Juice（Puree）］和浓缩复合果汁（浆）［Blended Concentrated Juice（Puree）］2个子类；果汁（浆）类饮料大类下包括：果汁饮料（Fruit Juice Beverage）、果肉饮料（Fruit Nectar）、复合果汁饮料（Blended Fruit Juice Beverage）、果汁饮料浓浆（Concentrated Fruit/Vegetable Juice Beverage）、发酵果汁饮料（Fermented Fruit Juice Beverage）和水果饮料（Fruit Beverage）6个子类。共计13类。

可以看出，我国国家标准已全面与国际接轨，并具有更加严格和细化的规定。

此外，国家标准 GB/T 31121—2014《水果汁类及其饮料》中同样明确规定了相关技术要求，包括原辅料要求、果汁产品感官要求、果汁产品理化要求、食品安全要求、果汁产品检验要求及果汁产品包装储运要求等。原辅料技术要求如下："水果原料应新鲜、完好、成熟适当。可使用物理方法保藏的，或采用国家标准及有关法规允许的适当方法（包括采后表面处理方法），以维持果实完好状态的水果、干制水果。"可见，适宜的原料是生产优质果汁的物质基础。本章将重点介绍适于制汁的原料基础物性，包括原辅料（主要为新鲜水果）的品种、成分、质构、理化特性等。

1.2　适于加工果汁的水果种类和品种

正确选择适合于加工的原料种类和品种是制品品质优良的首要条件，如何选择合适的原料，要根据各种加工品的制作要求和原料本身的特性来决定。不同种类、不同品种的水果在外观和内在品质上的明显差异，是由遗传物质——基因所控制和决定的。正是由于这些特定的基因表达，使水果各种类和品种呈现出很多性状上的明显差异，如在成熟期上有早熟、中熟、晚熟品种；在色泽上有红、黄、绿品种；同样，在营养成分、生理特性、加工适应性和耐藏性上均存在种类和品种间的巨大差异。因此，在果汁加工生产上必须选择适宜的种类和品种作为制汁原料。

1.2.1　适于加工果汁的水果种类

水果的种类很多，其中适宜制汁的水果种类按照果实的构造和特性大致可分为仁果类、核果类、浆果类、柑橘类、复果类和杂类（如柿、枣）等，主要来源于多年生本本或藤本植物。

（1）仁果类。这类水果属于蔷薇科果树的果实，此类水果果汁果肉多，可食部分是肉质的花托发育而成的果肉（或果皮），外果皮及中果皮与果肉相连，内果皮形成果心，里面有种子，种子较大或多粒存在。主要品种有苹果、梨、海棠、沙果、枇杷、木瓜、山楂等，其中，苹果和梨是北方的主要果品。

（2）核果类。这类果品的果实是核果，由子房发育而成，有明显的外、中、内三层果皮；外果皮薄，中果皮肉质，内果皮硬化而成为坚硬的核,故称为核果。可食部分是肥厚的中果皮,主要品种有桃、李、杏、梅、荔枝、樱桃和槟榔等。

（3）浆果类。这类果品的外果皮为一层表皮,中果皮及内果皮几乎全部为浆质,果实含有丰富的浆液,故称为浆果。此类水果果汁果肉多、种子小或多粒存在。主要有葡萄、草莓、树莓、醋栗、猕猴桃、石榴、人参果等,其中葡萄是我国北方的主要果品之一。

（4）柑橘类。这类水果外皮含油泡,内果皮形成果瓣,可食部分是内果皮发育而成的囊瓣状果肉,内生许多肉质化的砂囊,果汁就含在砂囊中,其外覆蜡质,并含有芳香油。主要有柑橘、甜橙、柚和柠檬四大类。

（5）复果类。这类果品的果实是由整个的花序发育而成的,可食部分是肉质的花序轴及苞片、花托、子房。主要有菠萝、菠萝蜜、无花果、桑葚和面包果等。

1.2.2　常用的制汁水果品种

常用的制汁水果品种有苹果、梨、柑橘、桃、葡萄、菠萝、草莓、桑葚、猕猴桃等。

（1）苹果。苹果是我国第一大果种,我国是世界上最大的苹果生产国和消费国,苹果种植面积和产量均占世界总量的40%以上。我国有24个省区生产苹果,其中,山东、陕西、河南、山西、河北、辽宁、甘肃、新疆维吾尔自治区（全书简称新疆）等省区为主要产区,这8个省份苹果面积占全国的77.7%,产量占全国的92.3%。新中国成立后,苹果年产量用了40多年的时间,从几乎为零缓慢增长到接近500万t。自1992年开始,我国苹果年产量开始持续快速增长,除了2000—2003年产量徘徊在2 000万~2 100万t,几乎每5年产量就增加1 000万t,2012年苹果栽植面积3 850万亩,产量3 950万t,比2011年产量增加了352万t。近年受气候、树龄老化等多重因素的影响,我国苹果产量将结束多年来的连续增长,2014年苹果产量较上年同比减少5%左右。按13亿人口计算,我国目前人均苹果占有量已达30kg。每年有800万~900万t苹果用于加工,其中,500万~700万t用于生产浓缩苹果汁。

全世界的苹果栽培品种有9 000多个,但比较常见可供制汁的品种有红富士、嘎拉、桑萨、红将军、津轻、金冠（又名金帅、黄元帅、黄香蕉）、红星（又名蛇果）、红玉、乔纳金、新乔纳金、澳洲青苹及国光等。

苹果汁可通过几个品种的搭配，而获得风味浓郁、甜酸适宜的优质果汁。苹果鲜榨汁既有丰富的营养，又保持良好的天然风味，近年来日益受到消费者关注，在欧美，苹果鲜榨汁销量占苹果汁市场份额的40%以上，鲜榨汁已成为苹果加工的一个主要发展方向。中国农业科学院果树研究所聂继云等2013年以122个单果质量在100 g以上的苹果品种为对象，通过对多种苹果品种可溶性固形物含量、固酸比、出汁率、单宁含量等评价指标的综合分析，筛选出58个适于加工鲜榨汁的优良品种，其中，红富士、乔纳金、津轻等43个品种适于加工鲜榨汁，澳洲青苹、红玉、金冠等15个品种极适于加工鲜榨汁，详见表1-1。

表1-1　适于加工鲜榨汁的苹果品种

品种	可溶性固形物含量（TTS）（%）	固酸比（RTT）	出汁率（JR）（%）	丹宁含量（Tn）（mg/kg）	适宜性
澳洲青苹	11.0	15.5	76.1	914	极适于
长红	11.8	16.6	75.0	310	极适于
国光	11.6	24.5	76.4	101 2	极适于
赫腊桑	11.8	16.0	78.3	673	极适于
红玉	12.4	21.2	76.0	942	极适于
惠	10.9	15.9	78.9	376	极适于
金冠	11.7	20.0	76.3	505	极适于
宁秋	12.0	50.7	77.0	732	极适于
千秋	12.2	16.8	82.9	298	极适于
秋香	11.2	19.1	77.1	640	极适于
秋映	11.7	23.8	77.7	541	极适于
珊夏	13.7	51.7	76.9	716	极适于
甜红玉	11.9	17.6	79.5	710	极适于
未希	12.5	15.8	84.8	1 056	极适于
新乔纳金	11.1	19.4	78.9	767	极适于
奥查克金	9.3	23.0	79.0	870	适于
坂田津轻	11.0	41.5	77.6	511	适于
宝斯库普	20.5	19.8	77.1	746	适于
赤龙	9.5	24.4	81.2	365	适于

品种	可溶性固形物含量（TTS）（%）	固酸比（RTT）	出汁率（JR）（%）	丹宁含量（Tn）（mg/kg）	适宜性
春香	9.3	18.4	73.4	839	适于
翠玉	9.2	19.7	77.6	597	适于
寒富	11.0	35.0	77.3	1 697	适于
轰系津轻	10.6	19.9	78.0	470	适于
红富士	13.6	61.8	74.3	539	适于
红夏	11.3	38.6	78.9	425	适于
胡思维提	9.7	15.8	76.6	643	适于
华富	10.8	32.3	77.0	898	适于
杰普提斯卡	10.5	19.3	74.3	667	适于
解放	11.0	15.8	73.2	554	适于
金矮生	10.0	19.2	74.8	411	适于
津轻	10.6	26.2	77.1	721	适于
克洛登	11.3	27.0	77.2	445	适于
库列洒	9.8	22.0	75.2	537	适于
辽伏	10.2	44.9	78.9	584	适于
柳玉	10.8	18.0	72.0	761	适于
陆奥	9.3	18.5	76.5	730	适于
绿帅	10.6	18.1	81.2	671	适于
伦巴瑞	8.5	20.5	76.0	640	适于
马空	9.7	16.2	76.3	373	适于
美尔巴	9.7	15.6	77.8	914	适于
萌	11.1	22.5	73.4	976	适于
南浦一号	10.6	20.7	78.9	393	适于
帕顿	11.5	14.3	77.0	662	适于
乔纳红	11.3	13.8	78.4	646	适于
乔纳金	9.4	23.3	78.3	347	适于

（资料来源：参考文献3）

（2）柑橘类。柑橘类（也称柑桔类）水果是指包括橘子、柑、柚、枸橼（又名香水柠檬）、甜橙、酸橙、金橘、柠檬等一族水果的统称。柑橘类水果中用于制汁的主要品种是甜橙，世界橙汁年产量大约 1 600 万 t，是最大宗果汁产品，占柑橘类果汁产品总量的 95% 左右，其次是葡萄柚和柠檬、蜜橘等，有些国家也用宽皮橘、橘柚、橘橙等加工果汁。甜橙又分为普通甜橙（Common Orange）、脐橙（Navel Orange）和血橙（Blood Orange），普通甜橙主要用于加工制汁。我国有 20 个省（市、区）（包括台湾）可种植柑橘，分布在北纬 16°～37°，主要生长区域集中在北纬 20°～

30°。主栽品种包括温州蜜柑、椪柑、砂糖橘、南丰蜜橘、冰糖柑、脐橙、锦橙、伏令夏橙、哈姆林甜橙、广西沙田柚等。柑橘汁加工期集中在 11 月至翌年 1 月，产量主要分布在湖南、江西、四川、福建、浙江、广西壮族自治区（全书简称广西）、湖北、广东和重庆 9 个省（区、市），这些地区的常年产量占全国的 95% 以上。

我国主要汁用甜橙品种包括锦橙、哈姆林、冰糖橙、塔罗科、雪柑、大红甜橙、北碚 447 和伏令夏橙等。2007 年四川农业大学李庆等运用模糊数学综合评定的方法，对四川地区栽培的甜橙、柠檬等柑橘加工品种的优劣进行综合分析，筛选出适合加工制汁的柑橘专用品种。结果显示，甜橙品种综合品质的排序为：江安 35#夏橙（四川江安）≈北碚 447#锦橙（四川泸州）>伏令夏橙（四川江安）>王字 4#锦橙（四川泸州）>佛罗橙（四川安岳）>蓬安 100#锦橙（四川泸州），其中，江安 35#夏橙（四川江安）和北碚 447#锦橙为最优的甜橙制汁品种；柠檬品种综合品质的排序为：在色泽、可溶性固形物和香气等考察指标中，尤力克柠檬略优于塔希提来檬，但塔希提来檬具有皮薄汁多的优越的加工性能，如能两者相互结合，取长补短，期望能生产出具有优良特性且加工方便的柠檬汁。中国农业科学院柑桔研究所 2009 年对几种柑橘品种制汁适应性评价研究结果表明北碚 447 号锦橙、中育七号甜橙、江津长叶橙、雪柑、锦橙、溆浦哈姆林甜橙、无核大红甜橙等为适宜制汁品种；而洪江大红甜橙和溆浦长型无核甜橙为可以制汁品种。

（3）梨。梨是我国继苹果和柑橘之后的第三大水果，果肉脆嫩多汁、酸甜可口，非常适宜制汁。目前，我国梨的栽培面积和产量均居世界首位，资源极为丰富。世界上梨属植物约有 30 多种，分布于我国的有 13 种，绝大多数属于白梨、砂梨、秋子梨、西洋梨，其中，前 3 种原产于我国。近年来，通过引种、育种、优选地方品种等措施和途径，我国获得了 100 多个优良梨品种。但梨的加工比例相对较低，不到总产量的 5%。总体上讲，我国梨加工业的发展大大滞后于苹果和柑橘。

西方国家对梨果实加工方面的研究较多，对西洋梨的制汁性能、加工技术等进行了较为详细的研究。近年来，国内对用于制汁的梨品种的研究逐渐增多。中国农业科学院果树研究所在这方面做了大量基础研究，2009 年夏玉静、王文辉等从理化指标、褐变程度和感官鉴评 3 个方面评价研究了 14 个主栽梨品种（其中，秋子梨品种 5 个：花盖、安梨、尖把儿、锦香、八里香；白梨品种 5 个：锦丰、砀山酥、鸭梨、早酥、秋白；砂梨品种 3 个：黄冠、丰水、黄金；种间杂交品种 1 个：八月红。）的制汁性能。结果表明：单从理化指标和感官鉴评两方面考虑，锦香、黄金、安梨、锦丰、花盖为绝佳的制汁梨品种，风味足，口感好，出汁率高；但从风味、出汁率结合褐变因素综合考虑，锦香、黄金、安梨为上选，锦丰、花盖次之，丰水梨褐变最轻，但口感较淡，可作为褐变研究的标准品种；砀山酥梨、鸭梨等大宗产量的梨品种，纯汁味稍显淡薄，建议与其他风味浓郁的品种搭配以提升口感；八里香出汁率低，果个小，但风味尚好，酸度高，可作为混合制汁的搭配品种。

曹玉芬等人先后对上百个梨品种的制汁性能做了研究，早期（2003）对 61 个梨品种的制汁性能做了研究，研究结果表明，出汁率的总趋势是砂梨＞白梨＞种间杂交＞秋子梨，其中，我国原产的秋子梨品种安梨是制汁的理想品种；2010 年、2013 年董星光、曹玉芬等人对 103 个梨品种的制汁性能进行了主成分分析比较及综合评价，其中，热梨、八里香、砂糖梨、白八里香、面梨、木梨、安梨、南果、古高、乔马、软枝青、鹅蛋、龙香品种得分较高，这些品种中有 61.5% 属秋子梨系统，秋子梨系统品种可溶性固形物含量、酸度较高，果汁风味浓郁，且具有丰产、抗病、耐贮运等优点，是制梨汁的理想品种。

2009 年南京农业大学梨工程技术研究中心袁江等人对 56 个砂梨品种单果质量、出汁率、可溶性固形物、可溶性糖等制汁相关性状的分布特点进行了研究，并在此基础上初步制定了制汁用砂梨的评价标准。根据所制定评价标准得出：早生喜水、秋荣、金水、丰水、黄花、今村秋、木瓜出汁率高，果汁营养丰富，酸甜适中，褐变程度低，是制汁的理想品种。

（4）葡萄。葡萄在植物分类上属于葡萄科葡萄属，其粒大皮薄、甘甜多汁、气味芳香，是制汁的理想原料。葡萄品种繁多，全世界约有数千种，分布在从北纬 52°到南纬 43°的广大地区内。我国现有 700 多种，依其用途分为五类：鲜食葡萄、酿酒葡萄、制汁葡萄、制干葡萄和制罐葡萄。在我国生产上较大面积栽培的品种只有 40～50 种，其中，栽培较多的属于鲜食和酿造品种。在全世界所有的水果中，葡萄栽培面积一直居首位，产量仅次于柑橘类水果。在我国，产量最高的水果为苹果、柑橘和梨，葡萄产量排在苹果、柑橘、梨、香蕉、桃子、李子之后，尚属小类水果，但自 2000 年以后我国葡萄年产量以 10% 左右的速度逐年递增。随着人们生活水平的不断提高，人们要求水果更加多样化、食用方便化。葡萄品种众多、风味浓郁，加工成的葡萄汁可满足不同消费群的需求。

目前，世界范围内葡萄总产量中约有 80% 用于酿酒，13% 用于鲜食，其余的用于制成葡萄干和葡萄汁等产品。葡萄汁加工业开始于 1869 年，是最传统的果汁之一。葡萄汁在国外是广泛受欢迎的果汁品种，但是在我国，葡萄汁以及葡萄酒等葡萄类加工产品的普及程度和受欢迎程度远小于国外其他国家，尤其是欧美国家。这是由于我国的葡萄汁产业发展较晚，以及国人对于食品风味的口感与欧美具有一定差异等原因造成的。同时，我国对于葡萄汁类产品的相关研发较少，也是其中的一个原因。

不同用途对于葡萄品种选择的要求不同，世界上用于制汁的葡萄品种较少。不同葡萄品种和类群表现出不同的风味、外观和加工特性，欧美国家大量采用带色的杂交品种制汁，如 "Grape hydrids" "Guledel" "Slivaner" "Riesling" 等。美国葡萄汁工业是由康可这个品种发展起来的。在美国，绝大部分康可葡萄被榨成汁。康可葡萄热榨时，可产生颜色深、风味浓的果汁，用透射光看是深红色的，用反射光看是紫红色的，摇动瓶装果汁时，在瓶颈可以看到明显的紫红色的泡沫。其主要风味物质为甲基氨茴酸酯，风味独特。康可适宜在气候凉爽的地方生长且产量稳定，康可葡萄汁的糖、酸、风味物质及涩味成分具有很好的平衡，并且它有很好的热稳定性及贮藏稳定性，是其他品种葡萄汁所不能及的。因而百多年来，用于榨汁的葡萄品种扩展很少。据估计，有 96% 的纽约州制得的葡萄汁是由康可葡萄制备的。现在 Ives 及 Clinton 也用于榨汁，冷榨尼加拉、Ontario、Seneca 等用于生产风味极好、乳白色的果汁。

国内葡萄汁加工业起步较晚，是 20 世纪 80 年代才逐渐发展起来的。我国目前用于制汁的葡萄品种十分缺乏，可用于制汁的品种很少。我国栽培的鲜食和制汁兼用的优良葡萄品种主要有康可、康拜尔早生、康太、紫玫康、着色香、玫瑰露、蜜黑贝蒂、尼拉加、白香蕉、吉香和玫瑰香等。而康可在国内目前栽培较少，郑果 25 号红葡萄是中国农业科学院郑州果树研究所新培育的品种，它属于欧美杂交的早熟品种，于 7 月中旬到 8 月初成熟。由于其颜色为深紫红色，经常被作为染色品种，是较为适合的榨汁品种。中国科学院植物研究所范培格等（2006、2007）培育出"北香""北丰""北紫"等优质晚熟、极晚熟的葡萄制汁品种。北香 10 月上旬成熟，出汁率 80.6%；北紫 9 月下旬成熟，出汁率 78.8%；北丰 9 月下旬成熟，出汁率 81.9%。葡萄品种的栽培受地域限制影响较大，同一品种葡萄在不同地域栽培品质可能也不一样。根据新疆石河子大学农学院赵宝龙等人 2010 年对 12 个制汁葡萄品种——康拜尔早生、一品香、康太、卡它巴、白香蕉、郑果 25 号、玫瑰香、黑虎香、香槟、柔丁香、黑贝蒂和奥托玫瑰为研究对象进行的生长情况调查及果汁品质分析结果表明：郑果 25 号、康太、一品香、卡它巴、康拜尔早生、黑贝蒂、黑虎香、柔丁香、香槟、白香蕉的综合性状优良。其中，郑果 25 号、康太、黑虎香、一品香的糖、酸、单宁含量均较高，制汁的稳定性高，丰产性较好、抗性强，是适宜在新疆地区发展的较优的制汁品种。黑贝蒂，香槟、卡它巴、白香蕉、康拜尔早生、柔丁香的综合性状比较全面，丰产性好，果实性状较优，果汁品质中等，较为适宜在新疆推广。但白香蕉、康拜尔早生、柔丁香的 pH 值过高，需在种植或加工过程中进行适当管理。另根据江苏省农业科学院园艺研究所苏家乐等人的实验研究结果，康拜尔早生、紫玫瑰、康可、玫瑰露、黑贝蒂、哈弗特、北香、北丰等品种的出汁率较高，接近 70% 左右，是较适宜制汁的葡萄品种。

（5）桃。桃属，蔷薇科，在我国已有四千年的栽培历史。2012 年，世界桃总栽培面积和总产量分别为 150 万 hm^2 和 2 108 万 t，中国分别占了 51.47% 和 57.05%。据不完全统计，目前，世界栽培的桃品种有 5 000 个以上，美国选育及引进的桃品种有 700 余个，中国选育的品种有 1 000 余个。我国的桃栽培区域分布广泛，品种间的品质特性差异大。目前，国内的桃品种类型主要是普通白肉鲜食桃、黄肉加工桃、油桃和蟠桃 4 种，其中以普通白肉鲜食桃居多。在世界一些产桃大国中，加工桃占有很大的比重。我国主要以鲜食为主，而以加工和观赏品种为辅，桃加工量仅占总产量的 13%。常见的桃加工产品有桃汁、桃罐头、桃干、桃酒、桃果酱等，其中，桃汁是桃果实加工品的主要产品之一，具有很大的发展潜力。不同类型的桃果实，具有不同的用途，在制汁特性方面存在很大的差异。国外用于罐藏和果汁饮料的主要为黄肉不溶质黏核类品种，而供鲜食的主要为溶质品种。

我国的桃果汁加工业还存在缺乏制汁专用品种的问题，2006 年中国农业科学院郑州果树研究所王力荣等对 31 个黄肉桃品种、27 个白肉桃品种和 2 个红肉桃品种的果汁色泽、风味、香气、异味、果汁均匀状态、可溶性固形物、可滴定酸、成熟期、产量和出汁率等性状进行综合评价，筛选出 12 个适宜制汁的优良桃品种。其中，黄肉桃品种 7 个，包括：NJC108、早黄蟠桃、早黄金、露香、红港、丰黄、金童 6 号；白肉品种 4 个，包括：

雨花露、早凤、郑州 11 号、白凤；红肉桃品种 1 个，吉林 8903。2014 年中国农业科学院毕金峰、焦艺等选择我国北方主产区的 55 个桃品种（23 个白桃品种、黄 15 个桃品种，10 个油桃品种和 7 个蟠桃品种）采用主成分分析和聚类分析法等多种评价指标与方法，对每个品种果汁的 15 项品质进行综合评价，筛选出了多个适于制汁的优良品种。其中，白桃品种包括罐桃 14 号、庆丰、京玉、寒露蜜、八月脆、翠玉、艳红、晚 24 号和华玉；黄桃品种中黄金秀的制汁品质最高。油桃品种包括黄油桃、瑞光 51 号和瑞光 20 号的果汁品质最好，蟠桃品种中瑞蟠 21 号的果汁品质最好，其次为巨蟠、瑞蟠 4 号、瑞蟠 19 号和瑞蟠 20 号。

　　（6）猕猴桃。猕猴桃又名羊桃、藤梨、基维果，是一种落叶、半常绿或常绿藤本攀缘植物，结果早，产量高，原产于我国南部、中部及西南部，在世界范围内分布广泛。猕猴桃营养价值极高，曾被推为"世界水果之王"，并有"水果金矿"之美称，其果汁是运动员选用的优良饮料。猕猴桃品种资源丰富，全世界猕猴桃约有 66 种，我国就有 62 种。我国是猕猴桃的优势主产国，目前，产量世界第一，超过另一主产国新西兰，云南是主要原产地，有 56 种。目前国内优良新品种包括：早鲜（F. T-79-5）、含丰（F. T-79-3）、魁蜜（Fr-79-1）、通山 5 号、素香、红阳、海沃德、庐山香（庐山 79-2）、徐香（徐州 75-4）、金魁（猕猴桃 1 号），秦美（固至 111）。猕猴桃属皮薄多汁的浆果，采收时期又正值高温季节，果实采后极易变软腐烂，严重影响了猕猴桃种植业的发展，加工企业往往将鲜果及时加工成半成品以便具有良好的耐贮性。目前猕猴桃的加工利用主要有猕猴桃果酒、猕猴桃果汁、猕猴桃酸奶、猕猴桃果醋、猕猴桃果脯等。其中猕猴桃果汁可分为原汁、清汁及浓缩汁，是猕猴桃加工产品中最常见、较成熟的产品。国内外对猕猴桃果汁的研究较多，但主要集中在猕猴桃浑浊汁、澄清汁和复配汁方面。对于猕猴桃制汁品种的研究很少。目前生产上利用的主要加工品种有：海沃德、秦美、魁蜜、徐香、米良 1 号、金魁、素香等。2013 年陕西师范大学食品工程与营养科学学院薛敏、高贵田等采用主成分分析法对 10 个不同品种猕猴桃果实游离氨基酸综合评价，得分排序依次为金桃＞徐香＞金香＞翠香＞黄金果＞海沃德＞红阳＞海沃德（新）＞秦美＞华优，可以作为选择制汁品种的参考。

　　（7）草莓。草莓属蔷薇科草本植物，其果实色泽鲜艳，酸甜适口，芳香馥郁，营养价值很高，所含维生素比柑橘高 3 倍，比苹果高 0.5 倍。我国是世界草莓属植物种类分布最多的国家，全国各地均有种植，南起海南，北至黑龙江，东自江浙，西到新疆的广阔地域内均有大面积的草莓栽培，草莓栽培品种达 400 余个，其中，常用品种 20 多个。我国同时也是世界上草莓栽培面积最大、产量最多的国家，草莓种植面积达 200 万亩左右，年产量约 200 万 t，产值约 300 亿元。河北保定和辽宁丹东是全国最早发展起来的两大草莓基地，目前全国有名的草莓产区有河北的满城、辽宁的东港、四川的双流、山东的烟台、江苏的连云港和句容、合肥市的长丰县、上海的青浦和奉贤，浙江的建德和诸暨等。草莓品种虽多，但是，其中 98％以上的栽培品种引自国外，国产草莓品种的市场占有率不到 2％。20 世纪 80 年代我国的草莓栽培主要是从美国、日本、欧洲各国引入优良品种，如河北保定主要栽培品种是美国的"全明星"和日本的"丰香"、"静宝"，辽宁丹东主要栽培品种是荷兰的"戈雷拉"。20 世纪 90 年代主要栽培品种是西班牙品种"弗吉尼亚"和日本品种"宝交早生"、"丰香"、"吐德拉"、"鬼怒甘"等。近年来，我国自育品种"明晶""明磊""硕丰""硕香""星都 1 号""星都 2 号"在生产上也有一定的栽培面积。就各地区而言，目前，长江中下游地区使用"宝交早生""硕丰"；四川和贵州两省使用"丰香""春香""宝交早生"；华南区则以"宝交早生""丰香""静香"为主栽品种；设施栽培方面长江流域主栽"丰香""明宝"；北方地区主要使用"弗吉尼亚""宝交早生""全明星""丰香""戈雷拉""玛丽亚"。

由于草莓为浆果，不易贮藏运输，而发展草莓加工业具有广阔的市场前景，草莓汁是近年来深受消费者喜爱的健康饮品。草莓加工制品与果实的大小、色泽、硬度、风味密切相关，国内草莓汁生产研究主要侧重加工工艺流程研究，对品种要求不重视。而不同品种草莓之间，由于理化性状不同，制汁性差异明显。河北省保定市草莓研究所的张杏鸾等（1998）对早光、全明星、哈尼、梯坦、丰香、静香、明宝、女峰、宝交早生的草莓品种的制汁特性进行了研究，结果表明：早光、宝交早生、女峰的制汁性能最好；其次是梯坦、丰香；明宝、哈尼、静香表现中等；全明星的制汁性能最差，早光不仅适合制汁还适合制罐并且也是供试品种中罐藏性能最好的品种。西北农林科技大学园艺学院周会玲等（2003）对全明星、利达 1 号、达思罗、巨丰和粉红女士 5 个草莓品种的制汁特性做了研究，其中，全明星和利达 1 号为早熟品种，4 月 10 日左右成熟，而达思罗、巨丰和粉红女士成熟较晚，4 月 28 日成熟。结果表明，草莓品种间出汁率、营养成分、色泽及风味均有较大差异，从综合性状看，晚熟品种较早熟品种制汁性能好，其中，以达思罗品质最佳，其次为粉红女士。从试验中发现不同草莓品种各有优缺点，单一品种制汁效果并不理想。综合上述分析给出用于制汁草莓品种的如下建议：可选用出汁率高、风味浓的达思罗、巨丰与营养成分丰富的"粉红女士"混合制汁；或将含酸量高的"达利 1 号"与"达思罗"混合，得到营养丰富、风味俱佳的草莓果汁。

（8）杨梅。杨梅为杨梅科杨梅属植物，全世界杨梅科植物 2 个属 50 多种，中国有 1 个属 6 个种，即毛杨梅、青杨梅、矮杨梅、杨梅、全缘叶杨梅和大杨梅，其中，杨梅分布最广。杨梅属于浆果类，成熟的杨梅果实色泽鲜艳、风味独特浓郁，液汁营养丰富。果实富含蛋白质、维生素 C、类胡萝卜素、粗纤维、脂肪、氨基态氮、钙、钾、铁等营养物质，含钾量是所有水果中最高的。我国是杨梅的主产国，栽培面积约在 133 万亩，占全球总栽培面积的 99% 以上，年产量约在 37.5 万 t 左右。我国杨梅主要分布在长江以南各省，主产浙江（浙江省杨梅栽培面积约占总面积的 67%，产量约占 73%）、江苏、福建、广东、广西，江西等省（区），台湾、云南、贵州、四川及安徽南部均有少量栽培或生长。我国杨梅的种质资源非常丰富，已整理出全国杨梅栽培品种 305 个，单系 120 个。依据成熟期早晚的顺序排列依次为：长蒂乌梅、早荠蜜梅、大火炭梅、临海早大梅、早色、安海变种、丁岙梅、西山乌梅、洞口乌、荸荠种、甜山杨梅、大叶细蒂、小叶细蒂、乌酥核、火炭梅、晚荠蜜梅、晚稻杨梅、东魁。其中浙江省有 8 个品种，江苏省有 4 个品种，福建省有 3 个品种。其中荸荠种、东魁、丁岙梅、晚稻杨梅等已成为全国性主栽品种。

除鲜食外，杨梅主要用于加工成罐头、杨梅酒、果酱、蜜饯及新型果汁饮料等，尤其适宜加工果汁。我国目前对于适于制汁杨梅品种的研究较少，浙江大学生物系统工程与食品科学学院徐国能等（2007）对 1 000g 荸荠、东魁、晚稻、炭梅、乌紫、丁岙、早大、迟大、荔枝种、早色、迟色、粉红种、水晶，白杨梅等品种进行了制汁特性的研究，结论如下：

①果实成熟度对于果汁加工特性的影响：九成熟的杨梅最适宜果汁的加工。

②同一品种杨梅果实大小对果汁加工特性的影响：对不同大小的杨梅的出汁率进行比较可以发现，大杨梅最适宜用来提取果汁。但是，比

较糖酸比、固酸比和花色苷含量等参数发现，小荸荠最适宜用于果汁的加工。

③不同品种杨梅制汁特性的分析比较：分别对荸荠种、东魁种和炭梅种的果汁加工特性和果汁感官品质进行了对比研究，结果显示荸荠种的出汁率依次为慈溪荸荠＞仙居荸荠＞温州荸荠，东魁种出汁率象山东魁＞仙居东魁，杭州炭梅＞宁海炭梅；果汁的感官特性比较结果依次为，慈溪荸荠杨梅果汁的感官品质要优于仙居荸荠和温州荸荠；仙居东魁与象山东魁相比，象山东魁果汁感官品质较佳；杭州炭梅与宁海炭梅相比较，宁海炭梅果汁的感官品质较佳。

（9）枣。红枣，俗称大枣，是鼠李科枣属植物的果实，红枣的营养价值极高，富含大量的活性多糖类物质，主要由葡萄糖和果糖组成的低聚糖、阿拉伯聚糖及半乳醛聚糖等，丰富的维生素 C、核黄素、硫胺素、胡萝卜素、尼克酸等多种维生素，具有很好的补养作用，能提高人体免疫功能，增强抗病能力，是传统的药食同源和优质滋补保健果品。与桃、李、杏、栗子共称为我国的"五果"。我国红枣栽培历史悠久，是世界上最早栽培枣树的国家，已有 4 000 多年的历史。我国红枣资源十分丰富，拥有全世界近 99% 的枣树栽培面积和产量，全国栽培面积已达 133.3 万 hm^2，年总产量约 247 万 t，有 700 多个品种以上。分布广泛，红枣的分布主要集中在北方的黄河两岸，主要分布区有陕西榆林的佳县、吴堡、清涧、延川、关中大荔；山东的乐陵、商河、无棣、宁阳、聊城等地；山西太谷、极山、柳林等地；河北阜平、赞皇县、沧县等地；河南省新郑、灵宝等地；甘肃敦煌、张掖、高台；安徽省宣城；新疆的阿克苏、和田、哈密、喀什等地；浙江省的义乌、金华等地，这些地区都是我国十分著名的红枣生产基地。

我国是红枣独家出口国。目前，国际国内市场上出现的以红枣为原料的饮料品种较少，红枣果汁饮料是近几年才发展起来的产品，包括鲜枣果肉果汁、浓缩红枣汁及复合饮料。红枣原汁含有丰富的糖、有机酸、维生素和矿物质，具有较强的营养滋补作用，并且色泽诱人，枣香浓郁，甘润可口，是一种天然滋补饮料。鲜枣果肉果汁饮料是一种富含维生素 C，含有大量枣果肉微粒，具有浓厚鲜枣风味的新型果汁饮料；浓缩红枣汁体积小，营养价值高，可溶性固形物含量达 60% ~65%，可节约包装和运输费用，并可长期保藏。国内对红枣制汁的研究多集中于加工工艺技术方面，对制汁品种的研究较少。目前，较为著名的红枣品种有陕北延川狗头枣、清涧木枣、佳县油枣、晋枣，山东乐陵的无核枣、金丝小枣，山西临汾团枣，河北赞皇大枣，新疆和田玉枣，山西运城湘枣、交城骏枣，河南新郑灰枣、灵宝大枣等。

（10）菠萝。菠萝含有具有特殊风味的、极易挥发的芳香物质，还有令人喜爱的酸甜滋味。它含有适量的维生素 C 和胡萝卜素，还含有能够分解蛋白质的菠萝朊酶。当作为工业原料的菠萝的糖酸比为 20 左右时，可以制得质量很高的菠萝汁。目前，主要的菠萝工业产品是菠萝罐头和由罐用菠萝原料的下脚料（皮中附带的果肉，多纤维的心部果轴，在加工过程中扔弃的废料中的干净部分，小果和加工中排出的废汁等）制得的菠萝汁罐头。在各种加工水果中只有菠萝制汁工业所要求的原料与水果罐头工业所要求的原料可以是同一品种。

现在，菠萝浓缩果汁和浓缩芳香物质（香精）在菠萝工业产品中的比重越来越大。其浓缩果汁没有纯菠萝风味，使用时必须与香精混合。它是清凉饮料的基本组成部分之一，也是什锦果汁重要的基本成分。

1.3　制汁用水果原料的品质属性

水果品质是指水果满足某种使用价值全部有利特征的总和，主要是指食用时水果外观、风味和营养价值的优越程度。根据不同用途，水果品质可分为鲜食品质、内部品质、外部品质、营养品质、销售品质、运输品质、加工品质和桌面品质等。水果品质是个复合的概念，包括许多不同而相关的方面。对不同种类或品种的水果均有具体的品质要求或标准。因此，品质要求有其共同性，也有其差异性。

其中，与果汁加工密切相关的水果品质属性可归为两大类，即感官属性和生化属性。

1.3.1　感官属性

感官属性是指人们通过视觉、嗅觉、触觉和味觉等感觉器官所感觉和认识到的属性，它又可分为表观属性、质地属性和风味属性等。

（1）表观属性。表观属性是指人们能通过视觉所认识的属性，包括水果的大小、形状、色泽、光泽和缺陷（指病害、虫害和机械伤害）等外观品质，因而是决定水果产品质量的主要因素。

①色泽。色泽是人们感官评价水果质量的一个重要因素。水果的色泽及其变化是评价新鲜水果品质、判断成熟度及加工制品品质的重要外观指标。色泽与内在质量密切相关，故可作为判断成熟度的标志，水果只有在达到一定成熟度时，才能具有固有的内在品质，即优良的风味、质地和营养等，同时表现典型的色泽。以柑橘果实为例，柑橘果实在成熟过程中颜色的变化一般都是由绿色逐步消褪，到黄色逐步显露，再到表色形成。柑橘果实成熟后的色泽，不同种类和不同品种间的差别很大。一般说，成熟后的柑橘果实色泽可大体分为橙色、红色和黄色 3 个大类（橙色品种包括橙红、橙黄、黄、淡黄；红色品种包括深红、橘红、红黄、淡红、黄红；黄色品种包括金黄、深黄、黄、浅黄、淡黄、青黄、暗黄。）。也就是说理想的风味和质地常与典型颜色的显现分不开，所以，水果的果皮色泽可作为水果综合品质是否达到理想程度的外观指标。

色泽又是给予人们的第一个感觉，能直接刺激消费者的购买欲望，所以，色泽常常是消费者决定购买某种水果的基础。对果汁加工而言，果实的色泽同样对果汁的色泽的有着天然的影响。着色好的成熟果实加工出的果汁色泽柔和，能给消费者良好的视觉感受，并能刺激其对果汁的兴趣。水果的色泽发育是个复杂的生理代谢过程，并受到很多因素的影响，如品种、光照、温度、土壤、树体营养等。以苹果为例，苹果的色泽因种类、品种而异，这是由其遗传性决定的。因此，有难着色品种和易着色品种之分，富士苹果就属于难着色品种。富士苹果着色的特点是果实浴光，一定要有光的直接照射才能着色，直射光投射率与果实着色指数呈正相关。在生产中要根据不同种类、品种苹果的色泽发育特点和机理，进行必要的调控，通过选择着色好的品种，增施有机肥，改善通风透光条件，以及套袋、转果等综合措施，来改善苹果的着色，达到本品种的最佳色泽程度，这对着色品种尤为重要。

②大小与形状。果实大小可以说是评定果实品质的重要条件，很多国家都把它作为划分果实等级的前提，消费者通常对大部分水果的大小及其整齐度有明确的选择。产品按大小进行分级时，通常是将同样大小的水果包装在一起。但是果实大小与其内在品质并无直接相关性。水果具有其特征的形状是很重要的表观属性，异常形状的水果很难被人们接受。消费者认为，缺少特征形状的水果价值要低一些。果实的形状因其种类或品种的

不同而差别甚大，作为商品鉴评，果形的整齐和一致性是很重要的，常用下列术语描述其形状：扁球形、球形、长圆形、椭圆形、卵圆形、倒卵形，梨形；以对称、歪斜和有无畸形果等词来形容果形是否正常；以整齐、尚整齐、不整齐等词以描述同批果实的形状的一致性。

对于加工用的果实来说，鲜果或加工时半成品的大小、形状是很重要的品质特性。大小、形状一致更加有利于机械化作业，提高果实的利用率。以柑橘榨汁为例，现代柑橘榨汁方式一般为全果式榨汁和滚筒安德逊榨汁两种，榨汁生产线全程电脑控制机械化作业。其中，全果榨汁果汁品质好，果皮和籽中的苦味物质渗入少，但对果实形状、大小和整齐度、果皮光滑度、果皮厚度有要求。甜橙类、酸橙、杂柑类各品种果实间形状差异较大，果形有圆形或近圆形、扁圆、中腰或高腰扁圆、倒阔卵形或葫芦形等多种形状。采用全果式榨汁机以高腰扁圆、圆形、长圆形的果形较好。

国家标准对鲜水果收购销售的等级规格、品质指针、检验方法等有明确的规定。我国已经制定了部分果品质量标准，如苹果、梨、柑橘、香蕉、红枣等已经制定了国家标准，另外还有一些相关的行业标准。其中果形的检验标准为测定果实的果形指数，所谓果形指数即果实的纵径被其横径所除（纵径/横径）的商。其值如果等于 1，则果实是正圆球形，如果大于 1，则果实是椭圆形，如果小于 1，则果实是扁圆形。对于柑橘类水果如果果实纵横径 >10.8cm 或 <3.5cm，不适宜于全果式榨汁。但与发达国家相比，我国水果标准缺乏一些重要食品加工原料的质量标准和分级标准，无法实现对产品的质量认证。

③果皮的组织状态。果皮的组织状态是涉及水果产品新鲜与否的质量特征。有损于水果果皮组织状态的因素有水果的皱缩、碰伤、擦伤和切口等表皮缺陷；表面的各种污染等。状态不好的水果往往使消费者失去购买欲望，也就很难获得较高的销售价格。果皮的组织状态评价主要通过观察果皮的特征，以评判果面的平滑程度为主。常用描述果皮组织形态的专业术语如下：平滑、中等，粗糙、极粗糙、凹（或凸）点粗大、细小、分布稀密；有无条纹或肋条，粗、细、突出程度明显，瓤囊痕迹不显、微显、明显，有无皱纹、分布区域多、少，褶皱粗大、细小。对果汁加工而言，果皮组织形态对后续果面机械化清洗难易程度有影响：果面光滑易清洗，果皮粗糙易着落污垢，清洗稍难。对于柑橘类水果品种，如果果皮厚度 >10mm，皮渣率高，不适宜榨汁。果皮与果肉之间有易剥离，较易剥离、不

易剥离等程度，不易剥离的品种不适宜榨汁。

（2）风味与质地。

①风味。包括口味和气味，主要是由水果组织中的化学物质刺激的味觉和嗅觉而产生的。口味是由于某些可溶性和挥发性的成分通过口腔内部柔软的表面及舌头上的腺膜抵达味蕾而产生的，一般有酸、甜、苦、辣、咸、涩、鲜等。水果最重要的口味感觉有 4 种，即甜、酸、苦、涩，它们分别是由糖、有机酸、苦味物质和鞣酸物质产生的。这 4 种口味与果汁加工密切相关。甜味主要是由水果中的糖含量及种类所决定的。一般含糖量高则味甜，但也有不同，如西瓜的含糖量多在 6% ~ 8%，由于其主要成分是果糖，故相对较甜。此外，糖和酸的比例不同，则表现出的甜味感也明显不同。因此在园艺上将糖酸比视为衡量水果味道的重要指标。

气味对总体风味的形成影响较大，是由于挥发性物质到达鼻腔内的受体并被吸收，人就感觉到气味了，它可给人以愉悦或难受的感觉。果实种类繁多，其风味千差万别，除了味感引起的差异以外，主要是由于其嗅感的不同形成的，所以水果风味成分，主要是指其嗅感成分。一般说来，水果的香气成分较其他的食品更为单纯，大都具有天然清香或浓郁芳香气味。不同种类、品种的水果果实有其独特的果实特征香气。所谓果实特征香气是指能引起该果实种类特有香味嗅感的香气成分，不同水果果实特殊的果香味决定于它们所含有的香气成分的种类，香味对每种果实品种是特定的。对果汁加工而言，香气是影响果汁风味的重要因素。果汁的滋味和该品种水果果实风味大致相同，果汁滋味比较甜的，相应的香气比较浓郁。此外，水果的不同部位，其香气成分也有较大差别，因而，不同的加工产品，其风味也会不同。一般地，如果某一品种水果制成的果汁滋味和香气品评分数较高，香味浓，符合大众口味，加工制成的果汁口感好，则该品种可为制汁的理想品种。果汁榨汁之后，香味比果实就变淡了很多，尤其冷冻后，对果实原有的香气影响很大，有些品种特有的清香味基本消失。因此，为了保存果实原有的香味，加工过程中一定要控制好温度，避免香气损失太多。

②质地。质地属性包括水果内在和外表的某些特征，如手感特征以及人们在消费过程中所体验到的质地上的特征。一般指那些能在口中凭触觉感到的特性。水果的质地的复杂特性是以许多方式表现出来的，从广义上

讲应包括硬度、脆度、绵性（柔嫩性）、汁液性、纤维性、沙砾或粉粒性、黏着度、弹性、破碎性、咀嚼性、附着性、胶黏性、黏滞性、致密性等性状。而且，随着水果种类和利用部位的不同，要求的性状也有所不同。因此，必须根据具体情况来选择。如用于制浆（桃原浆）和制酱的原料以黏度稍高的为好，相反，用于制取清汁（如澄清型水果汁）的则以黏度低的原料易于加工。总体上看，用于制汁的水果应以质地脆硬、汁液丰富、破碎性好、易于榨汁为基本原则。

1.3.2 生化属性

生化属性指以营养功能为主的水果内在属性，是水果体内的主化物质的营养功能综合形成的水果内在品质特性。化学组成是构成品质的最基本的成分，水果中含有多种化学成分，成分组成见图1-1。除75%~90%的水分外，还含有多种化学物质，某些成分还是一般食物中所缺少的。按在水中的溶解性质可将其分为两大类：一类是水溶性物质（又称可溶性固形物），另一类是非水溶性物质（又称不溶性固形物）。水溶性物质包括：糖类、果胶、有机酸、单宁物质、水溶性维生素、水溶性色素、部分含氮物质、部分矿物质、酶等。水果具有生物学特性主要是由于水果细胞中酶的存在，正是由于酶的作用，采后的水果仍是一个独立的具有生命活动的有机体，生命活动依然存在，水果细胞中原生质体等有生命活性的部分仍在进行呼吸、代谢等一系列生命活动。呼吸作用的实质是在一系列酶的参与下，经过许多中间反应所进行的一个缓慢的生物氧化—还原过程，经过这一过程，细胞组织中复杂的有机物逐步成为简单物质，最后变为二氧化碳和水，同时释放出大量能量。这就是采后的水果如果不进行适当的控制，

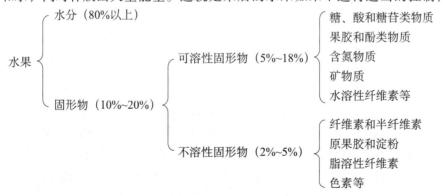

图1-1 水果的成分组成

很快就会变得不新鲜的原因。因此，从水果采后到被加工处理的过程中为避免造成水果的变质或引起大量腐烂，应采取各种措施延缓其生命或者干脆使酶钝化，使其失去生物活性。

非水溶性物质主要包含：纤维素、半纤维素、木质素、原果胶、淀粉、脂肪、脂溶性维生素、脂溶性色素、部分含氮物质、部分矿物质和部分有机酸盐等。

1.4 水果化学成分的功能特性及与加工特性的关系

正是由于上述化学物质形成了水果特有的色、香、味、质地等品质特性，而这些特性与果汁加工关系密切，故将水果中的化学成分按其所属功能加以分类及阐释。

1.4.1 色素物质

水果呈现各种色泽，是由于果皮（果实）内不同种类色素的积累量差异及其组成比例不同而混合形成的。使水果呈现色泽且与果汁加工的密切相关的色素种类主要包括：叶绿素、类胡萝卜素、花青素、黄酮类色素等。

（1）叶绿素。高等植物叶绿体中的叶绿素主要有叶绿素 a 和叶绿素 b 两种，在颜色上，叶绿素 a 呈蓝绿色，叶绿素 b 呈黄绿色，它们是水果呈现绿色的最基本的物质。一般在大部分水果的幼果期果实中含有较多的叶绿素，果皮表现为绿色，随着果实成熟，叶绿素在酶的作用下水解生成叶绿醇等溶于水的物质，绿色逐渐消褪，而显现出其他色素的黄色或橙色。但也有一些柑橘品种的果实，在发育后期甚至成熟后仍含有较高含量的叶绿素，并表现为绿色或淡绿色，如翡翠柚。

叶绿素是脂溶性色素，不溶于水，可溶于丙酮、乙醇和乙醚等有机溶剂中，不耐光、不耐热，在有氧或见光的条件下易破坏。化学性质不稳定，在酸性介质中形成脱镁叶绿素，呈现褐色；碱性介质中分解生成叶绿酸、甲醇和叶绿醇，呈鲜绿色，较稳定，如与碱进一步反应生成绿色的叶绿酸钠（或钾）盐，更稳定。因此，在加工中有时为了保持制品的绿色，常采取一些护绿措施：如原料需低温、气调储藏；储藏和加工时避免长时间光照辐射；用弱碱性溶液浸泡处理，如加小苏打护绿；在碱性条件下，加入金属盐护色，比如：$ZnCl_2$、$MgSO_4$、$CaCl_2$等。

（2）类胡萝卜素。类胡萝卜素是一大类脂溶性的黄橙色素，大量存在于植物的花和果实中，它们赋予水果红、橙、黄等不同的特征颜色，水果中含有丰富的类胡萝卜素资源，杏、枇杷、桑椹、葡萄、核桃、山楂、木瓜、芒果、柿子、菠萝、石榴以及柑橘类等水果中类胡萝卜素的含量均较高。类胡萝卜素分为胡萝卜素、番茄红素、叶黄素、紫衫红素、番红花素、红木素及它们的多种衍生物等，已分离鉴定出的天然存在的类胡萝卜素化合物有 600 多种，其中，胡萝卜素、番茄红素和叶黄素对水果原料乃至水果汁色泽的影响最为重要。对人类而言，类胡萝卜素具有很强的抗氧化活性和抗癌作用。

不同种类或品种的水果中，类胡萝卜素的组成和含量不同，有研究表明，大部分水果中都存在 β-胡萝卜素，其中，杏中胡萝卜素的含量极其丰富，其次为葡萄柚（红色）、西番莲、番石榴、芒果、柿子、李等；番茄红素存在于番石榴（红色）、西瓜、葡萄柚（红色）中，还存在于李子、胡椒果、桃、芒果、葡萄、红莓、云莓、柑橘等多种果实中。同时，水果的生长条件、发育时期和乙烯诱导等因素都会影响胡萝卜素的组成和含量，进而影响到水果的色泽。以柑橘类水果为例，柑橘果皮颜色的形成与类胡萝卜素的组分比例和含量密切相关，幼果期的柑橘果皮因含叶绿素而呈绿色，果实成熟过程中叶绿素逐步降解，使得果皮原有的类胡萝卜素的色泽逐步显现，并随着类胡萝卜素的逐渐积累而加深。2002 年陶俊等分别分析了果皮为红、橙和黄色的柑橘品种"满头红"、"尾张"（温州蜜柑）和"胡柚"的果实着色过程中果皮内类胡萝卜素的组分及含量的变化。结果表明，3 个品种色泽的差异主要是由于不同类胡萝卜素的含量比例不同，而非类胡萝卜素总量的差异所引起。其中，"满头红"以积累红色的 β-柠乌素为主，"尾张"以积累橙色的 β-隐黄质为主，而黄色的"胡柚"主要是由于较少积累红色的 β-柠乌素和橙色的 β-隐黄质所致。除了 β-柠乌素使柑橘呈红色外，番茄红素也是柑橘果实呈现红色的主要色素，红肉脐橙、红肉琯溪蜜柚、红肉型葡萄柚及其杂种都因含有大量的番茄红素而呈红色。胡萝卜素的含量对果肉的颜色也有一定的影响，葡萄柚果肉中番茄红素含量低时果肉呈粉红色，含量高时则呈鲜红色，在同是橙红色果肉的柑橘品种中，橙类果肉含有较高量的 β-胡萝卜素，而"红玉柑"和"红柿柑"的果肉中，β-隐黄质的含量高达 50%。

类胡萝卜素对热、酸、碱等都具有稳定性，与锌、铜、铁等金属共存不易破坏，但有氧条件下易被脂肪酶、过氧化物酶氧化，或在紫外线照射下易氧化，引起类胡萝卜素的分解，使果实褪色。鉴于类胡萝卜素的上述性质，在原料储运及加工时应采取避光和隔氧的措施。

（3）花青素。又称花色素，属于黄酮类化合物的一种，多以花色苷（为花青素与单糖形成的糖苷结合物）及其衍生物花色素苷的形式存在于水果中，因其与水果色泽与加工关系密切，故单独介绍。主要的花青素有天竺葵色素、矢车菊色素、飞燕草色素、锦葵色素和甲基花青素。花青素以离子形式存在，水溶度较大，故归为水溶性色素，性质不稳定，可以随着细胞液的酸碱性改变颜色，使水果呈红、蓝、紫等多种色泽（细胞液呈酸性则偏红，细胞液呈碱性则偏蓝，细胞液呈中性则无色），苹果、葡萄、樱桃、草莓、杨梅、李子、桃等水果在成熟时呈现的红紫色，都是由花青素所致，血橙具有特色的深红色果肉也是因为花色苷的存在。但同时花青素也能与铜、铁、锡、钙、镁、锰等金属离子发生螯合反应而生成蓝色或紫色的络合物（如与铁离子螯合可变成蓝绿色），色泽变得稳定而不受 pH 值的影响。花青素是一种感光色素，日光照射能促使色素沉淀，故水果生长期间必须要接受足够的日照，使水果充分着色，而在采后贮藏过程中，照光则不利，能加快其变为褐色。对含花青素较多的水果进行加工时应注意避免与铁、锡等金属器具和设备接触，控制加热温度和 pH 值并在贮藏时防止日光照射。

（4）黄酮类色素。黄酮类色素是广泛存在于自然界的一大类天然有机化合物，由于多呈黄色，也多有酮基而得名，现在泛指由两个苯环（A 环与 B 环）通过三碳链相互连接成的具有 6C－3C－6C 基本骨架的一系列化合物，分子结构如图 1－2 所示。它们在植物体内大部分与糖结合成苷（包括氧苷与碳苷，糖通常连在 A 环 6、8 位），一部分以游离状态存在。

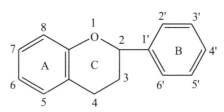

图 1－2　黄酮类色素分子结构基本骨架

天然黄酮类化合物主要有黄酮、黄酮醇、二氢黄酮、花色素、异黄酮、橙酮（噢哢）和查耳酮等，以及它们的各种衍生物。水果中重要的黄酮类化合物主要有槲皮素、橙皮苷等，它们使水果呈现为黄色到白色，槲皮素分布最广，含量最为丰富。不同水果中黄酮类化合物的种类差异也较大，有资料表明，成熟苹果中的黄酮类化合物主要有绿原酸、儿茶素类以及原花色素等；柑橘果实中含量最多的黄酮类化合物是黄烷酮糖苷的橙皮苷、柚皮苷和黄酮配基中的多甲氧基黄酮——蜜橘黄酮、橙黄酮和柑橘黄酮。葡萄中的黄酮类化合物主要为槲皮素、莰非醇、杨梅黄酮等。山楂中已被鉴定的黄酮类化合物有牡荆素鼠李糖苷、金丝桃苷、枸橼酸、牡荆素、槲皮素和熊果酸，其中，牡荆素鼠李糖苷为山楂的专属性黄酮类化合物成分。石榴中的黄酮类化合物种类丰富，已检测出 33 种，其中，包括 6种黄烷醇、1 种黄烷酮苷、2 种黄酮醇、3 种黄酮醇苷、3 种黄酮、5 种黄酮苷、1 种二氢黄酮醇苷、3 种花青素苷元和 9 种花青素苷。

黄酮类化合物多呈黄色，且颜色与分子中的交叉共轭体系（发色团）及助色团有关，黄酮、黄酮醇及其苷类多显灰黄至黄色，查耳酮为黄至橙黄色，二氢黄酮、二氢黄酮醇、异黄酮类不显色或显微黄色。游离黄酮一般难溶或不溶于水，易溶于甲醇、乙醇、氯仿、乙醚等有机溶剂及稀碱液中；游离黄酮的羟基被糖苷化后以黄酮苷的形式存在，水溶性增加，脂溶性降低，黄酮类苷元分子中羟基数越多，水中的溶解度越大，水溶液呈涩味或苦味。一般易溶于热水、甲醇、乙醇、吡啶及稀碱溶液中，而难溶于苯、乙醚、氯仿、石油醚等有机溶剂中。多数黄酮类化合物因分子中含有酚羟基，可与铝、镁、锆、铁等金属离子反应生成有色络合物。故应避免富含黄酮类的水果原料与制品与铁金属器具和设备接触。

（5）酚类物质与多酚氧化酶。严格地讲，酚类物质和酚酶不属于水果原料的感官物质，但由于其对水果汁的色泽（加工中）有很大的影响，因此，将其归在本节中简单介绍。由于水果中含有大量的酚类物质和多酚氧化酶等，当水果出现机械损伤（如运输中的碰伤、采收包装时的刺伤、加工时的破碎等）时，很容易使水果组织发生褐变生成黑色物质，从而影响果汁产品的色泽。这是因为在未受损伤的水果细胞组织中，酚类物质和酚酶（多酚氧化酶）是由细胞中的膜系统隔开而呈"区域分布"，只有当细胞膜受到伤害（机械伤或生理透性增加），酚类物质与酶"相遇"，则发生氧化和褐变反应。故水果原料的酚类酶氧化褐变必须具备 3 个条件：有适当的酚类底物存在，有相应的酚氧化酶，有氧气的促进。因此，在水果汁加工中应注意采取必要的方式来控制褐变：如选择酚类物质含量低，酚酶活性小的原料；采用管道化、密闭化来减少氧的供给量，或用充氮和抽真空的方法来隔绝氧气；用热处理，调整 pH 值、CO_2 和加抗氧化剂（如抗坏血酸）等方法来钝化酶，或降低酶的活性等。

1.4.2 风味物质

（1）鲜味物质。水果的鲜味主要来自一些具有鲜味的氨基酸、酰胺和肽等含氮物质；另一种是谷氨酸钠，俗称味精。其中，L－谷氨酸、L－天冬氨酸、L－谷氨酰胺和L－天冬酰胺最为重要，在梨、桃、葡萄、柿子、番茄中含量较为丰富。水果中含氮物质虽少，但其对水果及其制品的风味有着重要的影响。其中影响最深的是氨基酸。

（2）香味物质。水果的香味来源于果实中各种不同的芳香物质，芳香物质是成分繁多而含量极微的油状挥发性混合物，属于果实的次级代谢产物，是由脂肪酸、氨基酸、碳水化合物等作为前体物质，在果实的生长发育过程中经过一系列酶促反应而形成的，已知的水果香味大约 2 000 种，其中，包括醇、酯、酸、酮、烷、烯、萜、羰基化合物和一些含硫化合物等有机物质。

根据人对不同化学结构的香气成分的感官效果，水果香气可分为果香型、青香型、辛香型、木香型、醛香型、甜香型、花香型等。果香型化合物是指那些成熟水果释放出的怡人的香气且伴有甜气味的物质，主要为酯类，多构成一些果实特有的香味。如乙酸乙酯——果香味、丁酸戊酯——菠萝香味、酪酸戊酯——梨香味、乙酸丁酯、己酸乙酯等各种酯类物质，内酯类物质，柑橘中的香柠檬油，甜橙油等，都属于果香型化合物。青香型（green note）化合物指具有绿色植物青香气，能使人联想起刚采摘下来的草或树叶的香气的物质。水果的青香型气味主要来自 C_6 和 C_9 的醛类及醇类物质，它们是青香型化合物的代表，未充分成熟的桃果实以 C_6 醛类和醇类等青香型的物质为主，随着果实成熟，这些醛类和醇类物质浓度下降，而 $C_6 \sim C_{10}$ 的 γ －内酯、δ －癸内酯和芳樟醇等具有果香味的成分明显增加，并在成熟果实中达到最大含量。$C_7 \sim C_{12}$ 的脂肪族醛类是醛香型化合物的重要代表。在果实生长发育过程中以产生青香型和醛香型气味的物质为主。

水果的香气物质大多为挥发性的油状物质，种类多样但含量甚微，分布于果实的各个部位，一般伴随水果的成熟而愈趋浓郁和丰富，自然成熟的水果散发出怡人的香气，而未成熟或人工催熟的水果却没有令人甜香的感觉。但由于具有挥发性，大多数不稳定，在加工过程中容易受热、氧化或在酶的作用条件下挥发或分解，因此，在果汁的加工过程中极易损失。

每一种挥发性成分对水果香气的贡献取决于它的风味阈值，即指人的嗅觉器官能感受到的该化合物所需的最小浓度值。阈值越大的化合物，越不易感觉到，阈值越小的化合物，即使浓度很低时也能感觉到。例如，与植物青香气有关的反式-2-己烯醛和顺式-3-己烯醇，其阈值分别为 0.02 mg/kg 和 0.07mg/kg，微量时就可以感觉到它们的存在。水果中香气成分的浓度并不是越高越好，有的物质在低浓度时表现为怡人的香气，而在高浓度时则表现相反的作用。另外，人对水果发出的香气感觉并不是一种或两种化合物单独的效果，而是多种香气成分共同作用的结果。其中几种特征香气成分对果实风味品质起着更重要的作用。表 1-2 为水果香气物质种类及特征香气成分。

表 1-2　水果香气物质种类及特征香气成分

种类	代表性水果	特征香气成分	感官特征
酯类	草莓	2-甲基酪酸乙酯、己酸乙酯	果香型
	苹果	酪酸乙酯、乙酸丁酯、3-甲基丁酯	
	葡萄	邻氨基苯甲酸甲酯、甲酸乙酯	
醇类、醛类	桃	顺式-3-己烯醇、反式-2-己烯醛、苯甲醛	青香型
	西瓜	顺式-3-壬烯醇、顺式-6-壬二烯醇	
	番茄	n-丁醇、n-戊醛、苯甲醛	
酚类、醚类、酮类	香蕉	丁子香酚、丁子香酚甲醚、榄香素	果香型
	柑橘	三甲苄基甲基醚、麝香草酚	
	草莓	2，5-二甲基-4羟基-3（2H）-呋喃酮	
内酯类	桃	γ-十内酯、δ-十内酯、γ-八内酯	甜香型
	椰子	γ-十二内酯、δ-辛内酯	
	番茄	γ-丁内酯、γ-辛内酯	
萜类	油桃	芳樟醇、α-萜品烯、γ-萜品烯	花香型
	葡萄	芳樟醇、香叶醇、芹子烯	
	香橙	α-萜品烯、异戊二烯、长叶烯	

（资料来源，参考文献4）

（3）甜味物质。构成水果甜味的物质有：糖及衍生物糖醇类物质，一些氨基酸、胺等非糖类物质也具有甜味。水果中的所含的糖类物质种类很多，可分为单糖、双糖和多糖，可溶性的单糖类和双糖类是水果中的主要甜味物质。单糖类包括葡萄糖、鼠李糖、木糖、阿拉伯糖、岩藻糖、半乳糖醛酸、甘露糖、半乳糖等；双糖主要有果糖和蔗糖。水果中以蔗糖、葡萄糖、果糖最多，果糖和葡萄糖是还原糖，蔗糖是双糖，水解产物称作转化糖，其次是阿拉伯糖、甘露糖以及山梨醇、甘露醇等。不同种类的水果中含糖种类及含糖量会有不同，一般情况下，仁果类以果糖含量为多，葡萄糖和蔗糖次之，如苹果、梨，西瓜也属于果糖型；核果类以蔗糖为主，葡萄糖和果糖次之，如桃、香蕉；浆果类主要是葡萄糖和果糖，葡萄、樱桃则不含蔗糖；柑橘类以蔗糖为主。水果的含糖量反映了水果的品质，糖类因种类不同而甜度差别较大，若以蔗糖的甜度为 100，则果糖约 150 ~ 170、葡萄糖约为 70、麦芽糖约为 50、甘露糖约为 40，木糖醇为 85 ~ 120。

水果甜味的浓淡除与含糖种类、含糖总量有关外，同时还受其他物质如有机酸、单宁的影响，在评定水果风味时，常用糖酸比（糖/酸）来表示。糖酸比是原料或产品中总糖含量与总酸含量的比值，糖的含量以及糖酸比对制品的口味有很大影响，糖酸比越高，甜味越浓，反之酸味增强。因此，除鲜榨汁外，在使用香精对产品进行调味时，只有在接近天然原料糖酸比的条件下，才能使风味能较好地体现。对果汁生产而言，水果中含糖的种类、含量及特性（如甜度、溶解度、水解转化吸湿性和沸点上升等）都将对生产过程及最终制品的风味和品质产生重要影响：糖分是水果贮藏的呼吸底物，所以，经过一段时间贮藏后，由于糖分被呼吸消耗，其甜味下降，若贮藏方法得当，可以降低糖分的损耗，保持水果品质，但有些种类的水果，由于淀粉水解所致，使糖含量测值有升高现象；在 pH 值较高或温度较高时，蔗糖会生成羟甲基糠醛、焦糖等物质，还原糖则易与氨基酸和蛋白质发生美拉德反应，给产品的颜色和风味带来影响；当糖液浓度大于 70% 时，黏度较高，生产过程中的过滤和管道输送都会有较大的阻力，温度降低时还容易产生结晶析出，但在浓度较低时，由于渗透压较小，在暂存或保存时产品易遭受微生物的污染。故在生产过程中，配料之前的糖液浓度一般控制在 55% ~ 65%。

（4）酸味物质。决定水果酸味的物质是果实中所含的各种有机酸。水果中含有多种有机酸，含量最丰富的是柠檬酸、苹果酸和酒石酸。水果中柠檬酸主要分布在柑橘类和浆果类果实，菠萝、石榴、刺梨等果实中；苹果酸主要分布在苹果、梨等仁果类果实中，而在李、樱桃、杏、桃、香蕉等果实中柠檬酸和苹果酸均等。但也有少数水果例外，如葡萄主要含酒石酸，鳄梨中则缺少柠檬酸和苹果酸。果实中的含酸量及相对比例因种类和品种不同而异，一般为 0.3% ~ 0.5%，低的仅 0.1% 左右，而柠檬和黑醋栗的有机酸含量高达 3% 以上。果实的不同部位、成熟度和贮藏等对果实的含酸量也有影响。同一果实一般近果皮的果肉含酸量和尚未成熟的果肉含酸量较高。果实成熟时，一般总酸含量下降。果实中不同部位含酸比例也不相同，如在橘子皮中以苹果酸为主，而不是以柠檬酸为主。除了柠檬酸和苹果酸外，还有一些有机酸也少量存在于不同的水果中，如酒石酸、草酸、异柠檬酸、琥珀酸、乳酸、甘油酸、乙醛酸、草酰乙酸、奎宁酸等。

这些有机酸大多具有爽快的酸味，在味觉上有降低糖味的作用，它们形成了各种水果特有的酸味特征。柠檬酸酸味圆润、滋美，爽快可口，入口即达最大酸感，但后味延续较短，是应用广泛的酸味剂，工业上用黑曲霉发酵法生产；苹果酸酸味比柠檬酸还强，略带刺激性，稍有涩感，在口中呈味时间也长于柠檬酸，与柠檬酸合用可强化酸味，常用做饮料和果冻加工品的增酸剂，苹果酸的钠盐有咸味，可替代食盐供肾脏病和糖尿病患者食用；而酒石酸的酸味比柠檬酸和苹果酸都强，约为柠檬酸的 1.2 ~ 1.3 倍，略带涩味，在加工中与其他酸并用。

水果酸味的强弱不仅与酸根的种类、含酸量有关，还与 pH 值、缓冲效应、可滴定酸度以及其他物质的存在有密切关系：pH 值越低酸味越浓；乙醇和糖的存在可以降低由酸引起的 pH 值降低和酸味的增强；水果里的有机酸，还是合成能量 ATP（adenosine-triphosphate，三磷酸腺苷）的主要来源，同时也是细胞内很多生化过程所需中间代谢物的基质提供者，在贮藏中会逐渐减少，从而引起水果风味的改变，如苹果贮藏后变甜了。

水果原料的含酸量是检验水果质量的重要指标，水果中的酸味物质不仅影响味道，还与加工工艺的选择和确定有十分密切的关系，对果汁加工中的护色、杀菌、pH 值和色泽变化都有一定的影响。酸还能影响花色素、叶绿素及单宁色泽的变化；酸能与铁、锡反应，对设备容器产生腐蚀作用；在加热时，酸能促进蔗糖和果胶等物质的水解，有较好的抗氧化作用；酸含量的高低影响果胶的凝胶强度和促进非酶褐变的发生，起到护色和保护维生素 C 的作用，因此，在某些加工过程，如长时间的漂洗等加工过程中，为了防止微生物繁殖和色泽变化，往往要进行适当的调酸处理；酸也是确定杀菌条件的主要依据之一，酸对微生物的活动不利，可以降低微生物的致死温度，低酸性食品一般采用高温杀菌，酸性食品则可以采用常压杀菌。因此，掌握酸的加工特性是非常重要的。

（5）涩味物质。水果中的涩味物质主要来自于单宁类物质，属多酚类化合物，除单宁外，水果的涩味物质还有草酸、奎宁酸等。单宁又称鞣质，分可溶性单宁—水解型和不溶性单宁—聚合型（也称缩合型）两种。水解型单宁也称焦性没食子酸单宁，是由没食子酸或没食子酸衍生物以酯键或糖苷键形成的酯或糖苷，如单宁酸和绿原酸。这类单宁在热、酸、碱或酶的作用下水解成单体；聚合型单宁也叫儿茶酚单宁，如儿茶素，这类单宁在酸或热的作用下不是分解为单体而是进一步聚合，成为高分子的无定形物质——红粉（也称栎鞣红）。大量研究表明，水果单宁就是原花色素，其基本组成成分是原花青定和原翠雀定。原花青定和原翠雀定若在强酸或强碱作用下，可分解成许多单体花色素，如棓酸、儿茶素、儿茶素-3-棓酸，棓儿茶素和棓儿茶素-3-棓酸等。这些单体之间用 C—C 连结键相互连结。因此，水果单宁是由单体花色素相互连结、聚合而成的高分子多聚化合物。绝大多数水果所含单宁是缩合单宁，如：苹果、葡萄、柿、猕猴桃、黑加仑等，只有少数水果含水解单宁，如：黑莓、柚柑等。

单宁与蛋白质结合，使蛋白质变性沉淀是单宁的重要特征。水果涩味也是果实中的单宁与蛋白质作用的结果。使水果产生涩感的单宁为水溶性单宁，当食用水果时，含有单宁物质的单宁细胞在咀嚼过程破碎，水溶性的单宁流出并与口腔唾液中的蛋白质，尤其是活性较强的酶类，如葡萄糖苷酶等结合，形成酶—单宁复合体，酶、蛋白质失活沉淀，导致唾液失去对口腔的润滑作用，同时引起舌头上皮组织收缩，产生干燥的感觉，涩味由此表现出来。人们根据单宁与蛋白质结合并发生沉淀这一特性来测定水果的涩味强度——涩度（RA），单宁沉淀蛋白质的能力大，RA 值就大，水果涩味也就强烈，水果中涩感表现比较明显的主要是柿子和葡萄。水果在生长、成熟过程中，单宁含量、成分、分子结构都在不断的发生变化，它的涩味也在随之变化。单宁物质普遍存在于未成熟的果品内，果皮部的含量多于果肉，故有些水果在成熟前有强烈的涩味，而水果在成熟过程中，单宁物质与某些蛋白质及基质结合后不易再分解，食用时单宁与口腔蛋白质不能作用，因此，成熟后涩味消失，如梨、山楂、香蕉等，而有些水果在成熟后仍苦涩不能入口，需经人工或自然脱涩才能食用，如涩柿，这些都与单宁的变化有关。所谓"脱涩"即水溶性单宁发生凝固成为不溶性单宁，一般涩味会逐渐消失或降低而适于食用。生产中常采用温水浸泡（40℃左右）、石灰水浸泡、乙醇或高浓度的二氧化碳处理等脱涩方法。

单宁特有的收敛性味觉对水果制品的风味影响很大，单宁与糖、酸以适当的比例共存时，可产生非常良好的风味，故在果汁产品中适当保留一点涩味以增进果汁的味感。但单宁过多则会使风味过涩，同时，单宁会强化有机酸的酸味。此外，还利用单宁与蛋白质结合产生絮状沉淀这一特性来澄清果汁和果酒，单宁还具有一定的抑菌作用。在有氧的条件下单宁极易氧化发生酶促褐变，而铁金属更加剧反应；单宁遇碱很快变成黑色，所以在用碱液去皮处理后，要尽快洗去碱液。

（6）苦味物质。水果中的苦味主要来自于一些糖苷类物质、萜类化合物和部分生物碱，主要物质为柚皮苷、柠檬苦素和苦杏仁苷等。在水果原料中含苦味物质较多的为柑橘类（包括橙、柠檬和柚等）和瓜类。柚皮苷又称柚苷、柑橘苷、异橙皮苷，它是一种黄酮类化合物，也是一种色素，主要存在于芸香科植物葡萄柚、橘、橙的果皮和果肉中，它是柑橘类果实中最主要的苦味物质，通常未成熟的果含量更高，一般果皮中含量较高，果肉中的柚皮苷随着水果的成熟在柚皮苷酶的作用下柚皮苷被水解，从而苦味减弱或消失；柠檬苦素也是构成柑橘类果实苦味的重要物质，它是多种类似化合物的总称，也称为柠檬苦素类似物，其在柑橘类果实，特别是果皮、种子中含量丰富，果实中的含量往往伴随着果实的成熟而降低，柠碱为三萜烯化合物，是柠檬苦素类似物中最主要的一种；苦杏仁苷是由苦杏仁素（氰苯甲醇）与龙胆二糖结合而成的苷类物质，广泛存在于桃、杏、李子、樱桃和苹果等果实的果核及种仁中，苦杏仁苷本身无毒，但是生食桃仁、杏仁过多，会引起中毒，这是由于苦杏仁苷酶使苦杏仁苷分解产生剧毒的氢氰酸的缘故，因此，加工时必须要先用酸或碱处理的方法，对原料进行脱除苦杏仁苷的脱毒去苦处理，以防中毒。

苦味物质的存在对柑橘类果汁的加工影响重大，有研究表明，微量的苦味物质可以调节果汁的风味，但一旦超过一定的阈值就能感觉到苦味，而超过一定的剂量就能感到强烈的苦味，苦不堪食了。通常柑橘鲜食无苦味，但经过榨汁（刚榨出的柑橘汁苦味较轻）、杀菌等加工处理后，经放置和加热后苦味加重，即所谓的延迟苦味。柑橘汁出现延迟苦味的原因主要是由于柠檬苦素的溶解度较低，在酸性条件和柠檬苦素 D -环内酯水解酶（Limonin D-ring Lactone Hydrolase）的催化下，果实中所存在的非苦味的柠檬苦素 A -环内酯（Linonoate A-ring Lactone）转变成了具有强烈苦味的柠碱。而采用全果榨汁技术加工柑橘类果汁时，皮和籽中的苦味物质容易进入果汁中，故苦味主要来自两方面，即柚皮苷和柠檬苦素类似物。脱苦问题一直是限制柑橘制汁业发展的一个重要因素。

1.4.3 营养物质

水果中富含多种营养物质,除含有淀粉、糖、维生素、蛋白质、氨基酸、纤维素、矿物质微量元素等维持人体正常生命活动必需的营养物质外,类胡萝卜素、果胶、酚和类黄酮物质等,均具有重要的营养和保健价值。酚类和类黄酮物质具有较强的清除氧自由基的作用,起到调节血脂等生理活性的作用。这些物质也是评价和衡量果实品质的重要指标。

(1) 淀粉。淀粉是一种多糖,它是由多个单糖(葡萄糖)分子经缩合而成的相对分子质量较大的多糖。植物中的叶绿素利用太阳光能把二氧化碳和水合成为葡萄糖,葡萄糖在磷酸化酶作用下,把 2 个 α - D - 葡萄糖分子缩合成麦芽糖,麦芽糖再进行缩合,形成淀粉。水果在生长周期内淀粉的含量会发生较大变化,一般未成熟的水果中存在含量较多的淀粉,随着水果逐渐成熟,越来越多的淀粉在淀粉酶的作用下逐渐转化为其他糖类(如葡萄糖),使甜味增加。完全成熟的水果中淀粉的含量一般在 1% 左右,有些水果如柑橘、菠萝、李、杏等品种充分成熟后则基本没有淀粉的存在。正是由于淀粉含量转化的这一特性,在有的果品生产中被用来判断果品的成熟度以确定适宜的采收期,如苹果(1% ~1.5%)的采收常采用这一方法。又如香蕉在未成熟时淀粉含量可高达 26%,而成熟后的淀粉含量不足 1%。而糖含量则由 1% ~2% 升至 15% ~20%。

淀粉在未成熟的水果细胞中以颗粒状存在,不溶于冷水。虽然不溶于冷水,但淀粉受热后易发生糊化现象(当水温达到 60℃ 左右时首先发生膨胀,进一步受热则发生完全糊化现象)。糊化之后的淀粉呈分散状,具有较高的黏度。因此在将淀粉含量高的果品原料加工成果汁的过程中,经常由于淀粉而引起沉淀,甚至有时汁液变成糊状。为了防止这类现象发生,在生产过程中,一方面要控制好原料的成熟度,避免加工未成熟且淀粉含量较高的果品原料,另一方面就是要选择合适的工艺参数,避免温度过高发生淀粉沉淀及糊化,如利用淀粉酶对淀粉颗粒进行水解。

(2) 含氮物质。水果中广泛存在着多种含氮物质,其中,最主要的是蛋白质和氨基酸。但总体来讲,与其他食品原料,特别是肉类相比,水果中所含的含氮物质很少,可以认为水果不是人体蛋白质的主要来源。含氮物质含量虽少,但对水果加工也会造成一定的影响:其中,氨基酸会与还原糖发生美拉德反应产生黑色素,从而影响原料的品质;含硫氨基酸及蛋白质在高温杀菌时受热降解形成硫化物，引起变色；蛋白质与单宁可发生聚合作用，能使溶液中的悬浮物质随同沉淀，这种特性在加工果汁、果酒澄清处理中常采用；蛋白质的存在常使果汁中发生泡沫、凝固现象，影响产品品质。

（3）维生素。水果中含有多种维生素，如 V_A 原（胡萝卜素）、V_{B_1}、V_{B_2}、V_C、V_D 及 V_P 等，水果是食品中维生素的重要来源，维生素是人类（动物或一些生命有机体）为维持正常的生理功能而必须从食物中摄取（人体一般无法合成）的微量有机物质，对维持人体的正常生理机能起着重要作用。虽然人体对维生素需要量甚微，但缺乏时就会引起各种疾病。水果中维生素种类很多，一般可分为水溶性维生素和脂溶性维生素两类，水溶性维生素易溶于水，所以在水果加工过程中应特别注意保存；脂溶性维生素能溶于油脂，不溶于水。

①维生素 A 原与维生素 A。植物体中不含维生素 A，但有维生素 A 原，即胡萝卜素，能转化生成视黄醇的胡萝卜素称为维生素 A 原。水果中所含胡萝卜素大部分为 β-胡萝卜素，水果中的 β-胡萝卜素被人体吸收后，可在肝脏及肠壁中转化为维生素 A。它在人体内能维持黏膜的正常生理功能，保护眼睛和皮肤等，能提高对疾病的抵抗性。含胡萝卜素的水果有杏、黄肉桃、柑橘、芒果、柿子等，胡萝卜素耐高温，但在加热时与氧可发生氧化反应，故水果原料贮存时应注意避光，减少与空气接触。果汁能很好地保存胡萝卜素，在设计复合水果汁时，应重视如何充分利用和提高产品中的维生素 A 原，使产品更具营养价值。

②维生素 B_1（硫胺素）。维生素 B_1 是维持人体神经系统正常活动的重要成分，也是糖代谢的辅酶之一。当人体中缺乏维生素 B_1，常引起脚气病，发生周围神经炎、消化不良和心血管失调等。维生素 B_1 是水溶性维生素，在酸性环境中稳定，在中性和碱性环境中对热敏感，易发生氧化还原反应。

③维生素 B_2（核黄素）。维生素 B_2 耐热、耐干燥及氧化，在加工中不易被破坏；但在碱性溶液中遇热不稳定。它是一种感光物质，存在于视网膜中，是维持眼睛健康的必要成分，在氧化作用中起辅酶作用。维生素 B_2 缺乏易得唇炎、舌炎。

④维生素 C（抗坏血酸）。维生素 C 在水果中是次要成分，但在人类营养中对防止坏血病起着重要作用。人体对维生素 C 的日需要量为 50mg，

人类饮食中90%的维生素C是从果蔬中得到的。维生素含量较高的水果有：刺梨、猕猴桃、鲜枣、柑橘、柠檬、葡萄柚、山楂、荔枝和番石榴等，其中，鲜枣 270～600mg/100g，野生酸枣 830～1 170mg/100g，刺玫果 1 000mg/100g，山楂 80～100mg/100g，柑橘类 40～60mg/100g，苹果、梨、葡萄、杏、桃等含量少，一般在 10mg/100g 以下。

维生素C的含量除与水果的品种、栽培条件等有关外，也因水果的成熟度和结构部位不同而异：如野生的水果维生素C含量多于栽培品种；在苹果表皮中维生素C含量高于果肉，果心中维生素C含量最少；水果中维生素C含量随果实成熟逐渐增加。此外，水果含促进维生素C氧化的抗坏血酸酶，这种酶含量愈多，活性愈大，水果中贮藏的维生素C含量愈少，而且温度增高，充分氧的供给会加强酶的活性，所以用减少氧的供给、降低温度等措施，以抑制抗坏血酸酶的活性，减少水果贮藏中维生素C的损失是十分必要的。有些水果，如柑橘等，抗坏血酸酶的含量低，故贮藏中维生素C破坏得少。

维生素C易溶于水，很不稳定，在酸性条件下比在碱性条件下稳定，对紫外线不稳定，与空气接触易发生氧化，铜与铁具有催化作用，可加速维生素C氧化，故在加工时应避免使用铜铁器具存放产品。在贮藏中维生素C含量极不稳定，在20℃下贮藏 1～2 天，抗坏血酸减少60%～70%，贮藏在 0～2℃下，则下降速度减缓。因此，在果汁产品的贮藏中，应注意避光，保持在低温，低氧环境中，减缓维生素C的氧化损失。

⑤维生素P。又称抗通透性维生素，在柑桔中含量多，属脂溶性维生素，维生素P能纠正毛细血管的通透性和脆性，临床用于防治血管性紫癜、视网膜出血、高血压等。

（4）矿物质（或灰分）。水果富含多种矿物质，水果中无机物质的80%是钾、钠、钙、铁、镁、锰、锌、钼、硼等，部分水果的矿物质含量见表 1-3，总体含量大约在 1.2% 左右，水果中大部分矿物质是和有机酸结合在一起的，其余的部分与果胶物质结合。

矿物质对人体非常重要，与人体关系最密切，而且需要最多的是钙、磷、铁。矿物质参与人体内生化反应，是构成人体的重要成分，可保持人体血液和体液有一定的渗透压和酸碱平衡，对维持人体健康是十分重要的。水果中的矿物质是人体所需营养物质的重要来源，水果中的矿物质进入人体后，与呼吸释放的 HC 断离子结合，可中和血液中的 H^+ 子，使血浆的 pH 值增大，呈碱性作用，因此又称水果及其果汁产品等为"碱性食品"。常吃水果，才能维持人体正常的生理进机能，保持身体健康。

表 1 – 3　水果中主要矿物质含量

（mg/L）

种类	钠	钾	钙	铁	磷
苹果	20	1 120	70	1.0	60
葡萄	60	1 630	130	8.0	820
杏	30	1 000	90	3.0	130
番茄	1 200	3 100	430	9.0	410

（资料来源：参考文献 5）

　　矿物质元素对果品的品质有重要的影响，在水果的化学变化中，矿物质起着重要作用。必需元素的缺乏会导致水果品质变劣，甚至影响其采后贮藏效果。金属元素通过与有机成分的结合能显著影响水果的颜色，而微量元素是控制采后产品代谢活性的酶辅基的组分，因而显著影响果蔬品质的变化。如，在苹果中，钙和钾具有提高果实硬脆度、降低果实贮期的软化程度和失重率，以及维持良好肉质和风味的作用。在不同水果品种中，果实的钙钾含量高时，硬脆度高，果肉密度大，果肉致密，细胞间隙率低，贮期软化进变慢，肉质好，耐贮藏；果实中锰铜含量低时，韧性较强；锌含量对果实的风味、肉质和耐贮性的影响较小，但优质品种含锌量相对较低。

1.4.4　质地物质

　　水果是典型的鲜活易腐品，无论是鲜食还是加工成产品，人们都希望水果新鲜饱满、脆嫩可口，水果的质地主要体现为脆、绵、硬、软、细嫩、粗糙、致密、疏松等。果实质地是评价水果品质的重要指标之一，也是影响贮运特性的重要方面。从原料的角度看，影响其质地性状最主要的因素为种类或品种特性、成熟度的高低和鲜嫩度（水分丧失和衰老的程度等）。从微观角度看，细胞尤其是细胞壁物质才是影响其质地的关键。大量报道指出，果实生长是通过细胞分裂和膨大来实现的，细胞壁使果实具有一定的形状和弹性，而细胞大小受限于细胞壁，细胞生长过程中，细胞壁因组分降解而变得松弛伸展，细胞才有空间长大。果实细胞壁主要由纤维素、半纤维素和果胶类物质所组成，纤维素是细胞壁的骨架物质，半纤维素在细胞壁的"经纬模型"中起着"门锁"的作用，果胶类物质有序地分布在这些纤维素和半纤维素微丝中，并与之交叉联接，与果实质地密切相关。果实发育成熟过程中，随着果实慢—快—慢的生长过程，其质地经历嫩—硬—软的过程，细胞壁物质含量发生了显著变化，且几乎都以果实膨大期为趋势改变的转折点：果实生长初期以细胞分裂为主，细胞数量增加，需要细胞壁物质快速合成参与细胞的形态建成；进入果实膨大期以后，细胞壁为了满足果实的快速增大，细胞膨大，细胞壁需要松弛，细胞壁中半纤维素和果胶被果实成熟过程中形成的新酶系溶解，导致细胞壁局部降解，细胞壁的复杂网络减弱，细胞壁、纤维素、半纤维素及果胶质含量急剧减少，果实质地变软，以达到适口的可食状态而具备成熟特征，此时细胞不再增生。果实在发育成熟过程中，细胞壁含量和成分均发生着变化，这与果实的生长发育规律相吻合，说明细胞壁物质对果实质地发育具有重要作用。因此认为，细胞壁结构和成分的改变是引起果实质地变化的主要原因，细胞壁降解是果实成熟软化的主要原因，质地即可作为判断水果成熟度、确定采收期的重要参考依据。用果实硬度计来测定果肉硬度，借以判断成熟度，也可作为果实贮藏效果的指标。

（1）水分。水分是植物完成全部生命活动过程的必要条件，是水果的主要成分，其含量依水果种类和品种而异，一般新鲜水果含水量为75%～90%，有些水果达90%以上，含水分较低的果品如山楂也占65%左右。水果中的水分主要存在于果肉细胞内，主要为游离水（即自由水），以细胞液的形式存在，水果中丰富的营养成分大多溶解在细胞液中，可溶性物质就溶解在这类水中，这类水在水果贮运过程中容易蒸发散失；水果中的另一类水是结合水，它是水果细胞体内与大分子物质相结合的一部分水分，常与蛋白质、多糖类、胶体大分子等以氢键的形式相互结合。这类水分不仅不蒸发，就是人工排除也比较困难，只有在较高的温度（105℃）和较低的冷冻温度下方可分离。

水果中的水分与水果的风味品质有密切关系，水分通过维持水果的膨胀力或刚性，赋予水果饱满、新鲜而富有光泽的外观。水分的含量不仅影响其新鲜度、嫩度（质地）和味道等，也是直接影响果汁加工时的出汁率的重要因素。但是水果含水量高，又是它贮存性能差、容易变质和腐烂的重要原因之一。水果采收后，水分得不到补充，在贮运过程中容易蒸发散失而引起萎蔫、失重和失鲜。一般新鲜的水果水分减少5%，就会失去鲜嫩特性和食用价值，而且由于水分的减少，水果中水解酶的活性增强，水解反应加快，使营养物质分解，水果的耐贮性和抗病性减弱，微生物的活动加剧，常引起品质变坏，贮藏期缩短。其失水程度与水果的种类、品种及贮运条件有密切关系，因此在采后的一系列操作中，要密切注意水分的变化，除保持一定的湿度外，还要采取控制微生物繁殖的措施。

（2）果胶类物质　果胶类物质是一类多糖，大多数水果中的果胶以高甲氧基果胶为主。水果中以果实、根茎等植物器官中的果胶类物质含量较高，如山楂、苹果、柠檬等水果中果胶含量很高，在桃、李、杏、梨、草莓、葡萄等主要水果中的含量相对较低。部分水果的果胶含量见表 1 - 4。

表 1 - 4　某些水果果胶含量

种类	果胶（%）
苹果	1.0 ~ 1.8
梨	0.5 ~ 1.4
草莓	0.7
桃	0.56 ~ 1.25
山楂	6.4
柠檬	2.8 ~ 2.99
香蕉	0.59 ~ 1.28

（资料来源：参考文献 5）

果实在生长、发育及成熟过程中发生一系列复杂的生理生化反应，不仅包括生长，还包括风味、芳香物质、质地、颜色和硬度的变化。其中，质地变软是果实发育成熟最明显的标志，而且几乎是所有果实的一个特征。成熟软化的中心是细胞壁初生壁结构及其成分的改变造成的，尤其是果胶物质的变化最为显著，同时伴随一些中性多糖的变化。

从细胞学的角度来看，细胞的大小和紧密度、细胞组织紧张度和细胞汁的多少，都是影响水果质地的关键因素，而果胶类物质是决定水果质地性状最主要质地因子。果胶类物质是水果硬度的决定因素，水果硬度的下降的主要是由于果胶物质的形态变化，在水果的不同生长发育阶段，果胶物质分别以原果胶、可溶性果胶和果胶酸形存在于水果组织中，这 3 种形式的特性不同，影响着水果果实的硬度和加工特性；未成熟的果实中的果胶物质大部分以原果胶的形式存在，不溶于水，与纤维素等将细胞与细胞紧密地结合在一起，原果胶也被称为果胶纤维，是初生细胞壁和胞间层的主要组分，起着黏结细胞作用，也是植物维持一定形态结构的重要物质，对细胞壁的机械强度和物理结构的稳定性起着关键性作用，因而原果胶使果实显得坚实、脆硬；随着果实的逐渐成熟，原果胶在原果胶酶的作用下水解为水溶性的果胶，原果胶含量呈下降趋势，水溶性果胶含量则呈上升趋势，果胶物质逐渐与纤维素分离，进入果实细胞汁中，其黏结作用下降或失去黏结作用，细胞间的结合力松弛，使果实质地逐渐变软；完全成熟的水果中果胶物质则主要以水溶性果胶成分为主，果实组织也变得松弛、软化，硬度降低，在苹果和某些梨中表现为发绵；而如果水果过熟，果胶在果胶酯酶的作用下脱酯而转变为果胶酸和甲醇，果胶酸不溶于水，无黏性，完全失去黏结作用，果实组织崩溃，呈软烂状态。这一系列的变化是果实成熟后逐渐变软的原因。因此，果实硬度的变化，与果胶物质的变化密切相关。

马之胜等（2008）以普通桃、油桃和蟠桃为研究对象，采用果实硬度计测定了3种桃的果实硬度（测定部位为果实胴部），依据对果实硬度测定的结果，将桃果实硬度分为5个等级，即一、二、三、四和五级（由软到硬），见表1-5，并对3种桃的原果胶、可溶性果胶及总果胶含量与果实硬度之间的关系进行了相关性分析（表1-6）。

表1-5　不同硬度等级不同类型桃果实3种果胶含量

（mg/g）

硬度级别	普通桃			油桃			蟠桃		
	可溶性果胶	原果胶	总果胶	可溶性果胶	原果胶	总果胶	可溶性果胶	原果胶	总果胶
一级	2.308	3.427	5.735	0.656	4.102	4.758	—	—	—
二级	1.674	3.769	5.443	0.585	4.179	4.764	1.714	4.535	6.249
三级	1.431	4.018	5.449	0.935	5.049	59.983	1.258	4.316	5.574
四级	0.775	4.263	5.308	0.898	4.788	5.686	1.308	5.809	7.117
五级	0.753	4.320	5.016	1.132	4.285	5.416	—	—	—

表1-6　3种桃果胶含量与果实硬度间的相关系数

	果实带皮硬度	可溶性果胶	原果胶	总果胶
果实带皮硬度	1	−0.567 **	0.413 *	−0.059
可溶性果胶	−0.567 **	1	−0.990 **	0.820
原果胶	0.413 *	−0.990 **	1	−0.729
总果胶	−0.059	0.820	−0.729	1

（资料来源：参考文献9）

从表 1-5、表 1-6 中可以看出，3 种桃果实的带皮硬度与原果胶含量呈正相关关系，果实带皮硬度与可溶性果胶含量具有负相关关系，总果胶含量与桃果实带皮硬度无显著相关关系，同时可溶性果胶与原果胶含量呈极显著的负相关。

果胶是一种很好的稳定剂，已普遍应用于浑浊果汁或带肉果汁中。但在加工澄清汁和榨汁工艺上，由于果胶类物质的存在，往往会使水果汁的澄清、过滤造成困难，也会降低出汁率。因此，在生产中常用果胶酶处理的方法来提高出汁率和制造澄清汁。

（3）纤维素和半纤维素。除淀粉、果胶外，水果中其他多糖还包括纤维素半纤维素和木质素等，其中纤维素和半纤维素是植物细胞壁的主要构成成分，是细胞壁的骨架网络，对组织起着支持作用，其含量多少与果实的硬度、松实、脆韧、腻粗等密切相关，是质地发育的重要因子，且随果实发育成熟，纤维素与半纤维素含量发生变化，而且品种不同，含量不同。

纤维素在水果皮层中含量较多，通常被包埋在由半纤维素、木质素、栓质、角质和果胶等构成的基质中结合成复合纤维素。在果品中的含量约为 0.2% ~4.1%，纤维素不溶于水，只有在特定的酶的作用下才被分解。许多霉菌含有分解纤维素的酶，受霉菌感染腐烂的果实往往变为软烂状态，就是因为纤维素和半纤维素被分解的缘故。这对水果的品质与贮运有重要意义。

半纤维素是生物质另外一个非常重要的组成部分。半纤维素是一类由不同的糖基组成的非均一多糖的总称。与纤维素不同，半纤维素的结构是无定形的，纤维素和半纤维素是交织在一起的，它的结构要比纤维素的结构复杂很多，半纤维素分子链的与纤维素分子链相比，半纤维素的分子链不仅短很多，而且含有支链。不同植物中半纤维素的结构不尽相同，不同的细胞壁层面上的半纤维素的结构也有所差异。水果中分布最广的半纤维素为多缩戊糖，其水解产物为己糖和戊糖。同时，木质素在相邻细胞之间的黏结上也发挥着非常重要的作用，半纤维素和木质素、果胶等其他物质一起作为细胞基质填充在细胞壁的纤维束之间，使细胞壁发生木质化，不仅有利于细胞壁的稳固，而且可以保护细胞壁使其免受微生物的攻击。半纤维素在植物体中有着双重作用，既有类似纤维素的支持功能，又有类似淀粉的贮存功能。半纤维素在香蕉初采时，含 8% ~10%（鲜重计），但成熟果内仅存1%左右，它是香蕉可利用的呼吸贮备基质。半纤维素在植物体中有着双重作用，既有类似纤维素的支持功能，又有类似淀粉的贮存功能。

大量研究表明，在果实成熟过程中，硬度下降一般伴随着果实中不溶性果胶物质即原果胶含量的降低。Malis-Arads 和 Majumder 等发现，在果实成熟过程中，硬度下降一般伴随着果实不溶性果胶物质含量的降低。Prasanna 等研究报道，芒果在果实成熟软化过程中，总果胶的含量从2.0%降低至0.7%。魏建梅（2009）等发现，随着苹果果实发育成熟，不溶性的共价结合果胶含量及所占比例逐渐降低，而可溶性果胶成分的含量和比例增加。果实半纤维素含量也具相似的变化规律，纤维素含量变化比较平稳。祝渊等（2003）发现柑橘类水果果实原果胶在果实的成熟过程中下降幅度最明显，纤维素和木质素含量均随着果实的成熟而下降，但下降幅度不明显，半纤维素含量则在果实发育过程中出现了较大的波动，但总体趋势是下降的。

总之，在果实发育过程中，细胞壁物质和总果胶含量不断减少，其中，原果胶和水溶性果胶含量变化在果实质地变化中具有重要作用，是果实贮藏特性的重要指标；纤维素和半纤维素在果实发育期间也发生降解，含量有不同程度的下降，从而对果实的质地产生影响。

1.4.5　酶

酶是由生物的活细胞产生的有催化作用的蛋白质。在新鲜水果蔬菜细胞中进行的所有生物化学反应都是在酶的参与下完成的。酶控制着整个生物体代谢作用的强度和方向。新鲜水果的耐贮性和抗病性的强弱，与它们代谢过程中的各种酶有关，在贮藏加工中，酶也是引起水果蔬菜品质变化的重要因素。如苹果和梨成熟过程中，蔗糖含量显著增加，随后又迅速下降，转化酶起了重要作用，因为首先淀粉大量水解造成蔗糖积累，然后是蔗糖的水解。这也是许多具有后熟作用的水果，如香蕉、菠萝、烟台梨、红梨、未成熟的苹果等，在适宜的条件下贮藏一段时间后甜味增加的原因。鳄梨和香蕉等在成熟期间变软，是由于果胶酶作用的结果，引起水果中果胶分解溶化的主要酶是果胶酯酶和聚半乳糖醛酸酶，其作用机理将在后续章节详述。

所以，贮藏水果应采用低温等措施以抑制酶的活性，保持良好品质。

1.5　制汁用水果原料的质量与品质要求

原料是加工的物质基础。一种加工品是否优质，除受设备和技术影响外，还与原料是否适宜、品质好坏和加工适性的优劣有密切关系，要使加工品高产、优质、低消耗，就要特别重视加工原料的生产，了解对加工原料有哪些具体要求。在此，简单介绍果汁加工对加工原料的质量与品质要求。

1.5.1　原料种类和品种

水果种类、品种繁多，良莠不齐，虽然都可以加工，但由于各种原料自身的组织结构和所含化学成分的不同，所适宜加工的产品也不同，其制汁适应性也有很大差异。出汁率是生产果汁者考察的最重要的因素之一，也是重要的商品品质指标，常用果汁占全果重量的百分比来表示。出汁率的高低和果实本身汁液的多少、取汁的难易程度、取汁工艺等都有相当大的关系。因而适宜制汁作品的种类也就不同，何种原料适宜何种加工品是根据其特性而定的，即使果实其他品质十分优秀，但没有优良的出汁率就不能很好地适应生产，不能为生产者创造可观的经济效益。所有研究果实是否适合制汁都要考察出汁率，在保全其营养成分、风味口感尽可能和原料一致的情况下出汁率越高越好。由此，选择用于制汁的适宜品种，首先要具备较高的出汁率，且已充分具有该品种的优质特性，这包括是否栽培于适宜的地区、品种所具有的芳香、风味、色泽是否达到要求，具体要求如组织细嫩、致密、含粗纤维少、含矿物质高等。最好选择该水果种类的加工专用种：某些原料品种并不一定具有良好的鲜食品质，但具有良好的加工品质，这样的品种称为加工专用种，如国光苹果适宜制作果汁，详见本章 1.2 部分。此外，果汁大多在果实成熟时采收加工，以获得最佳的品质和最高的出汁率，制汁用的果实和鲜食的果实总体上要求趋于一致，但也有一些重要的区别，制果汁的原料应有良好的风味和香味，色泽稳定，酸度适中，后苦味现象不严重，并在加工和贮藏过程中仍然能保持这些优良品质，无明显的不良变化。此外还要求汁液丰富，取汁容易，出汁率较高。可适当地降低对果面缺陷的要求等。

1.5.2 原料成熟度

果实的成熟即指水果完成了细胞、组织或器官的发育之后进行的一系列营养积累和生化变化，表现出特有的风味、香气、质地和色彩的过程，该过程中果蔬的组织结构和化学成分均在发生不断的变化。例如，可食部分由小长大，果实由硬变软，果实中糖分增加，酸分减少，苦味物质减少，淀粉和糖类发生相互转化等。

（1）成熟度的概念。水果的成熟度即指果实所达到的成熟不同阶段，水果的成熟度是表示原料品质与加工适性的重要指标之一。各类加工品对原料成熟度要求是比较严格的，加工中严格掌握成熟度，对于提高产品的质量和产量均有重要的实际意义。按照成熟度的不同，在水果加工学上，一般将成熟度细分为以下几个阶段。

①可采成熟度（绿熟）：水果在生长发育过程中，完成个体发育成长的历程。即从开花授粉后，完成细胞、组织、器官分化发育的阶段，体积停止增长，化学物质的积累已经完成，种子已发育成熟，达到可以采摘的程度，但风味尚未达到最佳，不一定是食用的最佳阶段。从外观来观察，果实开始具有原料的色泽，但风味欠佳，果实硬，果胶含量丰富，糖酸比值低，生产上俗称六七成熟。此时采收的果实原料适宜做果脯、蜜饯，因色泽、风味差而使产品品质低劣不宜做其他产品。但适合于贮运，要经后熟才达到加工要求，一般工厂为了延长加工期常在这时采收进厂入贮，以备加工。

②加工用成熟度（坚熟）：指果实已具备该品种应有加工特性的阶段，果实充分表现出品种应有的外观、色泽、风味和芳香，在化学成分含量和营养价值上也达到最高点，生产上常称为七至九成熟，此时采收的果实原料是制作罐头、果汁、干制品、速冻食品和腌制品的良好原料。加工成熟度可分为适当成熟和充分成熟。充分成熟即九分熟，此时果实表现出特有的风味、香气、质地和色彩，达到最佳食用阶段。

③生理成熟度（过熟或完熟）：指水果生理上已达到充分成熟的阶段，种子具有繁殖能力，组织开始松弛，营养物质开始转化分解，质地变软，风味变淡，营养价值降低，一般称这个阶段为过熟。该阶段水果原料还可用于加工果酱和果汁，一般不适宜加工其他产品。任何加工品均不提倡在这个时期进行加工，但制作葡萄的加工品时，则应在这时采收。完熟可以

发生在植株上，也可在发生在采后（采后完熟一般分后熟和催熟，即对一些质地柔嫩的水果，采收时不完全成熟，采收后使其在自然条件下继续成熟，称为后熟；利用人工的方法加快后熟，称为催熟。）

④衰老：水果最佳食用阶段以后的品质劣变或组织崩溃阶段。

表 1 - 7 为不同加工类别对水果成熟度的要求及原因。

表 1 - 7　不同加工类别对水果成熟度的要求及原因

加工类别	对原料成熟度的要求	原因
果汁类	充分成熟	色泽好、香味浓，糖酸适中，榨汁容易
干制品	充分成熟	否则缺乏应有的风味、制品质地坚硬、色泽不好
果脯、罐头类	成熟度适当	组织较硬，耐高温煮
果糕、果冻类	成熟度适当	利用原果胶含量较高，使制品具有较好的凝胶性

（2）水果成熟过程中的品质变化。

①甜味增加：淀粉水解为可溶性糖。

②酸味减少：有机酸转变为可溶性糖或作为呼吸底物或被 K^+、Ca^{2+} 等中和成盐。

③涩味减少：单宁等多元酚被过氧化酶氧化或转变为不溶性物质。

④香味产生：果实成熟时产生酯、醛、酮等多种香味物质。

⑤果实变软：果胶水解，胞壁软化，内含物水解。果实变软是果实成熟的一个重要标志。

⑥色泽变艳：叶绿素分解，呈类胡萝卜素的颜色或者是转变为红色的花色素。光照可促进花色素苷的合成。

⑦维生素含量升高：果实中含有丰富的各类维生素，主要是维生素 C。

（3）成熟度和采收期与果汁加工的关系。各种水果的采收成熟度及采收要求应由其品种特性和果汁加工要求决定，当成熟度达到一定的要求时就必须适时采收。一般来讲，采收过早原料往往内外在品质都差，肉质生硬、味淡、色泽较浅、香气弱、酸度大、导致出汁率低，影响产量。采收过晚则组织松软（或纤维化）、酸度过低、不耐贮藏和加热处理、香味虽浓但风味下降，出汁率也下降。所以说水果原料的成熟度适宜是最关键的。过生的水果当然达不到原料的质量要求（酸糖比、含酶量、果胶量、色素、芳香物质等方面），过熟的水果则使榨汁作业和澄清作业变得困难，并带来运输和贮藏上的一系列问题。过软或完全软化的水果含果汁少，且易于腐败。加工果汁用的工业水果原料的最佳成熟度的外表特征应介于可采成熟度（绿熟，已具有成熟的典型颜色，果柄与树枝的联接已不牢固，很易脱落）和加工成熟度（坚熟，质量最佳状态）之间。

（4）确定采收成熟度方法。水果加工应根据不同的产品类型，确定适宜的采收成熟度，保证产品质量。判断采收成熟度一般从多方面综合考虑，通常可从如下几方面进行判断：

①色泽变化辨别法：主要是根据水果的外观色泽和种子的色泽变化来判定是否达到适宜的成熟度，一般果实成熟前为绿色，成熟时绿色减褪，底色、面色逐渐显现，可根据该品种固有色泽的显现程度，作为采收标志。

②理化指标分析法：最常用的是通过测定水果的糖、酸含量与糖酸比（例如苹果、梨等仁果，根据品种不同，它们的糖酸比值约在 1:10 至 1:15 之间）来确定最佳成熟度；或测定可溶性固形物含量来确定；如果水果中出现乳酸则意味着过熟；另外，水果液汁比重和不含糖提取物部分的百分比也可以用于判断成熟度；苹果等还可以用测定果心乙烯浓度和果实硬度计测定硬度的方法。

③果实大小、重量和外观特征判定法：主要是以果实的重量、相对密度、纵横径比（果形指数）、果实表面果粉的形成、蜡质层的薄厚、果实呼吸高峰的进程和果梗、果皮的分离难易程度等方法来评定。

④生长期：这是目前我国水果生产中最常用的一种方法。即以水果盛花期至成熟期的整个生长日期为指标。因为每个水果品种（或种类）在一个地区其每年从盛花至成熟的日期基本一致。因此，只要通过几年摸索就可以基本确定某一品种在某地从盛花至成熟需多少天。这样在该水果品种进入盛花期时，就可基本确定其采收期。

1.5.3　新鲜度

食品的新鲜度即食品的新鲜程度，通常是指食品通过其物理、化学等鲜度指标所综合表现出来的质量特征。食品的新鲜度随着运输距离和时间的增加逐渐衰减，其色泽、口感、营养价值、经济价值都会随之降低。

（1）工业水果原料的采后特点。采后水果原料的特点具体表现为：

①收获后的水果不同于没有生命活力的加工食品，它仍然是有生命的活体，借助呼吸作用维持生命，在呼吸过程中，水果吸进氧气，排出二氧化碳等气体，产生乙烯气体，乙烯气体能促进水果老化，促使呼吸作用加

快，并使水分降低。呼吸作用主要是靠分解果实体内的营养成分，造成水果肉质软化、营养价值和风味品质降低。

②新鲜水果含水量达 80% ~ 95%，只要降低 5% 的含水量，外观就会蔫萎，失去光泽、出现皱褶、质量变次、商品价值降低；如果变黄，维生素 C 的含量就会降低。

③富含微生物生长所需要的营养素，很容易受到微生物作用而发生腐烂变质。

④新鲜水果不耐贮存、库存周转较快，水果是有生命周期的生物，随着时间的流逝，其新鲜度会越来越低，当水果的新鲜度下降到一定程度后就会发生质的变化即组织疏松、柔软，不耐碰撞、挤压，一旦损伤，极易发生腐烂。因此新鲜水果不耐贮存，这就要求新鲜水果的库存周转较快。

⑤保鲜难、保鲜成本高，采后水果的新鲜度是其灵魂，然而即使采取一定的保鲜措施，由于其生理特性，生鲜食品的新鲜度也会越来越低；为了保持生鲜食品的新鲜度，生鲜食品在产出、运输、储存、销售等环节要采用较高的保鲜技术，保鲜成本随之上升。

⑥新鲜水果具有明显的季节性、地区性，新鲜水果具有很强的季节性，都会有特定的生长期和生长地点，它们的季节性决定了新鲜水果上市的品种和数量有明显的淡季和旺季之分，而地区性决定了新鲜水果的新鲜度和价格。新鲜水果经营的难点之一就是保鲜难，在各个环节中稍有不慎就会造成新鲜度大幅下降、营养降低甚至是损坏、变质，因此经营新鲜水果时要借助较高的技术、较严格的管理，尽量保持水果的新鲜度。

（2）原料新鲜度与加工的关系。工业水果原料要尽可能地保持新鲜完整，制品的品质就越好，损耗率越低，否则，水果一旦发酵变化就会有许多微生物侵染，造成果实腐烂，这样不但质量差，而且导致加工品带菌量增加，使杀菌负荷加重，若增加杀菌时间或升高杀菌温度则会导致食用品质和营养成分的下降，增加生产成本，影响制品品质。然而基于对采后水果原料特点的分析可知，水果在收获后立即开始一系列的化学、生物化学和微生物变化过程，其所有有用成分则将遭到逐步破坏，直至完全破坏。有些水果，不宜贮藏过久，必须立即加工，如草莓、荔枝等。而有些水果则耐贮藏，如苹果，在冷藏或气调贮藏的条件下果实在采后都能维持一段时间的新鲜度，即保持其固有的色泽，香气，饱满度等，如果保存不良好或时间太长或环境不适宜以及其自身的生理作用就会丧失水分，弹性下降，萎缩失鲜，那么它的食用性和加工适应性都大大地降低。并且随着时间的延长，总糖、总酸和维生素 C 含量逐渐下降，营养成分逐渐损失，最终失去食用价值。

这就要求水果从采收到加工的时间应尽可能短，以保持原料的新鲜完整，如需放置或长途运输则应有一系列的保藏措施，防止贮藏不当，或在包装、运输过程中应尽量避免伤害水果组织造成品质下降，从而影响到果汁产品的品质；水果运到工厂后，应及时加工，如来不及及时加工，应保存在适宜的条件下，以保证新鲜完整，减少腐烂损失；为了保持原料的新鲜、完整和饱满，在厂房的设置、原料的种植和采收整个过程中应综合考虑。

（3）水果采后保鲜技术。不能及时进行加工的原料，可以采用适当的保鲜技术处理，以保证原料的新鲜度。所谓食品的保鲜技术，就是保持食品鲜度，抑制食品劣化。通过对水果采后的特点可知，呼吸作用和微生物是影响水果新鲜度的两大主要因素，水果的保鲜主要是抑制它们的呼吸作用和抑制微生物增殖速度。而水果的呼吸作用及微生物的增殖都与贮藏的温度、湿度、气体成分有关。要保持水果的新鲜度，根据其特性，主要从控制温度、湿度、气体成分等几方面考虑。

①温度对新鲜度的影响。低温可抑制呼吸作用，减少养分的消耗和微生物侵蚀，从而保持水果新鲜度。但是，这种低温是有限度的，过低反而有害。每一种水果都有自己允许的最低温度，如柑橘为 2~7℃，香蕉在12℃以上。

②湿度对新鲜度的影响。水果体内水分的蒸发，会导致水果的萎缩，使呼吸作用受到破坏，酶活动趋向水解，加速了有机物的分解，从而降低了水果对微生物的抵抗力，使其易受微生物侵袭。因此，控制水果水分的蒸发对保持新鲜度很重要，而控制水分蒸发强度主要由相对湿度决定。一般相对湿度应在80%~90%。

③气体成分对新鲜度的影响。水果生命活体的呼吸作用，会消耗养分，加速衰老。它呼吸时吸收氧气，放出二氧化碳。氧气浓度降低和二氧化碳浓度增高，都会抑制呼吸作用。但并不能无限制，否则反而有害。合适的氧气和二氧化碳浓度，可使水果维持正常的最低的呼吸作用，这对水果在较长时间内保持其新鲜度有极其重要的意义。

④其他。水果在呼吸过程中，除了放出二氧化碳外，还不断放出某些生理刺激物质，如乙烯、醛类、醇类等，其中，乙烯对水果的呼吸有明显

的促进作用，若能及时排除，将有利于长期保鲜。此外，水果组织柔软、多汁，若采用必要的缓冲包装也有利于水果保鲜。

综上，低温、高湿度、低氧、高二氧化碳、低乙烯、无菌的环境有利于水果的保鲜，因此保鲜的主要方法是保持低温、控制水分蒸发、调节气体环境、清除乙烯气体、杀菌和抗菌等。水果保鲜的主要材料有功能型保鲜膜、新型瓦楞纸箱、功能型保鲜剂等。此外，常用的保存方法有：短期贮存，设置阴凉、清洁、通风、不受日晒雨淋的场所，在自然条件下临时贮存。由于贮存条件不能控制，贮存时间只能很短；较长期贮存，通过控制贮存环境中的温度和湿度，使采收后的水果的生命活动仍在进行，但养分消耗降到最低，使原料保持新鲜和较好的品质，可以较长期贮存。

1.5.4　清洁度

水果原料表面清洁度与食用安全性息息相关。采后水果表面附着大量的污垢，包括尘土、农药、寄生虫卵和有害的微生物等。尘土等杂质不但影响表观色泽，而且为微生物的附着创造了一定的条件，会导致水果迅速腐烂，尤其是在水果潮湿或受伤的情况下，同时还会妨碍表面微生物和农药的去除。和其他食品一样，果汁制品中不允许有残留农药。然而，在我国，由于果蔬等为经济作物，不使用农药，农产品损失率在40%～80%，所以，为了获取高回报，我国的农药产量和农药使用量还在逐年上升，有报道指出，我国近些年的农药使用量是50年前的6～8倍，每年生产农药近80万t，其中，有些是欧美国家早就禁止使用的剧毒农药，例如，甲胺磷、对硫磷、甲基对硫磷等。因此，可能引起疾病和食品腐败的有害微生物及有毒的农药残留是需要去除的重点。

因此，在果汁加工中，为了保证原料的清洁度，加工企业一般都对原料进行必要的清洗和杀菌作业，清洗和消毒杀菌虽是不同操作，但常常配合进行。清洗通常是消毒杀菌的前处理，通过清洗可除去污垢，抑制微生物的生长、繁殖，减少微生物的数量，再通过消毒杀菌来杀死病原菌和大多数的其他微生物，从而减少杀菌剂的用量，达到理想的清洗效果。清洗原料时既要保持原料的品质不受损害，又要去除原料上的杂质，使之达到卫生标准的要求，同时便于后续的加工，并能提高成品的品质。

清洗是指用清水、清洗液等介质对清洗对象所附着的污垢进行清除的操作过程。主要是湿式清洗，传统的清洗方法包括：浸泡式、鼓风式、喷淋式、浸泡与喷射并用式、摩擦搅拌式、刷洗式等。浸泡是最基本的方法，一般在水槽中进行，物料浸泡一段时间，使表面黏附的污染物松离而浮于水中，再通过换水而排出。为了加强浸洗效率，对于有残留农药的果蔬，先用0.5%～1.5%盐酸溶液或0.1%高锰酸钾溶液或600mg/kg的漂白粉等，在常温下浸泡数分钟，然后用清水洗净。近年来，超声波、紫外线、等离子体、激光等高新技术、吸附剂和生物酶技术在清洗上的应用也日趋普及。此外，果蔬清洗常见的杀菌剂种类有氯系杀菌剂（如漂白粉、漂粉精、次氯酸钠等，但此类杀菌剂往往会与食品中某些成分反应生成氯化物，对人体产生危害。）、电解食盐水、二氧化氯ClO_2，臭氧、过氧化物与氯化物混合的杀菌剂等。

1.5.5 健康度

果汁原料要健康，不允许使用腐烂的和已经开始腐烂的原料加工果汁，尤其不能使用被霉菌侵袭了的原料加工，因为某些霉菌有致癌作用。也不要使用生了斑点病的水果加工果汁，因为斑点病原使水果腐败并产生难以消除的异味。其他不健康的水果，如受虫害、冻害和产生褐变的水果，亦不应用作制汁原料。

1.5.6 制汁用水果原料的品质要求

（1）足够的含水量。作为果料原料，要求水果有足够多的水分。水果的含水量越大，其出汁率就越高。

（2）足够的含酸量。足够的酸分将使果汁制品具有良好的风味，更重要的是，较高的酸度对果汁制品的杀菌消毒作业有着决定性的意义，对果汁制品的澄清作业和净化作业也有着重要的影响。从这个意义上说，一些较酸的、不适于作商品水果的水果品种，却是制汁的好原料。目前有些国外企业采用商品水果制汁，但另外仍须掺对含酸量很高的果汁，才能使最终制品保持足够的含酸量。

（3）适量的鞣质（单宁）。鞣质过多，会使果汁产生一种发涩的、收敛的（嘴黏膜收缩的）味道。但是，少量的鞣质却往往受到消费者的欢迎，它能使饮料产生一种促使人们多喝"发干"的味觉。所以，在什锦果汁和某些特种果汁中，往往掺入少量含有丰富鞣质的水果——例如制汁用梨、山楂和一些野果的果汁，以使果汁成品具有明显的、特殊的微"涩"的味道和"自澄清"作用。鞣质可使蛋白质絮凝，达到澄清作用。

（4）其他一些成分的含量要求。作为营养物质的矿物质和维生素，在制汁水果原料中含量越多越好。芳香物质对果汁风味也具有非常重要的影响，在原料中也是越多越好。蛋白质则相反，制汁原料中的含量越少越好，因为蛋白质在较高的温度下会形成沉淀物，影响果汁的质量。水果所含的纤维素越少越好。至于水果的含糖量，则是根据消费者的口味来确定的，并非越甜越好。

概括起来，对果汁加工用水果原料总的要求：就是要严格根据果汁加工工艺的要求，选择适合制汁工艺的水果品种，要求原料具有良好的感官品质和营养价值，新鲜、无病害和腐烂、无机械损伤、风味芳香独特、色泽良好、成熟度适宜、汁液丰富、取汁容易、出汁率高、可溶性固形物含量高、糖酸比、果胶含量适宜、耐贮运和商品价值高（有明显的经济意义）。为了避免榨汁时果面杂质进入果汁、要求充分洗净果实。洗涤之后由专人再将病害果、未成熟果、霉烂果剔除。

果汁原料的质量标准，是牵涉人体健康的大问题。果汁工业者对此不能掉以轻心，必须严格遵照国家的食品法、卫生法以及其他有关法令，严格把好原料的进料关，才能生产出合乎要求的优质产品。否则，不仅败坏了企业的声誉，而且影响到消费者的健康，严重变质的产品，甚至会酿成重大事故。所以，每个果汁制造企业，都应有严格的进料、存放和投料制度，并督促有关人员必须认真执行有关制度，切不可因为成本上和其他方面的原因，降低原料的质量标准。

参考文献

［1］陈姗姗，仇农学.国际果汁标准的沿革及对我国果汁标准体系的影响［J］.饮料工业，2005，8（3）：43-44.

［2］仇农学.现代果汁加工技术与设备［M］.北京：化学工业出版社，2006.

［3］聂继云，毋永龙，李海飞，等.苹果品种用于加工鲜榨汁的适宜性评价［J］.农业工程学报，2013，29（17）：275.

［4］贾惠娟.水果香气物质研究进展［J］.福建果树，2007（2）：31.

［5］赵丽芹，张子德.园艺产品贮藏加工学第二版［M］.北京：中国轻工业出版社，2009.

[6] 殷艳，钟海雁，李忠海．杂柑的果实品质及果汁加工工艺的研究 [D]．中南林业科技大学，湖南长沙，2007.

[7] 张群，吴跃辉，刘伟．不同类型柑橘品种加工制汁适应性研究初探 [J]．农产品加工，2009 (4)：64 - 67.

[8] 周丹蓉，廖汝玉，叶新福．水果中主要功能性成分研究进展 [J]．福建农业学报 2011，26 (6)：1129 - 1134.

[9] 马之胜，王越辉，贾云云，等．桃果实果胶、可溶性糖、可滴定酸含量和果实大小与果实硬度关系的研究 [J]．江西农业学报，2008，20 (10)：45 - 46.

[10] 魏建梅，马锋旺．苹果果实发育期间细胞壁组分变化特性 [J]．西北植物学报，2009，29 (2)：317 - 318.

[11] 赵树亮，蒋明凤，魏媛媛，等．梨果实生长过程中细胞壁成分的变化分析 [J]．南方农业学报，2013，44 (11).

[12] 祝渊，陈力耕，胡西琴．柑橘果实膳食纤维的研究 [J]．果树学报 2003，20 (4)：256 ~ 260.

[13] 董星光，曹玉芬，田路明，等．梨品种制汁性能的主成分分析与综合评价 [J]．中国果树，2013 (5)：24.

[14] 邵勤，于泽源，李兴国．梨果汁加工中酶解工艺的研究 [J]．食品工业科技，2011，32 (2)：229.

[15] 赵宝龙，孙军利，孙君等．几种制汁葡萄在新疆生长情况调查及果汁品质分析 [J]．中外葡萄与葡萄酒，2011 (9)：14 - 15.

[16] 谢姣，王华，马亚琴．几种柑橘品种制汁适应性评价研究 [J]．食品科学，2010，31 (17)：153.

[17] 吴建中，唐书泽，孙晞，等．果汁饮料中原果汁含量检测技术的现状 [J]．食品与发酵工业，2006，32 (2)：77 - 78.

[18] 杜朋．果汁饮料的原料．129 - 133.

[19] 朱风涛．果汁加工技术进展 [J]．饮料工业，2014，17 (8)：8.

[20] 张璐璐，解楠，赵镭，等．感官分析技术在果汁产品中的应用研究进展 [J]．中国果菜，2014，34 (2)：51 - 5.

[21] 宋志海，高飞飞，陈大成．果实大小相关性及影响因素研究进展 [J]．福建果树，2002 (3)：9 - 10.

[22] 黄勇，钟广炎，程春振，等．柑橘果实呈色机理研究进展 [J]．中国南方果树，2011，40 (2)：24 - 25.

[23] 张杏鸢，安士魁，张利英．草莓品种的栽培适型及加工适性研究 [J]．河北果树，1998 (2)：15.

[24] 薛敏，高贵田，赵金梅，等．不同品种猕猴桃果实游离氨基酸主成分分析与综合评价 [J]．食品工业科技，2014 (5)：297.

[25] 周会玲，唐爱均，刘娜．不同品种草莓制汁特性的研究 [J]．保鲜与加工，2003 (5)：20.

[26] 焦艺，刘漩，毕金峰，等．不同品种白桃 (*Pruuus persica* L. Batsch) 果汁的品质

评价［J］．食品与发酵工业 2014，40（8）：118．

［27］杨福臣，王然，王凤舞．不同梨杂交后代果实制汁适性的研究［J］．食品与机械，2009，25（2）：108．

［28］田瑞，胡红菊，杨晓平，等．不同梨品种果汁的理化性状及制汁特性综合评价［J］．湖北农业科学，2011，50（9）：1869．

［29］张群，吴跃辉，刘伟．不同类型柑橘品种加工制汁适应性研究初探［J］．农产品加工，2009（4）：64．

［30］殷艳．杂柑的果实品质及果汁加工工艺的研究［D］．长沙：中南林业科技大学，2007：10-14．

［31］徐文鑫．系列果蔬汁饮料的研究［D］．广州：华南理工大学，2011：8-9．

［32］陶俊．柑橘果实类胡萝卜素形成及调控的生理机制研究［D］．杭州：浙江大学，2002：7-11．

［33］张敏．感官分析技术在橙汁饮料质量控制中的应用［J］．重庆：西南大学，2006：8．

［34］张璐璐，解楠，赵镭，等．感官分析技术在果汁产品中的应用研究进展［J］．中国果菜，2014，34（2）：51-52．

［35］黄雪燕，陈丹霞，王燕斌，等．温岭高橙果实大小与品质的相关性研究［J］．浙江柑橘 2008，25（4）：8．

［36］沈兆敏．我国适宜加工橙汁的早、中、晚熟品种［J］．果农之友，2014（2）：6-7．

［37］焦艺，毕金峰，刘璇，等．桃品质评价研究进展［J］．农产品加工学刊，2014（4）：56-58．

［38］胡花丽，王贵禧，李艳菊．桃果实风味物质的研究进展［J］．农业工程学报，2007，23（4）：281-283．

［39］贺晓光，汤凤霞，李海峰．清洗技术在食品生产上的应用现状［J］．宁夏农学院学报，2001，22（1）：66-67．

［40］葛枝，徐玉亭，刘东红．超声辅助生鲜果蔬采后安全保障的研究进展［J］．食品工业科技，2012，21：391．

［41］菲尼马（美），王璋，等．食品化学第三版［M］．北京：中国轻工业出版社，2003．

［42］杜朋．果蔬汁饮料工艺学［M］．北京：农业出版社，1992．

［43］王力荣，朱更瑞，方伟超等．适宜制汁用桃品种的初步评价［J］．园艺学报，2006，33（6）：1 303-1 306．

［44］范培格，黎盛臣，杨美容等．极晚熟制汁葡萄品种'北香'［J］．园艺学报，2007，34（1）：259．

［45］范培格，黎盛臣，杨美容等．优质晚熟制汁葡萄新品种'北丰'［J］．园艺学报，2007，34（2）：527．

［46］范培格，黎盛臣，杨美容等．晚熟制汁葡萄新品种'北紫'［J］．园艺学报，2006，33（6）：1 404．

第2章　果汁分离工艺及原理

无论在生产天然果汁、浓缩果汁或各种配制饮料的工艺流程中，果汁的提取是最基本和最关键的环节，其技术和设备的选择是否合理，不但直接影响果汁的产量、质量和风味，也影响后序加工处理的各个单元操作。由于水果果品原料种类繁多，制汁性能各异，所以，制造不同的果汁，应依据果品的结构、汁液存在的部位和组织理化性状，以及成品的品质要求来选择适宜的制汁方法和设备。

果汁的制备方式主要为压榨和浸提，压榨方式主要包括破碎压榨、整果压榨与直接压榨。破碎压榨是先将水果破碎后进行的压榨，大部分水果带皮破碎即可，而对于某些水果如石榴等厚皮果实，因皮中存在大量单宁物质以及不良风味和色泽的可溶性物质，应去皮后再行破碎榨汁。此外，磨浆制汁也是原料破碎后再用磨碎机将果实磨制成浆状而制汁，适用于制带肉果汁的桃和杏等果实。整果压榨是针对单个完整或部分完整的水果进行的压榨，一般专门用于柑橘类原料的压榨。直接压榨指水果原料不经破碎直接压榨出汁，一般专门用于浆果类原料的压榨，如白葡萄酒的制作过程中，将分拣筛选好的葡萄原料除梗破皮后直接压榨。浸提是把水果果实细胞内的汁液转移到液态浸提介质中的过程，浸提工艺的应用越来越受到人们的重视，在我国，对一些汁液含量较少，难以用压榨方法取汁的水果原料（如山楂、梅、酸枣等）采用浸提工艺，以及应用多次取汁浸提工艺提取果浆渣中的残存汁液。本章将对各上述工艺过程逐一进行介绍。

2.1　破碎工艺原理及方式

无论是破碎压榨分离果汁还是浸提提取果汁，将水果尺寸减小到一定程度，一般属于破碎范畴，破碎都是必需的前处理工艺。

2.1.1　破碎的目的

榨汁前先行破碎可以提高出汁率，特别是皮、肉致密的果实更需要破碎，破碎的目的是破坏果实组织的细胞壁，使细胞液游离，使细胞中的汁液容易流出，并在压榨过程中固体颗粒能够形成一个有利于排汁的通道，才能获得满意的出汁率。这就要求果实的破碎粒度（物料颗粒尺寸的大小称为粒度）要适当，大小要均匀，要有利于压榨过程中在果浆内部形成果汁的排汁通道，若果汁破碎不充分，粒度过大，势必会使固体颗粒内部的汁液不能全部流出，大大降低出汁率，降低经济效益；但如果破碎过度，颗粒较小，物料几乎成浆状物，易造成压榨时外层果汁很快榨出，形成一层厚皮，果实汁液的毛细管通道被破坏，使内部果汁流出困难，同样使出汁率下降、浑浊物含量增大等，汁液不能排出，即使增大压榨力出汁效果也不明显。这是因为果实的汁液成分多储存在细胞中，细胞壁是一层主要由纤维素、半纤维素和果胶组成的半透明膜质，具有阻隔细胞内含物自由通过的特性，当果实的细胞壁未被破坏时，有效成分仍留在细胞内，而不会自由流动，自然会降低出汁率，但果实细胞破坏程度超过了一定限度后，破碎物会使细胞组织的出汁通道堵塞，进而影响出汁率，而且榨出的果汁较浑浊。另外，制造澄清果汁时，会造成果汁中果肉含量增加，澄清作业负荷加大。

目前，常用的破碎方法有：机械破碎、热力破碎、冷冻破碎、超声波破碎、酶法破碎等。

2.1.2　机械破碎原理及方式

目前，果汁生产大部分采用机械破碎，对原料进行适度破碎后，再进行压榨或浸取提汁。一般来说，机械破碎效率高，自动化生产适应性强，且工艺操作相对容易掌握。但是，对于生产不同类型的果汁，破碎工艺有所不同，如制造澄清果汁，一般采用的破碎机有锤式破碎机、齿板式破碎机、离心式破碎机等，水果原料进行适度破碎后，对果浆进行预处理（灭酶），即可输送到下道榨汁工序；若制造带肉浑浊果汁，可使用打浆机、孔板式打浆机、水果刚玉盘磨机、齿式水果胶体磨等。另外，对不同种类的水果，其破碎工艺又有所不同，浆果类水果很适合破碎制汁，如桃、杏、西番莲、香蕉、番石榴、山楂、草莓、猕猴桃、哈密瓜等果胶含量高，黏度较大的水果。

（1）机械破碎原理。机械破碎是用机械力的方法来克服固体内部凝聚力达到破碎的单元操作，在破碎过程中物料的化学性质不发生变化。有时将大块原料分裂成小块物料的操作称为破碎，将小块物料分裂成细粒的操作称为磨碎或研磨。表2-1为按产品粒度大小划分的破碎作业方式。

表2-1 按产品粒度划分的破碎作业

作业名称	粗碎	中碎	细碎	粉碎	磨碎
产品粒度（mm）	50～75	6～25	1～6	<1	<0.1

破碎果块的大小，由果实原料种类决定。一般果品原料的破碎粒度在4～6mm。一般平均直径在5mm左右。苹果、梨、菠萝等用辊式破碎机破碎，破碎到3～4mm的小块较好，草莓和葡萄以2～3mm为宜，樱桃为5mm，对于不同品种的鲜果应类比苹果的物理机械特性，确定较适宜的粒度。但大多数情况下原料破碎粒度视果实的成熟度而定。以苹果为例，苹果的成熟度及品种不同，破碎粒度的大小也应不同。对于成熟度好、质地软的苹果其破碎粒度应大些。以免过细，呈浆状物。而对成熟度差、质地硬的苹果破碎粒度可小些，即3～4mm。不同的果品采用不同的破碎粒度，选用不同的破碎方式或破碎机。另外，破碎时由于果肉组织接触氧气，会发生氧化反应，破坏果汁的色泽、风味和营养成分等，需要采用一些措施防止氧化反应的发生，如破碎时喷雾加入适量的氯化钠与维生素C、异维生素C配制的抗氧化剂，在密闭环境中进行充氮破碎或加热钝化酶活性等，可改善果汁颜色和营养价值。

（2）机械破碎方式。水果原料破碎时所受到的作用力包括挤压力、冲击力和剪切力（摩擦力）3种。根据施力种类和方式的不同，水果原料破碎的基本方法如图2-1所示，主要有挤压、劈切、剪切和钝（冲）击等形式。

①挤压破碎。图2-1（a）即物料在两个工作面之间受到缓慢增大的压力作用而破碎，利用速度较低的钝工作面挤压水果使之产生变形直至破裂或破碎。这种方法所得到的破碎料粒度不均匀，但操作过程的功耗低、噪声小，适于破碎硬度较高的原料，有时也可作为粗粉碎工序使用。

②劈切破碎。图2-1（b）主要是利用具有利刃的刀具切割完成，适于硬脆性水果原料的破碎，断裂一般发生在果实组织结合薄弱处，尤其是

细胞结合面上。

③折断破碎。图 2 - 1（c）是物料受弯曲作用而破碎。

④剪切破碎。图 2 - 1（d）、（e）是物料与运动的工作面之间存在相对运动而受到一定的压力和剪切作用，当剪切应力达到水果原料的剪切强度时，水果原料被粉碎。该方法制出的破碎原料尺寸均匀、断面整齐，适于纤维性或含水量较高的韧性或低强度脆性原料的破碎，具有操作过程噪声低的特点。

⑤钝（冲）击破碎。图 2 - 1（f）是利用原料与工作部件或原料之间的高速相对运动所产生的冲击，使原料内部产生的拉应力超过原料的强度而破碎。其采用的速度与物料的性质和破碎粒度有关。这种方法所得到的破碎料粒径分布宽，具有设备的空载功耗低、结构简单、通用性广的优点，适于破碎脆性物料。

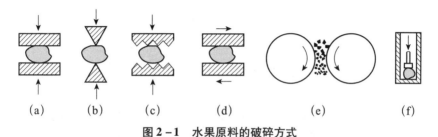

（a）　　　（b）　　　（c）　　　（d）　　　（e）　　　（f）

图 2 - 1　水果原料的破碎方式

（3）破碎方式的选择。原料的力学性质与所要选择的破碎方式有关。根据原料应变与应力的关系以及极限应力的不同，其力学性质包括硬度、强度、脆性、韧性 4 种，其中，原料硬度是确定破碎作业程序、选择设备类型和尺寸的主要依据。

①果实硬度。果实硬度是指某水果单位面积（S）承受测力弹簧的压力（N），它们的比值定义为果实硬度（P）。用下式表示：

$$P = \frac{N}{S} \tag{2-1}$$

式中：P——被测水果硬度值，$10^5 Pa$ 或 kgf/cm^2；

$\qquad N$——测力弹簧压在果实表皮面上的力，N 或 kgf；

$\qquad S$——果实的受力面积，m^2 或 cm^2。

②强度。水果承受施加外力的能力。

③脆性。是根据原料塑变区域长短来划分的性质，有脆性和可塑性之分，破裂前无变形或变形很小的物料叫脆性物料，破碎时先变形而后碎裂

的物料叫塑性物料。

④韧性。是一种抵抗原料裂缝扩展能力的特性，韧性越大，则裂缝末端的应力集中就越容易解决。

对一种具体的原料来说，上述四种力学特性之间有着内在的联系，导致原料性质的复杂化，这对破碎时所需的变形力均有影响。总的来说，凡是强度越强、硬度越小、脆性越小而韧性越大的原料，其所需变形能就越大。选择破碎方法时，须视破碎原料的物化性质与所要求的破碎比而定，尤其是被破碎原料的机械性质影响更大，其中，原料的硬度和破裂性更居首要地位。对于特别坚硬的原料用挤压和冲击很有效，对于韧性原料用研磨和剪切比较好，而对于脆性原料则以劈裂、冲击为宜。

破碎比：破碎前物料粒度与破碎后物料粒度的比值，一般用粉碎前后物料的平均粒度的比值 i 表示。

$$i = \frac{D_p}{d_p} = \frac{\sum \gamma \cdot D}{\sum \gamma' \cdot d} \qquad (2-2)$$

式中：D_p、d_p——根据粒度特性计算出的原料与产物的加权平均直径，mm；

γ、γ'——原料和产物的各粒级产率（按筛分分析），%；

D、d——原料和产物各粒级的算术或几何平均直径，mm。

（4）破碎能耗。原料破碎时，当作用力超过颗粒之间的结合力时发生破碎，外力做的功称为破碎能耗。由于破碎过程比较复杂，受影响的因素较多，且这些因素在不同条件下又有不同的变化。此外，原料本身的性质、形状、粒度大小与分布、破碎机类型和操作方法等都将对破碎能耗产生影响。目前，尚没有一种理论能足够准确的推导出水果原料破碎机的实际能耗。一般只能通过实验方法测得。实际作业过程中原料破碎机的有效系数（破碎水果原料消耗的能量/总的作用能量）都偏低，因为实际损失的能力很大部分转变成为了果浆的热量。

破碎率是衡量破碎机破碎性能的指标之一。由于所选取的评价参数会有所差异，故破碎率的表示方法不唯一，下面是一种常用的表示方法：

$$破碎率 = \frac{水果原料碎块最大长度}{原料最大个体长度}$$

常用的表示方法是将果浆过筛以确定碎块尺寸。一般地，只要有80%的果浆通过筛孔落下，筛孔尺寸就可视为果浆泥粒度尺寸。仅用破碎率来说明破碎机的性能是不够的，还需要补充说明原料个体几何形状和果浆的粒度分布情况。不同的榨汁方法所要求的果浆的粒度是不同的，一般要求果浆粒度在 3～9mm，破碎粒度均匀，并不含有粒度大于 10mm 的粒度，果浆粒度可通过调节破碎机工作部件的间隙或筛板的孔径来控制。

2.1.3　热力破碎

果汁加工过程中，热处理常与破碎工艺结合使用。热力破碎主要采用加热法对某些胶性物质含量高的水果进行热处理，使胶体物质失去胶凝性后产品组织软化，再冷却破碎的方法。热处理包括热水、热蒸汽、热空气、微波热烫处理等。采用热处理的另一个目的是钝化影响产品贮藏稳定性的酶，如多酚氧化酶、过氧化物酶、脂肪氧合酶及酚酶，这些酶会导致水果的色泽、风味和营养品质劣变。热烫处理同时可以减少残留在产品表面的微生物营养细胞，可以驱除果蔬细胞间的空气，还有利于保持和巩固果蔬的色泽。控制果汁酶促褐变关键在于能否短时间内达到钝化酶的目的，加热过度会使产品有蒸煮味。赵光远等（2008）发现在苹果破碎时，蒸汽热处理可以改善浑浊苹果汁的色泽并增强果汁的稳定性。微波热烫技术因可缩短对果蔬的加热时间，保存果蔬的天然营养成分，同时具有降低能耗、节约成本的特点，在果蔬汁上的应用研究也日益增多。

近些年热处理工艺逐渐被随着高压、超滤、电场、电渗析等非加热处理技术取代，这些新的非热处理方法不但能抑制酶促褐变还能有效保持果汁的风味和营养。

2.1.4　冷冻破碎工艺

冷冻破碎工艺是指将水果原料缓慢冷冻至冰点下几度再缓慢解冻至常温后破碎的方法。采用冷冻破碎工艺可使原料出汁率提高 5%～10%，效果比较显著。冷冻破碎的原理：一般来说，植物的细胞组织在冷冻处理过程中可以导致细胞膜发生变化，增加透性、降低膨压，也就是说冷处理增加了细胞膜或细胞壁对水分和离子的渗透性，这就可能造成组织损伤。细胞内过冷的水分比细胞外的冰晶体具有较高的蒸汽压和自由能，因而胞内的水分通过细胞壁流向胞外，致使胞外冰晶体不断增长，胞内部的溶液浓度不断提高，这种状况直至胞内水分冻结为止。果蔬组织内的冰晶体主要是在细胞间隙中形成，在缓慢解冻的情况下，由于晶体的膨大而造成的机械损伤致使胞内水分汁液不断外流，原生质体中无机盐浓度不断上升，破坏原生质的胶体性质，达到足以沉淀蛋白质，使其变性或发生不可逆的凝固，造成细胞死亡，组织解体，质地软化。而在速冻的情况下则不同。细胞内和胞壁中存在的冰晶体都是非常细小的，细胞间隙没有扩大，细胞间隙的水分比细胞原生质体中的水分先结冰，甚至低到 -15℃ 的冷冻温度下，原生质体仍能维持其过冷状态，原生质紧贴着细胞壁，阻止水分外移，这种微小的冰晶体对组织结构的影响很小。在较快的解冻中观察到对原生质的损害也极其微小，质体保存较完整，液泡膜有时未受损害。保持细胞膜的结构完整，对维持细胞内静压是非常重要的，可以防止流汁和组织软化。

在冷冻过程中，果蔬所受的过冷温度限于其冰点下几度，而且时间短暂，大多在几秒钟之内，在特殊情况下也有较长的过冷时间和较低的过冷温度。果蔬组织的冰点以及结冰速度都受到其内部可溶性固形物，如盐类、糖类和酸类等浓度的控制。一般认为，冷冻破碎的推荐工艺为：缓慢地将原料冷冻至 -5℃ 以下，冷冻速度低于 0.2cm/h。

2.1.5　超声波破碎

超声破碎的原理是利用空化现象产生的瞬间膨胀压缩给予介质局部极大的加速度，利用气泡的增长和爆裂破碎外部细胞壁以获取内部物质。连续不断的局部气泡生成和爆裂会形成冲击表面的破碎张力，产生的高速水流对固体冲击力非常强。

超声波是一种机械振动在媒质中的传播过程，其频率一般在 20 kHz 以上。它主要具有机械效应、热效应和空化效应，其中，空化效应是最为重要的。超声波在液体中传播时，使液体介质不断受到拉伸和压缩，而液体耐压不耐拉，当液体不能承受这种拉力，就会断裂而形成暂时的近似真空的空洞（尤其在含有杂质、气泡的地方），到压缩阶段，这些空洞发生崩溃，崩溃时空洞内部最高瞬间可达几万个大气压，同时还将产生局部高温以及放电现象等，就这是空化作用。超声波处理过程中，"空化效应"释放巨大能量，产生高达几百个大气压的局部瞬间压力，形成冲击波，使固体表面及液体介质受到极大的冲击力，能量足以使细胞破裂以达到破壁，内容物浸出的目的。超声波技术的应用，具有时间短，操作简单，破壁率基本可满足生产工艺要求的优点。用于处理水果果肉的超声强度一般较高（大于 $3W/cm^2$），引起果肉共振，造成不可逆的细胞壁破坏，从而完成破碎。有研究表明，低频超声（40kHz）的超声破碎水果原料的能力强于高频超声（800 kHz）。

2.2　果汁破碎压榨工艺过程及原理

经劈切、剪切、高速钝击等机械方法或其他辅助破碎方式对水果原料进行有效破碎后，水果内部组织遭到破坏，使果肉细胞充分破裂，细胞液尽量多的游离出来，形成固体粒度大小均匀的压榨原料——果浆，其中固体颗粒即为未充分破碎的水果颗粒、果肉细胞和游离状态的细胞残体的混合物，液体即为果肉细胞破碎后流出的细胞液。水果压榨取汁，就是将果浆置于两表面（平面、圆柱面或螺旋面）之间，借助机械挤压力使果汁在果浆被压密压实的过程中分离出来的过程。榨汁过程主要体现在果浆中固体颗粒的集聚和半集聚过程，也包含液体从固体中分离的过程。

2.2.1　果汁破碎压榨工艺过程及分类

破碎压榨生产果汁的工艺流程如图 2-2 所示，一般包含原料果拣选、清洗、破碎、榨汁、酶解、精滤、浓缩、杀菌、灌装等工序。其中，原料拣选的目的主要是剔除腐烂果。

根据压榨前果浆是否进行热处理，将压榨分为热榨和冷榨。热榨是指将原料破碎后的果浆泥加热，再对果浆泥进行压榨取汁。冷榨是相对于热榨而言的，冷榨是指将水果原料破碎后，不进行热处理作业，在常温或低于常温下进行榨汁。根据压榨后果汁是否经浸提后再次压榨，将压榨分为一次压榨和二次压榨。实际作业过程中，需根据原料的特性来选择适宜的方式。如红葡萄因需要提取出葡萄中的红色素，采取热榨工艺；白葡萄一般采用冷榨工艺。

2.2.2　果汁压榨工艺原理

对于压榨机理的研究多集中在化工过滤行业，过滤是指以某种多孔物

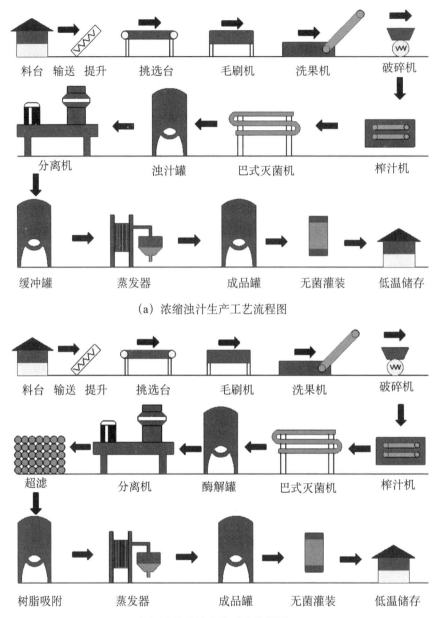

料台 输送 提升　挑选台　　毛刷机　　洗果机　　　破碎机

分离机　　　　浊汁罐　　　巴式灭菌机　　　榨汁机

缓冲罐　　　蒸发器　　　成品罐　　无菌灌装　　低温储存

（a）浓缩浊汁生产工艺流程图

料台 输送 提升　挑选台　　毛刷机　　洗果机　　　破碎机

超滤　　　分离机　　酶解罐　　巴式灭菌机　　榨汁机

树脂吸附　　蒸发器　　　成品罐　　无菌灌装　　低温储存

（b）浓缩清汁生产工艺流程图

图2-2　浓缩果汁生产工艺流程图

质作为介质，在外力的作用下，使流体通过介质的孔道而固体颗粒被截留下来，从而实现固体颗粒与流体分离目的的操作。过滤大多用于悬浮液中固液分离操作。实现过滤操作的外力主要包括重力、压强差或惯性离心力。过滤介质为多孔性介质、耐腐蚀、耐热并具有足够的机械强度。工业用过滤介质主要有：织物介质，如棉、麻、丝、毛、合成纤维、金属丝等编织成的滤布；多孔性固体介质，如素瓷板或管、烧结金属等。过滤按过滤介质形式及过滤方式的不同可分为膜过滤、深层过滤和滤饼过滤 3 种。

（1）膜过滤。膜过滤是用有效分离层厚度为微米级的膜作为过滤介质的一种过滤方式。膜过滤以膜两侧的压力差为驱动力，当原液流过膜表面时，膜表面密布的许多细小的微孔只允许水、小颗粒通过而成为透过液，而原液中体积大于膜表面微孔孔径的物质则被截留在膜的进液侧，成为浓缩液，因而实现对原液的分离和浓缩的目的。膜介质本身对固体颗粒的容留能力低，但过滤精度较高，在果汁加工中，一般将其作为精过滤方式使用，去除果汁中的淀粉、果胶、细菌及其他杂质，以提高果汁透光率。

（2）深层过滤。深层过滤中颗粒尺寸比介质的孔道直径小得多，但介质孔道弯曲细长，颗粒进入之后很容易被截住，而且由于流体流过时所引起的挤压和冲撞作用，颗粒容易紧附在孔道的壁面上。这种过滤是在介质内部进行的，介质表面无滤饼形成。深层过滤一般采用颗粒状过滤料，如石英砂、无烟煤等，累积一定厚度。滤料颗粒之间存在较大孔隙，常用于工业中废水处理的预过滤。

（3）滤饼过滤。滤饼过滤是使用织物、多孔材料或膜作为过滤介质进行的压力过滤。当过滤开始时，部分小颗粒可以进入甚至穿过介质的小孔与滤液一起流走，但很快部分颗粒会在介质的小孔内堆积发生"架桥现象"，如图 2-3（a）所示。由颗粒的架桥作用使介质的孔径缩小形成有效的阻挡，更多固体颗粒被截留在介质表面，形成滤饼的滤渣层，滤渣层有着较强的截留能力，导致滤渣层厚度增加，形成滤饼 2-3（b）。滤饼中间的大的空隙被一些小颗粒及纤维填充，会形成极其细小的毛细管道，其直径比过滤介质空隙要小得多，截留能力大大增强。滤饼过滤实质并不只是以过滤介质孔径截留最小颗粒的粒径，而是在过滤介质表面上积留一层厚滤饼层，疏松、多孔的滤饼层对滤液流动产生的阻力远远大于过滤介质所引起的阻力，滤饼层就成为有效过滤介质，容留、阻挡颗粒，而得到澄清的滤液，实现固液分离，因此，称之为滤饼过滤，如图 2-4 所示。

但滤渣层的形成也对过滤有着一些不利的影响。第一，滤渣层容易堵塞介质孔隙，造成介质过滤面积变小。第二，不断加厚的滤饼会导致滤液透过阻力增加，甚至形成完全封闭的区域，阻止过滤。

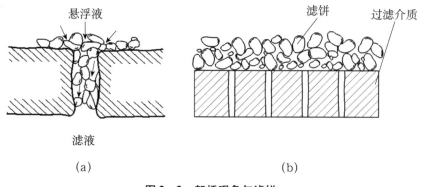

图 2 - 3　架桥现象与滤饼

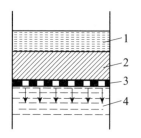

图 2 - 4　滤饼过滤示意图

1. 悬浮液；2. 滤饼；3. 过滤介质；4. 滤液

　　水果的果肉细胞直径一般在 $10 \sim 200 \mu m$，细胞核直径约 $10 \sim 20 \mu m$，破碎后果浆中固体颗粒即为未充分破碎的果肉颗粒（颗粒直径一般为 $1 \sim 10mm$）、果肉细胞和游离状态的细胞残体的混合物，液体即为果肉细胞破碎后流出的细胞液，一般为含有无机盐、天然糖、果胶以及能够赋予果汁特征香味的特定有机酸根的水溶液。在水果压榨过程中，榨汁机的过滤介质的孔径要比果汁中很多颗粒直径大得多。一般介质孔径直径达毫米级，例如，螺旋榨汁机的筛孔直径一般为 $0.3 \sim 0.8mm$，带式榨汁机中编织滤袋的聚酯单丝丝径 $0.5 \sim 0.8mm$，筒式榨汁机中弹性过滤元件外包裹的滤网为聚酯多股丝编织网，过滤通道实现微孔化，故过滤介质可以将果肉颗粒有效截留，而部分颗粒直径为微米级，但是，压榨后大部分颗粒并未透过，实际上就是滤饼在起过滤作用。果浆经压榨形成果渣的过程，可以看做是通过细胞残片堆垒，形成多孔滤饼介质的过程。可见，水果破碎压榨过程是一个以滤饼过滤为主要截留、透过形式的压滤过程。

2.2.3　压榨过程与理论

（1）滤饼的结构。饱和滤饼由固相和液相两相组成，其中，固相主要是固体颗粒，固体颗粒组成骨架，形成许多贯穿的孔隙，液相则完全占据了这些孔隙之间的空间，填满滤饼内部。滤饼结构的基本特征是孔隙的多少、大小及分布，它们决定了过滤速度和滤饼比阻，但因为它们是一种非线性的事物，不仅很难测定，更难用科学的方法来描述。一般情况下滤饼中液相是水，以多种形式存在：自由水、毛细水、表面水、包裹水、配位水和结晶水。这些水分多少大都与滤饼的含湿量有关：毛细水是存在于固体物料自身的裂缝或间隙的水，无须任何外力，即可与颗粒分开的水；由于水具有很强的极性，表面张力很大，如果与之共存的固体颗粒也具有极性，则水极易在颗粒表面形成水化膜，即"表面水"；包裹水则是包在固体颗粒内的孔隙中（孔隙封闭或由极细的毛细孔与外面连通）的水；配位水和结晶水是存在于颗粒内部，用化学键相连的水，加热可使其化学成分发生改变。

（2）滤饼的可压缩性。大部分滤饼都是可压缩的，滤饼不仅自生成之始就是动态的多孔介质而且也必然会变形，因为以下因素：

①流动的流体要给颗粒以作用力，尤其是拖曳力，使颗粒在滤饼中位移。

②沉积到滤饼上的颗粒有动能，既可转变为压能，也可钻隙，使滤饼产生析离现象。

③随着流体从滤饼孔隙中流出，孔隙应力的变化导致滤饼有效应力改变，使滤饼结构变形。

④凝聚或絮凝的颗粒本身承压能力很低。水化膜的水不能承压，这些因素均可能使滤饼在压力作用下产生塑性变形。

由此可知，滤饼的可压缩性相当复杂。实际上大致可分为两大类或两种情况，即聚团颗粒在压力下的变形和颗粒在滤饼内的位移或迁移。可压缩程度取决于颗粒层中颗粒的刚度和填充方式。在外力作用下（例如液体压力或机械压榨力），颗粒会发生变形，同时填充方式会发生重新排列，如从立方形转变为稳定的菱形排列，从而使颗粒层趋于紧密。对于刚性颗粒滤饼，由于颗粒的变形有限，其压缩程度主要来自填充方式的重新排列；而对于塑性颗粒滤饼，由于颗粒较软，变形量大，其压缩性主要来自颗粒的变形。对果浆原料滤饼层的分析可知，果汁压榨过程中形成的滤饼层具有可压缩性。滤饼研究中，F. M. Filler 和白户纹平等学者做出了很大贡献。20 世纪 90 年代初，F. M. Filler 从脱水角度将滤饼及沉积层按可压缩程度分为 4 类：极易压密絮团；高度压缩滤饼（自由水膜的物料组成）；中等可压缩的，实际上是指由凝聚絮团组成的，不同程度、不同粒度可压缩性的滤饼；接近不可压缩的，即滤饼孔隙率不随外加压力而变，且在整个过滤过程中不变的不可压缩滤饼实际不存在。

滤饼颗粒的这种特性对过滤有很大的影响，通常用孔隙率、渗透率或过滤阻力来表征多孔材料的这种特性。

（3）孔隙率（也称空隙率）。滤饼的孔隙率 ε 和孔隙比 e 是反映滤饼疏密程度的重要指标。孔隙率是指滤饼中孔隙所占的体积与滤饼总体积的比值（m^3/m^3），对于饱和的固液两相滤饼，孔隙率表征的是液相在滤饼中所占的比例，即：

$$\varepsilon = \frac{V_L}{V} = \frac{V_L}{V_L + V_S} \qquad (2-3)$$

滤饼中固相的总体积 V_L 与液相的总体积 V_S 的比值称之为孔隙比，又称为相对孔隙率：

$$e = \frac{V_L}{V_S} \qquad (2-4)$$

孔隙率 ε 与孔隙比 e 之间存在如下关系：

$$\varepsilon = \frac{e}{1-e} , \quad e = \frac{\varepsilon}{1-\varepsilon}$$

过滤阶段形成的滤饼孔隙率 ε 一般在 $0.5 \sim 0.9$ 范围内。

工业过滤关心 3 个问题，即过滤速率、滤饼的最终含湿量（或滤液的含固量）和过滤精度。过滤速率表示过滤机的生产能力，过滤速率越快，生产能力越大。影响过滤速率的主要因素是过滤比阻。而过滤精度则反映了对特定的颗粒群的截留效率。影响滤液含固量的主要因素是过滤速率和过滤精度，而影响滤饼最终含湿量的主要因素是孔隙率。它是滤饼的重要结构参数，可以说了解孔隙率的特性是理解滤饼过滤的基础。

（4）滤饼的比阻。滤饼的比阻即滤饼的过滤阻力，是阻碍过滤的主要因素，是过滤中的一个重要参数，其数值的大小直接反映了过滤的难易程度，是滤饼微观结构的的一个基本特性。1908 年，Hatscher 首次提出，流体流过过滤介质及滤饼孔道时受到的摩擦力是产生过滤阻力的主要原因。

在过滤操作中，随着滤饼的不断增厚，滤饼的阻力随时间的延长而增大，实际上由于微小颗粒在过滤过程中会穿入并闭塞过滤介质，使过滤介质阻力升高。但在工业应用上，通常不选易堵塞的过滤介质，同时即使过滤开始阶段过滤介质因部分堵塞而使得过滤介质阻力略有上升，一旦滤饼在过滤介质表面形成，过滤介质阻力就很少变化，故过滤阶段滤饼的比阻常常被假定为常数。

一般滤饼比较疏松，只要有扰动，固体粒子就有可能产生位移，滤饼结构失去平衡，进行重排。扰动来自聚团颗粒在压力下的变形和颗粒在滤饼内的位移或迁移（流体在滤饼内孔隙流动时对固体粒子产生的拖曳力）。如果粒子的形状、大小、强度等性质足以吸收这种压力，对于不可压缩滤饼，粒子不发生移动，孔隙率和滤饼比阻变化不大，而对于可压缩滤饼，通常认为可压缩滤饼的孔隙率和比阻都是压力的函数，滤饼比阻只是个平均值，所谓平均值，是根据一系列恒压试验中所得的有效滤饼阻力的平均值；这个平均值同时也是各个点值的平均值，滤饼平均比阻随着操作压力上升变化较大，不考虑过滤介质的阻力，实验测定，多数可压缩滤饼的平均比阻与过滤压强成指数函数关系，一般由下式表示：

$$\alpha_{av} = \alpha_o \left(P \right)^n \qquad (2-5)$$

式中：α_{av}——可压缩滤饼的平均比阻；

α_o——单位压强下的滤饼比阻，是由实验确定的常数；

n——可压缩性系数，也是要由实验测定的；

P——过滤压强。

同时由于物料多种因素的影响，滤饼比阻不仅与压力有关而且也还与物料浓度等因素有关系。当 $n = 0$ 时，为不可压缩性滤饼；当 $n > 0$ 时，为可压缩性滤饼。所有的滤饼多少都有些压缩性。一般地说，α_{av} 在 10^{11} 以下的滤饼为过滤阻力小，容易过滤的滤饼；α_{av} 在 $10^{12} \sim 10^{13}$ 范围内的滤饼为中等过滤阻力滤饼；α_{av} 在 10^{13} 以上的滤饼为过滤阻力很大的难过滤滤饼。

徐新阳等（2001）推导滤饼比阻计算公式：

$$\alpha_a = \alpha_o \frac{(1-\lambda)(1-m)}{\lambda \rho_s} \left(\frac{2PtA^2}{Q^2 \mu} + \frac{2AR^m}{Q} \right) \qquad (2-6)$$

式中，λ 为悬浮液的容积浓度；m 为过滤介质堵塞的比例；μ 为滤液黏度；R^m 为介质阻力；A 为过滤面积；t 为时间；Q 为流出的滤液体积。可见，滤饼的比阻首先和压力成正比，且随时间延长而增大。因此，滤饼比阻直接与料浆浓度有关，且浓度越大，比阻越小。在一定时间内得到的滤液体积越多，表示滤速越快，滤饼比阻应当越小，而且比阻和 ε 无关。

孔隙率较公认的是下列诸关系：

$$\varepsilon_{sav} = B \left(\frac{1-\delta}{1-n}\right) P_c^{\beta} \tag{2-7}$$

$$\varepsilon_{sav} = B \left(\frac{1-\delta}{1-n}\right) \left(\frac{P_c^{1-n} - nP_{si}^{1-n}}{P_c^{1-\delta} - \delta P_{si}^{1-\delta}}\right) \tag{2-8}$$

$$\varepsilon_{sav} = B \left(\frac{n}{1-n}\right) \left(\frac{1-\delta}{\delta}\right) \left[\frac{1 - \frac{1}{n}\left(\frac{P_{si}}{P_c}\right)^{n-1}}{1 - \frac{1}{\delta}\left(\frac{P_{si}}{P_c}\right)^{\delta-1}}\right] \tag{2-9}$$

上述各式中，P_c 为不考虑介质的滤饼的压降；ε_{sav} 是滤饼的固体率；n，δ 为滤饼的压缩系数；P_{si} 是个假想的低压（ $<7kN/m^2$ ）。当 $n > 1$ 时，对应式（2-9），适于高可压缩滤饼；当 $0.6 < n < 1$ 时，对应式（2-8），适于中可压缩滤饼；当 $0 < n < 0.5$ 时对应式（2-7），适于的低可压缩滤饼。按以上各式计算会发现，滤饼比阻的确随压力的增加会大幅度或明显加大，但其孔隙率的降低却很有限，两者间的关系不明显，而且压力越高，孔隙的减少率越小，甚至不足10%。

（5）滤饼的渗透系数。在压力的作用下，液体在饱和的滤饼内部相互贯通的孔隙中流动，这种特性称为渗透性。滤饼孔隙大小可以相差很大。因此，不同种类滤饼的渗透性可以有很大差别。为了表示滤饼的渗透性的差别，通常用滤饼的滤透系数 K 来定量地反映它们的渗透性。K 是一个与流体性质和流动机理无关的参数，其数值只决定于孔隙结构。根据科泽尼—卡曼方程，有：

$$K = \frac{\varepsilon^3}{K_1 (1-\varepsilon)^2 S_0^2} \tag{2-10}$$

式中：K_1——科泽尼常数，计算时，通常取为5；

S_0——颗粒的比表面积（颗粒表面积/颗粒体积）（ m^2/m^3 ）。

滤饼的渗透系数是滤饼孔隙率的函数。均匀颗粒群的孔隙度大小和颗粒尺寸无关，但组成滤饼的颗粒是不均匀的，小颗粒会镶嵌在粗颗粒的孔隙中，所以，很难找出滤饼的孔隙度和颗粒尺寸间的关系。还有，颗粒群的孔隙有透孔和盲孔，所以，孔隙率大小也并不能完全反映有效孔隙的多少。滤饼中的液体是包围在颗粒的表面上，所以，颗粒的比表面积倒是更能反映滤饼中所含液体量的多少，物料越细，其比表面积越大，所含液体量也越多。

Harvey 等人对中等可压缩的滤饼进行了研究，当过滤压力升高时，滤饼的孔隙率仅有极微小的变化，而滤饼比阻则变化较大。可见，表征滤饼中液体流出能力的渗透率或比阻的确与过滤压力有密切关系。滤液流出的能力或速度主要决定于滤饼中孔隙的大小及液体和固体颗粒间的作用力，而滤饼孔隙率实际上是由充填于其中的液体量所决定的，它并不能真正反映液体能从滤饼中流出多少和流出的速度。在低压时，滤饼孔隙率随压力升高而降低主要是存在于滤饼透孔中和颗粒间基本无相互作用力的那部分液体，在压力加大下，快速流出，加大了对颗粒的拖曳力，同时流体的孔隙应力减小、有效应力加大而使颗粒间更加密实，当颗粒已相互紧密接触后，滤饼的孔隙率也就基本固定了。盲孔中和颗粒表面联系密切的液体只能存于滤饼中，这对基本不可压缩和有不同程度可压缩性滤饼都是一致的，只是程度不同。如上所述，滤饼的可压缩性除滤饼结构外，在很大程度上取决于其中液体的流动性尤其是和固体颗粒间的作用力，对无论是带有高水化膜的物料还是凝聚尤其是絮凝的料浆，它们的滤饼中的液体不仅都和颗粒紧密结合，极难排出，而且还不能承压。因此，除了在低压下可以排出的那部分液体（同时使滤饼的孔隙率有一定程度的降低）外，再增大压力几乎对降低滤饼孔隙率没有作用。只有采用压榨等破坏水化膜或絮团的方式，才能将液体挤出而降低滤饼的孔隙率，但这种滤饼的孔隙率和压力的关系不明显，尤其在高压下。另外，有关滤饼孔隙率的测量方法实际上也还值得研究。有研究指出，应测量在成饼终了时的孔隙率，而不是过滤终了时的，徐新阳在测量成饼终了时的滤饼孔隙率时发现，物料比表面积越大，孔隙率越高，可认为是因为物料比表面积越大，滤饼中所含水越多，孔隙率越高。

通常压榨分为两个阶段：滤饼过滤阶段和压密阶段。

（6）压榨阶段。假设过滤阶段结束才进行压密操作，在此阶段，汁液从滤饼内部榨出，最终滤饼内部各处的含水率均相同。在实际压榨过程中，由于滤饼孔隙率的减少，物料厚度不断变小，滤饼内的固体粒子也不断向滤布面移动，这是由于滤饼的可压缩特性决定的。

在压密阶段，固体颗粒粒度组成相同的滤饼，其孔隙率 ε 不是一个固定的数值，它随着滤饼中固体颗粒的排列情况和滤饼受到的压力而变化。

实际压榨过滤的压榨阶段压榨脱水过程中特定时刻的孔隙率采用如下公式计算：

$$\varepsilon_t = 1 - \frac{V_d}{V_0 - V_t} \tag{2-11}$$

根据压榨的定义，忽略压榨过程中滤液中固相颗粒的流失，在压榨过程中滤饼中的固相质量等于实验结束后将滤饼烘干所得到的干滤饼质量：

$$V_d = \frac{M_d}{\rho_s} \tag{2-12}$$

式中：M_d——压榨过程中滤饼中的固相质量（kg）；

V_d——滤饼烘干所得到的绝干滤饼体积（m^3）；

V_0——压榨脱水过程开始时湿滤饼的体积（m^3）；

V_t——压榨脱水过程中特定时刻的滤液体积（m^3）；

ρ_s——滤饼烘干所得到的绝干滤饼密度（kg/m^3）。

压密期方程。白户纹平依据 Terzaghi 模型建立了恒压压榨压密期方程，引入压榨比的概念，所谓压榨比就是任意时刻累积排液量与压榨平衡时（理论上为无穷大时间）的累积排液量之比。压密阶段的计算模型：

$$\frac{\partial p}{\partial t_c} = C_e \frac{\partial^2 p_s}{\partial w^2} \tag{2-13}$$

$$C_e = \frac{1}{\mu \alpha \rho_s \left(-\dfrac{\partial e}{\partial p_s} \right)} \tag{2-14}$$

$$U_c = \frac{L_2 - L}{L_2 - L_\infty} = 1 - \exp\left(-\frac{\pi^2 T_c}{4} \right) \tag{2-15}$$

$$T_c = \frac{i^2 C_e t_c}{\omega_0^2} \tag{2-16}$$

式中：T_c——压密因子；

U_c——平均压密比，量纲；

L_2——压密期开始时的滤饼厚度，m；

L——对应压密时间 t_c 时滤饼的厚度，m；

L_∞——在压榨压力 p_c 下压密已达到均匀时压缩滤饼的厚度，m；

C_e——修正压密系数，m^2/s；

　　p_s——局部固体压缩压力；

　　t_c——压密时间，s；

　　μ——滤液的黏度，Pa·s；

　　ρ_s——滤饼固体的密度，kg/m³；

　　α——滤饼的局部比阻；

　　ω——滤饼内任意位置的变量，即单位截面积上的固体体积，m；

　　e——局部孔隙比。

　　果浆压榨过程中对滤饼实现过滤和压榨。通常，压榨过滤过程中滤饼内含水率有一定的分布，即靠近过滤介质表面处的含水率最小，而滤饼表面处的含水率最大，果浆原料中的固体浓度随着过滤的进行逐渐增大，达到某一极限时过滤阶段结束，在此阶段遵从过滤理论，如果通过提高过滤压差来降低滤饼水分已经不见效，因为此时只有靠近过滤介质的滤饼孔隙率有所减少而其他处的空隙率几乎无变化。在压密阶段遵从压榨理论，但是，若对滤饼施行压榨，则能取得很好的出汁效果。过滤与压密的分界点需通过大量的实验求出，以达到最好的压榨效果。

2.2.4　压榨方式理论分析

　　国外从 20 世纪 60 年代末开始研究各种压榨理论及压榨机械，进行了一维、二维、三维压榨理论的研究，用以指导生产实践。

　　压榨按不同方式可分为许多种。若按力的作用方向压榨可分为一维压榨、二维压榨、多维压榨；按压榨压力、压榨速度和时间的关系可分为恒压压榨、恒速压榨和变压变速压榨；按压榨物料状态的不同又可分为半固态饱和物料和滤饼压榨。通过给过滤比 U_f，压密比 U_c，修正过滤系数 K_w 以及修正压密系数 C_e 等压榨参数下定义，就能较精确地解析各个压榨操作过程。例如同时应用恒压过滤理论和压密理论，可以解析恒压压榨过程；应用压缩渗透实验的结果，可以推定压榨操作的各个参数。

　　① 一维压榨理论。一维压榨主要是指物料在压榨过程中仅承受单一方向的外力，且滤液方向仅沿受力方向流动。如图 2 - 5 所示的情况，内部渗流仅仅会在 z 方向产生，由此可见，这是一个平面问题，取简化物理模型中任意微小单元 dz，其数学模型如图 2 - 6 所示，以 S 表示微元的横截面积。则滤液从微元中渗入和渗出的速率分别为：

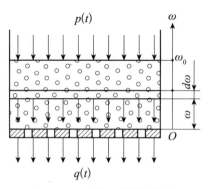

图 2-5 一维压榨简化模型

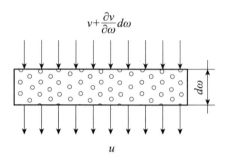

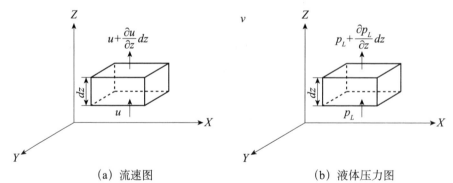

（a）流速图　　　　　　　　（b）液体压力图

图 2-6 一维压榨数学模型

$$Q_{in} = S(u + \frac{\partial u}{\partial z}dz) \qquad (2-17)$$

$$Q_{out} = Su \qquad (2-18)$$

故单位时间内微元的体积改变 $\frac{\partial V_C}{\partial t} = Q_{in} - Q_{out}$，即

$$\frac{\partial V_C}{\partial t} = S \frac{\partial u}{\partial z}dz \qquad (2-19)$$

又因为微元体积可以设想为固体颗粒部分的体积与颗粒间空隙的体积之和，即

$$V_C = V_S + V_g \qquad (2-20)$$

其中，引入孔隙率的定义，即 $\varepsilon = \dfrac{V_g}{V_C}$

式中：V_C——滤饼微元体积，m^3；

　　　V_S——滤饼中固体颗粒的体积，m^3；

　　　V_g——滤饼中颗粒间空隙的体积，m^3；

　　　ε——孔隙率，量纲。

对于压榨物料来说，V_S 理论上是一常量，不随时间 t 的变化而变化，而微元体积 V_C 和孔隙率 ε 是关于时间 t 的函数，将式（2-20）两边对时间 t 求偏导数，得

$$\frac{\partial V_C}{\partial t} = \frac{\partial \varepsilon}{\partial t} V_C + \frac{\partial V_C}{\partial t} \varepsilon \qquad (2-21)$$

化简后得

$$\frac{\partial \varepsilon}{\partial t} = (1 - \varepsilon) \frac{\partial u}{\partial z} \qquad (2-22)$$

根据达西定律，滤饼内任何方向的渗流速率 u，与流体内压力沿该方向的变化成正比，即

$$u = \frac{K}{\mu} \cdot \frac{\partial P_L}{\partial z} \qquad (2-23)$$

上式对 z 求偏导数得

$$\frac{\partial u}{\partial z} = \frac{K}{\mu} \cdot \frac{\partial^2 P_L}{\partial z^2} \qquad (2-24)$$

将上式代入式（2-22）中得

$$\frac{\partial \varepsilon}{\partial t} = (1 - \varepsilon) \frac{K}{\mu} \cdot \frac{\partial^2 P_L}{\partial z^2} \qquad (2-25)$$

滤饼中任意一点的有效压力等于总的压力差减去滤饼中液体压力，即

$$P_S = \Delta P - P_L \qquad (2-26)$$

在恒压压榨条件下，总压力 ΔP 为常数，则

$$\frac{\partial \varepsilon}{\partial t} = \frac{\partial \varepsilon}{\partial P_L} \cdot \frac{\partial P_L}{\partial t} = -\frac{\partial \varepsilon}{\partial P_S} \cdot \frac{\partial P_L}{\partial t} \qquad (2-27)$$

令 $\alpha_v = -\dfrac{\partial \varepsilon}{\partial P_S}$，则上式化简为：

$$\frac{\partial \varepsilon}{\partial t} = \alpha_v \cdot \frac{\partial P_L}{\partial t} \tag{2-28}$$

由于孔隙率的变化与有效压力 P_S 之间呈线性关系，则 α_v 为一常数。

联立式（2-24）与式（2-27），可得

$$\frac{\partial P_L}{\partial t} = \frac{K(1-\varepsilon)}{\alpha_v \mu} \cdot \frac{\partial^2 P_L}{\partial z^2} \tag{2-29}$$

令 $C_v = \dfrac{K(1-\varepsilon)}{\alpha_v \mu}$，为压榨系数，即可以得到一维压榨理论方程。

$$\frac{\partial P_L}{\partial t} = C_v \frac{\partial^2 P_L}{\partial z^2} \tag{2-30}$$

上式也称为太沙基（Terzaghi）方程，表示压榨过程中滤饼中液体压力 P_L 随坐标 z 和时间的变化规律，且压榨系数需要由实验测定。此方程式具有一定的初始条件和边界条件：

$$z = 0，P_L = 0；z = 2H，P_L = 0 \qquad z = z_0，P_L = \Delta P$$

采用分离变量法解式（2-30），得到

$$P_L(z,t) = \sum_{m=1}^{\infty} \frac{4\Delta P}{(2m-1)\pi} \cdot \exp\left[-C_v\left(\frac{2m-1}{2H}\pi\right)^2 t\right] \cdot \sin\frac{(2m-1)\pi}{2H}z \tag{2-31}$$

令 $T_c = C_v/H^2$，被称为时间因数，则

$$P_L(z,t) = \sum_{m=1}^{\infty} \frac{4\Delta P}{(2m-1)\pi} \cdot \exp\left[-\frac{\pi^2(2m-1)^2}{4}T_c\right] \cdot \sin\frac{(2m-1)\pi}{2H}z \tag{2-32}$$

式中：H——滤饼厚度。

此方程是恒压压榨过程中滤饼中液体压力 P_L 随时间 t 及距离 z 变化的函数关系式。

②二维压榨理论。对于二维压榨理论，国内外研究相对较少，日本的村濑敏朗和国内福州大学的王中来等人通过对筒式压滤机压榨机理进行研究，提出了二维压榨微分方程。他们的研究都是以半固态饱和滤饼为基础。

筒式压滤机中滤饼压榨情形如图2-7所示，在压榨压力 ΔP 作用下，对滤饼施加压力，使固体颗粒内部的作用力 P_S 增加，滤饼孔隙减小，从而将液体从滤饼中压出。当 $P_S = \Delta P$ 时，压榨过程结束。参考一维压榨微分方程的建模过程，为导出二维压榨微分方程，在柱坐标中取一微元体，如图2-8所示。

设在压榨压力 z（圆筒轴向）、r（圆筒径向）、θ（圆筒周向）方向上滤液流进的速度分别为 v_z、v_r、v_θ，根据质量守恒定律，单位时间内滤饼微

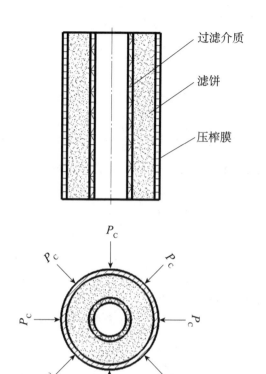

图 2 - 7　二维压榨简化模型

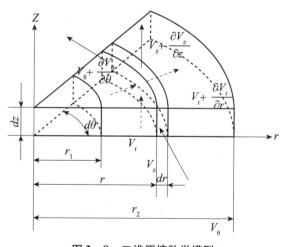

图 2 - 8　二维压榨数学模型

元的体积变化量等于该时间段内流进与流出该微元的滤液流量之差，即

$$\frac{\partial V_C}{\partial t} = Q_{in} - Q_{out} \qquad (2-33)$$

$$\frac{\partial V_C}{\partial t} = v_r rd\theta dz + v_\theta drdz + v_z \left(r + \frac{dr}{2} \right) d\theta dr - \left(v_r + \frac{\partial v_r}{\partial r} dr \right) (r + dr) d\theta dz$$

$$- \left(v_z + \frac{\partial v_z}{\partial z} dz \right) \left(r + \frac{dr}{2} \right) dr d\theta - \left(v_\theta + \frac{\partial v_\theta}{\partial \theta} \right) dz dr \qquad (2-34)$$

仿照一维压榨方程式的推导方法，上式可化简为

$$\frac{\partial P_L}{\partial t} = C_{vr} \left(\frac{\partial^2 P_L}{\partial r^2} + \frac{1}{r} \cdot \frac{\partial P_L}{\partial r} \right) + C_{v\theta} \cdot \frac{1}{r} \cdot \frac{\partial^2 P_L}{\partial \theta^2} + C_{vz} \cdot \frac{\partial^2 P_L}{\partial z^2} \quad (2-35)$$

其中，

$$C_{vr} = \frac{K_r}{\mu \alpha_v (1-\varepsilon)}, \quad C_{v\theta} = \frac{K_\theta}{\mu \alpha_v (1-\varepsilon)}, \quad C_{vz} = \frac{K_z}{\mu \alpha_v (1-\varepsilon)}$$

由于在筒式压滤机中进行压榨过程中，滤液中的液体只沿径向流动，即可以认为液体压力只沿径向变化，而其他方向的液体压力无变化，所以

$$\frac{\partial^2 P_L}{\partial \theta^2} = 0, \quad \frac{\partial^2 P_L}{\partial z^2} = 0$$

则式（2-35）可化简为

$$\frac{\partial P_L}{\partial t} = C_{vr} \left(\frac{\partial^2 P_L}{\partial r^2} + \frac{1}{r} \cdot \frac{\partial P_L}{\partial r} \right) \qquad (2-36)$$

式中：C_{vr}——表示径向压榨系数。

上式即为二维压榨理论方程，表示滤饼中液体压力随滤饼半径及压榨时间的变化规律。

其中边界条件为：

$$r = r_2, \quad \frac{\partial P_L}{\partial r} = 0$$

若忽略介质阻力，则 $r = r_1, P_L = 0$

由于筒式压力机中滤饼液体压力沿径向呈对数分布，所以，压榨的初始条件为

$$t = 0, \quad P_L = \Delta P \cdot \left[1 - \frac{\ln (r/r_2)}{\ln (r_1/r_2)} \right]$$

当滤饼中无滤液被榨出时，液体压力也为 0，即 $t \to \infty$，$P_L \to 0$

用分离变量法解式（2-36），得

$$P_L(r,t) = \sum_{m=1}^{\infty} \frac{\pi \Delta P J_0^2(\beta_m r_1) \exp(C_{vr}\beta_m^2 t)}{\beta_m r_2 \ln(r_1/r_2) [J_0(\beta_m r_1) - J_1^2(\beta_m r_2)]} \cdot$$
$$[J_0(\beta_m r) Y_1(\beta_m r_2) - J_1(\beta_m r_2) Y_0(\beta_m r)] \tag{2-37}$$

式中：r_1——滤饼初始压榨时的内径，m；

r_2——滤饼初始压榨时的外径，m；

J_0，J_1，Y_0，Y_1——Bessel 函数，下标 0 和 1 分别表示第一类和第二类 Bessel 函数。

③三维压榨理论。

式（2-35）即为柱坐标下的三维压榨微分方程

$$\begin{aligned} x &= r\cos\theta \\ y &= r\sin\theta \\ z &= z \end{aligned} \tag{2-38}$$

于是转化为直角坐标系下的三维压榨微分方程

$$\frac{\partial P_L}{\partial t} = C_{vr}\frac{\partial^2 P_L}{\partial x^2} + C_{vy}\frac{\partial^2 P_L}{\partial y^2} + C_{vz}\frac{\partial^2 P_L}{\partial z^2} \tag{2-39}$$

上式揭示了压榨过程中滤饼中液体压力随空间坐标系及时间的变化规律。

不同压榨设备与压榨方式的关系。从上面的理论分析不难看出，如果对压榨进行准确定义的话，压榨是实现固液分离的一种操作方式，其基本原理是通过加压元件对物料直接挤压，改变其组织结构，使液体透过物料内部的空隙流向自由边缘或表面。因此，压榨可视为一种特殊形式的滤饼过滤，其加工对象是不易流动或不能泵送的固—液混合物。压榨的速率得率与压榨设备的形式、压力的大小及温度等密切相关，同时，也取决于物料的性质、组织结构、含汁率和预处理。压榨形式随加压元件不同而多种多样，如平面压榨、弧面压榨、螺旋面压榨和柔性件（如皮带）压榨等，由此出现了各种形式的压榨设备。

压榨的操作压力来自于使物料占用空间缩小的工作面的相对移动，压榨的加压与分离主要有 3 种方法：

①平面压榨。即利用两个平面，其中，一个固定不动，另一个靠压力移动，物料预先成型或用滤布包裹后置于两个平面之间，往复移动的平面对物料施加压力的过程中将汁液榨出。其中，加压方式以液压最为方便，操作压力可以达到很高，使用灵活方便，成本较低，但操作不连续。

　　②螺旋压榨。即利用一个多孔的圆筒表面和一个螺距螺槽深度均逐渐减小的旋转螺旋面之间逐渐缩小的空间，使物料通过该空间后得以压缩，通常由电机驱动螺杆旋转，外筒表面沿全长均有孔，以使汁液连续排出。如螺旋榨汁机，工作时，物料从料斗进入压榨螺杆，在螺杆的挤压下将汁液榨出，汁液穿过圆筒筛的筛孔进入收集斗。

　　③轮辊压榨。即利用成对的旋转辊子之间空间变化实现压榨，并分别备有排出液体和固体的装置，辊子表面需要适当地刻出各种齿形的沟槽。如轧辊榨汁机，物料首先进入顶辊与进料辊之间进行一次压榨，然后由托板引入顶辊与排料辊之间再次压榨，压榨果渣由排料辊处的刮刀卸料，汁液流入集汁盘而引出机器。轧辊压榨机通常适用于甘蔗等的榨汁。

　　压榨过程和物料形态变化的复杂性，导致了其分析研究的难度大增。在果蔬榨汁行业，初步分析滤饼的受力情况可知，带式榨汁机在宏观上看物料仅受到滤带对其的垂直挤压，属于一维压榨，微观上看，由于轧辊直径的变化引起滤带之间连续错位，对物料产生径向的剪切力，因此也可以认为其是近似二维压榨的过程，筒式隔膜压榨过滤机是典型的二维压榨模型。螺旋榨汁机压榨过程中，物料受到螺旋面及其两侧筛筒的挤压，属于三维压榨操作。在液力筒式榨汁机中，由于活塞的挤压，滤饼承受轴向方向的压榨力，同时缸筒内弹性滤芯由于活塞的移动弯曲而挤压滤饼，此时包裹在滤芯外部的滤饼同时承受其余滤芯对其的各个方向的径向力，缸筒内壁对滤饼也形成一种约束力，故液力筒式榨汁机中，滤饼在压榨过程属于三维压榨过程。液力筒式榨汁机能够很好地把过滤和压榨组合在一起，一次压榨循环经历5次以上的梯度压榨，平缓升压，将过滤与压榨柔和过度，才能使果浆得到充分压榨。而对于量大面广的厢式压榨过滤机和带式压榨过滤机在宏观上属于一维压榨问题。在微观上，物料在带隔膜板的厢式压榨过滤机中受机械压榨，对于整机而言，受单一方向的压榨力，属于一维压榨。但对于处在压滤机滤室里的固相颗粒或颗粒群来说，在压榨过程中不仅受到压榨力的作用，同时还要受到被约束的滤室四壁对它的挤压，因此对于滤室内的颗粒群来说，压榨实际是一个三维过程；对于带式压滤机，压榨过程中移动中的滤带上的固体颗粒受到 y 方向的压榨力，属于一维压榨；而由于防止滤带跑偏而设置的凹槽对滤带上的滤饼施加了 x 方向的挤压力，因此，滤带上的滤饼实际上承受的大部分也近似是一个二维压榨的过程。

压榨与过滤均可以进行固液分离的操作，但压榨的作用方式与过滤有本质的区别，压榨是通过机器作用面的移动对位于其中的物料施加挤压力，过滤则是通过泵送的物料重力、离心力等对位于过滤介质上的物料产生过滤推动力，过滤适用于流动性好、便于泵送、且可压缩性小的物料。压榨适用于分离固体占很大比例的固液混合物，如葡萄、苹果、柑橘、番茄、甘蔗、花生、大豆等果蔬、油料作物。对于可压缩性大的物料，可以通过先过滤后压榨的方式进行固液分离，可以使液体去除的更彻底并且减少操作时间。

因此，为提高加工效率，水果压榨过程实质上可以将过滤和压榨结合起来，过滤即预分离过程不需要太大的压力即可将部分游离汁排出，再通过压榨消除固体颗粒间隙并挤出其间的游离细胞液。对于受压物料的微元而言，压榨过程中主要承受各向同性的外压力，从而使其中的细胞液通过固态颗粒间隙并穿过滤网排出，完成榨汁过程。

2.3　全果制汁技术工艺过程

2.3.1　全果制汁技术概述

（1）全果制汁技术概念。全果制汁是指采用磨榨加工技术，对提取香精油后的柑橘类产品进行全果榨汁，果肉与果皮等组织通过胶体磨等超微粉碎设备处理，被有效地乳化、分散、均质和粉碎，达到果渣超细粉碎及乳化的效果，获得浑浊柑橘果浆类产品，实现柑橘原料的全利用，无废弃。全果制汁技术起源于以色列，由 Gan Shmuel 公司在 1958 年建立了世界上第一家对柑橘类产品进行全果制汁的工厂，也是第一家生产浑浊的浓缩果汁的工厂。此类产品主要是针对英国市场设计的，它们是软饮料行业的重要组成。

（2）全果制汁的优点。①实现柑橘的全利用。柑橘皮渣中所含营养成分均高于果肉，尤其是富含黄酮类、类胡萝卜素等物质，具有多重生理功效，而传统柑橘汁加工技术仅有限保留果肉中的部分营养成分（如维生素、矿物质），未对皮渣中有效成分进行充分利用，造成巨大地浪费。全果制汁能实现整果加工全利用，是未来柑橘汁加工的主流方向。②降低生产成本。全果制汁有效提高了柑橘汁产量，同时无皮渣废弃物，减少了皮渣的处理费用，极大地降低了生产成本。③最大限度地保留柑橘中的营养成分与功能因子。柑橘全果制汁产品中维生素 C 的保留率≥80%，类胡萝卜素保留率≥85%。

2.3.2　柑橘全果制汁工艺

柑橘全果制汁工艺如图 2－9 所示。

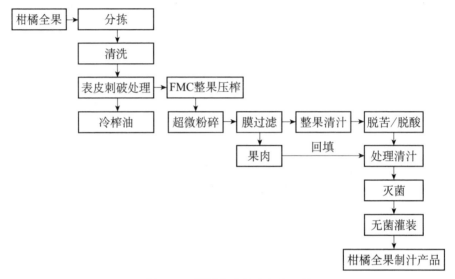

图 2－9　柑橘全果制汁生产工艺

柑橘全果制汁主要利用全果制汁的专用设备——FMC 全果榨汁机等加工机械，此类设备属于整体压榨，原料不破碎，压榨对象为各个原料单体，可以将整个果子在榨碗中完成瞬时的果皮和内部组织的分离。压榨一般与果汁以外成分的回收同步进行，通过对皮渣的回收可以制取柑橘皮油从而实现柑橘的全果加工。

此外，目前其余的柑橘全果制汁工艺还包括湿法超微粉碎技术和柑橘脱苦脱酸技术两个核心技术。

（1）湿法超微粉碎技术。湿法超微粉碎技术是全果制汁的关键，即实现果肉及果皮等副产物的超微粉碎。湿法超微粉碎是将 3mm 以上的果肉及皮渣颗粒粉碎至 10～25um 以下程度的粉碎技术，物料在湿状态下呈硬脆特性，在外力作用下一般发生刚性断裂，超微粉碎使柑橘膳食纤维素微粒的结构发生整体性破坏，得到的产品具有良好的分散性、吸附性、溶解性和化学活性。

柑橘果皮渣中的化学成分组成复杂，仅在甜橙中就发现 150 多种化学成分。不同部位的皮渣含有的成分也不一样。外果皮中含有纤维素、色素、类柠檬苦素和脂溶性精油等，中果皮和内果皮中含有果胶、黄酮苷、糖类、维生素 C、纤维素和半纤维素等，其中，果胶等膳食纤维含量占柑橘属干果皮的 9%～30%。柑橘果皮膳食纤维主要由可溶性的果胶类物质和不溶性的半纤维素、纤维素及木质素等组成。果胶类物质以原果胶、果胶和果胶酸 3 种形式存在。甜橙和宽皮柑橘鲜果皮中含有果胶 1.5%～3.0%，干果皮含 9%～18%，柠檬鲜果果含 2.5%～5.5%，干果皮为 25%～28%。

柑橘膳食纤维主要组成是果胶和半纤维素等富含极性基团的大分子，具有较高的持水能力和吸水膨胀能力。柑橘皮膳食纤维含有大量的果胶等可溶性膳食纤维，具有较强的凝胶能力。而纤维素化学结构中含有许多亲水基团，再加上植物纤维具有非常复杂的线性结构和网状结构，物料也就具有了良好的持水性。纤维素在水中浸泡后会具有很强的韧性，这使得纤维物料具有较高的抵抗变形和吸收冲击的能力，因此，柑橘经粗破碎以后会产生大量的皮渣。不同的柑橘膳食纤维持水能力根据来源和分析方法的不同，变化范围大致为原来质量的 1.5～25 倍，膳食纤维的持水力和膨胀力与柑橘皮内的果胶、黏性物质含量有关，也受膳食纤维的颗粒大小和环境温度的影响。

对纤维素有效的粉碎方式为拉应力、剪应力以及研磨力的综合作用。在研磨力的作用下，植物纤维材料便会受到破坏；而拉应力和剪切力则会使材料断裂细化。在实际生产中，用于纤维物料粉碎的设备必须能够保证机器在实际运行的过程中产生强烈的拉应力、剪应力和研磨力。目前，生产上常用的设备有胶体磨、高剪切均质机及企业特制设备。采用胶体磨对水果膳食纤维素进行超微粉碎可获得粒度为 4～20μm 的细小颗粒。

（2）柑橘脱苦脱酸技术。柑橘脱苦脱酸技术主要是针对我国柑橘品种资源的特点而必须采用的。我国柑橘品种种类繁多，种植管理缺乏规范，造成柑橘皮渣中苦味较重，果肉偏酸。采用全果制汁技术进行全利用加工，势必使果汁的品质下降，带入大量的苦味及酸味物质，因此进行果汁的脱苦脱酸工序是必不可少的。目前，柑橘的脱苦脱酸技术主要有生物技术法、吸附法、屏蔽法、代谢法等，而处于前沿的技术方法有酶法、固定化细胞、基因工程脱苦技术与膜技术脱苦脱酸等。

①酶法脱苦技术。酶法脱苦技术解决传统大孔树脂吸附脱苦风味损失，配制终端产品时需要香精回调的弊端。采用该技术柚皮苷、橙皮苷含量降低60%~80%。

②固定化细胞脱苦技术。固定化细胞脱苦技术将球形节杆菌、球形节杆菌Ⅱ、束红球菌固定于丙烯酰胺上，对柠檬苦素和诺米林的脱除效果好；醋酸杆菌AS1.41可以脱除58.3%的柠檬苦素；把香豌豆束茎病菌固定在甲壳质上，柠檬苦素转化为酸而降解。

③基因工程脱苦技术。某些种类的柑橘树中存在类柠檬苦素-UDP-葡萄糖转移酶，将类柠檬苦素连接上一个葡萄糖，转化为不苦的类柠檬苦素葡萄糖苷，利用基因工程脱苦技术将编码该酶的基因引入柑橘细胞中，以达到自然脱苦。

④膜技术脱苦。小于膜孔径的分子通过滤膜分离，其余分子被截留。溶解—扩散膜：根据溶质分子在膜中的溶解性和扩散性，一侧流动的是果汁，另一侧流动的是pH值12~13的NaOH溶液。25℃时，溶解—扩散膜能将溶液中的柠檬苦素由55mg/L降至11mg/L或从40mg/L降至8mg/L，营养成分的损失不超过5%。

⑤膜技术脱酸。鲜榨柑橘汁果酸含量高达1.37%（11°Brix橙汁），降低了产品商业价值。采用防褐变、生物酶解、树脂吸附以及超滤膜通量恢复等技术有效结合，控制脱酸后柑橘汁的pH值不高于4.6，防止微生物滋生，保持产品色泽，提高果汁品质。

2.4　浸提制汁工艺过程及原理

在浓缩果汁、果汁、果汁饮料的生产中都有制汁操作。从水果中制取果汁最古老、应用最广泛的方法就是破碎榨汁法。对于不同的水果采用的破碎榨汁方法略有不同。对柑橘类多采用整果或半果榨汁；对于苹果、梨等硬质水果多采用磨碎榨汁；而对杏、桃等软质水果则采用切片打浆制汁。不论方法如何，其原理皆为利用机械强力破坏果实细胞壁从而得到果汁。该方法仍是当前果汁生产中普遍应用的制汁方法。但在破碎过程中果胶物质溶入汁液，极大地增加了汁液的黏度和汁液与果实组织的黏着力，从而大大降低了被挤压果饼的渗透量和毛细孔透液量，使操作无法进行，造成该法果汁提取率较低，一般为 60%～70%，对于含水量低或果胶含量高的水果直接用破碎榨汁法制取果汁得率更低，而且破碎榨汁法也无法利用干果生产果汁。正是由于破碎榨汁法存在的这些局限性，人们才利用浸取提汁法（简称浸提）处理含水量低、含果胶高的果品，以及破碎提汁后果渣中可溶性成分的提取，甚至直接用于处理通常破碎榨汁法生产果汁的果品，以图达到更高的得率。

2.4.1　浸出理论

（1）浸出概念。浸出是指加溶剂（水或乙醇）于混合物，利用溶剂对不同物质具有不同溶解度的特性，从而使混合物得到完全或部分分离的过程。如果被处理的混合物为固体，则为固—液萃取，在固体萃取中，溶质首先溶解于溶剂，然后由固液两相的界面扩散到溶剂的主体，即浸出或浸取；浸提阶段主要为浸润、渗透、解吸、溶解、扩散、置换几个相互联系的综合作用步骤，使得已被干燥的植物在溶媒的浸提下使其有效成分扩散到液相主体。

无论混合物为固体或液体，在经溶剂处理后，其易溶解部分必将溶出而成为溶液，达到分离的目的。浸出过程一般包括：原料预处理（破碎或切片）、混合浸出和分离等过程。工业上浸出分离过程是指将一定量的溶剂和固体物料加入浸出器（或称萃取器）中，使之充分混合。经充分长时间的接触达到平衡后，分为上层澄清液和底部残渣，然后将它们分离，上层澄清液称为溢流，底部残渣称为底流。底流中除所含的惰性固体之外，尚有固体内部的液体和外部的液体。所有随惰性固体一起排出的液体均被视为与固体依附在一起。如果此浸出器为一理论级，则底流液体中的溶质浓度等于溢流中的溶质浓度。

（2）浸出过程。物质由一相转入另一相的过程实为传质过程。因此，浸提操作过程为传质过程之一。也就是溶质从固相向溶剂相的传递过程，其过程一般可被分解为以下 3 个阶段（图 2－10）。

①浸润与渗透。溶剂浸润并渗透进入固体内。浸提溶剂能否润湿原料，并渗透进入原料内部，是浸出其有效成分的必要条件。原料能否被润湿取决于所用溶剂与原料的性质。通常浸提采用的水和不同浓度乙醇等极性溶剂能润湿多数原料。加入表面活性剂、多脂成分的脱脂处理等，可加快润湿过程，有利于浸出。

②解吸与溶解。原料干燥后，可溶性成分固结吸附于组织细胞内，浸出溶剂渗透进入原料内部需克服化学成分之间或化学成分与组织细胞之间的吸附力，才能将其溶解形成溶液。化学成分能否被溶剂溶解，取决于化学成分的结构和溶剂的性质，根据"相似相溶"规律，水能溶解极性大的生物碱盐、黄酮苷等，也能溶出高分子果胶体。由于增溶和助溶作用，还可溶出某些极性小的物质。高浓度乙醇能溶出少量极性小的苷元和萜类等，也能溶出蜡、油脂等脂溶性杂质。溶剂中加入适量的酸、碱、表面活性剂，可增加有效成分的解吸与溶解。

③扩散。进入原料组织细胞内的溶剂溶解大量化学成分后，原料内外出现浓度差。细胞外侧纯溶剂或稀溶液向原料内渗透，原料内高浓度溶液中的溶质不断从固体内部液体中向周围低浓度方向扩散，从固体表面通过液膜扩散到达外部溶剂主体。

上述过程循环进行，溶质与溶剂的比例直接影响浸出速率和效率。浓度差是扩散的推动力，若内外浓度相等，溶剂含溶质趋于饱和，浸出现象即受到限制，上述3个阶段均停止进行。更新溶剂、加强搅拌或采用其他动态法浸提，均有利于浸出。由于固体物料内部结构非常复杂，溶质在物料内的扩散速率也很难估计，溶质（有效成分）的扩散及其在液相中的浓度梯度，基本上可按费克扩散定律得到一般性的描述。

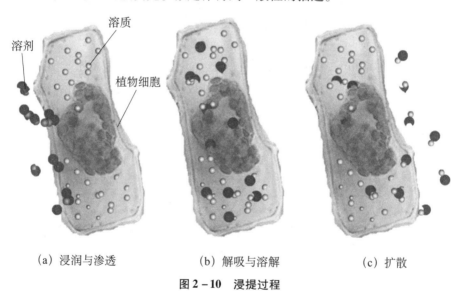

(a) 浸润与渗透   (b) 解吸与溶解   (c) 扩散

图2-10　浸提过程

2.4.2 常用的浸提溶剂与浸提辅助剂

（1）常用的浸提溶剂。

①水。极性溶剂，安全价廉，溶解范围较广。生物碱盐类、苷类、多糖、氨基酸、微量元素、酶等有效成分，以及鞣质、蛋白质、果胶、黏液质、色素、淀粉等，均可被水浸出。缺点是浸出选择性差，可浸出大量杂质，浸提液滤过、纯化困难，易霉变，也能引起某些有效成分的水解。

②乙醇。极性有机溶剂，能与水以任意比例混溶。既可溶解极性成分，也能溶解亲脂性成分。适当浓度的乙醇可减少水溶性杂质的浸出。90% 乙醇适于浸提挥发油、树脂、叶绿素等；70% ～90% 乙醇适于浸提香豆素、内酯、某些苷元等；50% ～70% 乙醇适于浸提生物碱、苷类等；50% 以下的乙醇也可浸提一些极性较大的黄酮类、生物碱及其盐等；乙醇含量达 40% 时，能延缓酯类、苷类等成分的水解，增加制剂的稳定性；20% 以上乙醇具有防腐作用。

（2）其他溶剂。丙酮可与水以任意比例混溶，常用于新鲜动物药材的脱脂或脱水；氯仿、乙醚、苯、石油醚等非极性溶剂，可用于挥发油、亲脂性物质的浸提、分离，或用于浸提液脱脂。也可在纯化精制时应用。

（3）浸提辅助剂。

①酸。水或醇中加酸可促进生物碱的浸出，酸也可使某些以钙盐形式存在于植物中的有机酸游离，便于有机溶剂浸提。常用硫酸、盐酸、醋酸、酒石酸、枸橼酸等。用量不宜过多，一般浓度为 0.1% ～1%。应注意对设备、管道的腐蚀，及时清洗。

②碱。加碱可增加偏酸性有效成分的溶解度和稳定性，如用稀氨水浸提甘草中的甘草酸、用稀碳酸氢钠水溶液浸提土槿皮中的土槿皮酸。同样应注意其腐蚀性，及时清洗。

2.4.3 常用浸提方法与设备

国内外浸取提汁工艺经历了间歇操作、半连续操作，连续操作等常规浸提方式。随着多种食品加工高新技术的出现，在常规浸提方式基础上，为强化果汁料浸提率及效率，并尝试解决沉淀、留香及护色等问题，引进了微波、超声波与超高压技术用于浸取提汁，并针对不同的果品发明了各种浸取器，不仅浸汁浓度得以很大的提高，而且浸取率也相应增加，设备的效率大幅度地提高，适应性更强，劳动强度进一步降低，并实现了自动化。

（1）简单接触法。所谓简单接触法，即指分批式单级接触法，使溶剂添加到装有物料的浸取器中，经过搅拌浸出，使浸出液与浸剩物加以分离后，重复另一次同样操作，如图2-11所示。简单接触法设备简单，但生产能力小，浸出效率也低。

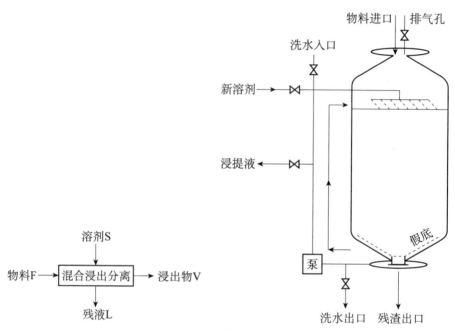

图2-11 简单接触法

（2）并流多级接触法。数组简单接触法浸出装置依序排列，如图2-12所示为并流多级接触法。工作时每组装置称为一级，物料 F_1 由第一级进入后，与溶剂 S_1 互溶完成第一级浸出，并得浸出液 V_1，所获浸剩物作为第二级的物料 L_1。同理，第三级的物料 L_2 为第二级的浸剩物，依次类推。但各级每次加入的溶剂均为纯溶剂。此法由简单接触法改进而成，其依据是将溶剂分少量多次进行浸出，其效率大于同量溶剂一次浸出的原理。

（3）逆流多级接触法。逆流多级接触法是将数个浸出装置串联，如图2-13所示，物料F由第一级进入，所获浸剩物作为第二级的物料 L_1，同理依次类推。溶剂则从第n级进入，第n级所获浸出液作为第n-1级的溶剂，依次逆向而上，最后于第一级流出，其物料与溶剂因互为逆向，故称逆流法。逆流多级接触法具有溶剂用量少，浸出效率高，浸出液中所含溶质的溶度高等优点。

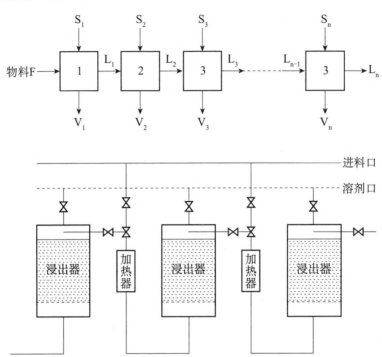

图 2－12　并流多级接触法

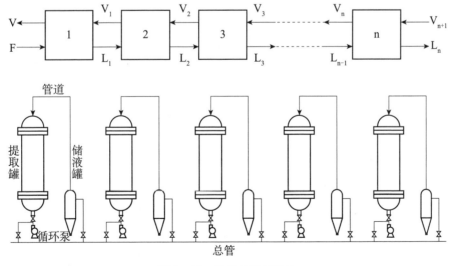

图 2－13　逆流多级接触法

（4）连续动态逆流浸取法。所谓连续动态逆流浸取是指在浸提过程中，浸提物料在浸出装置内，由一端进料口自动定量投入，溶剂由另一端进液口经流量计控量注入，在填料塔借重力或螺旋装置的推动下，溶剂液与翻滚的固体物料形成流向相反的连续动态逆流浸出过程。故连续微分多级接触法实质是逆流多级接触法的自动化改进型式。

（5）超声波浸提。1952年，超声波首次作为浸提技术应用于酒花萃取。超声波浸提（Ultrasonic Assisted Extraction，UAE），是利用超声波使液体产生气泡，并随气泡生长、破裂，产生宏观紊流、高速粒子碰撞及多微孔颗粒间的扰动，伴随在极短时间（约400μs）、极小空间内的高温（5 500℃）、高压（50MPa）及快速的温度变化，从而加速体系的涡流扩散和内扩散。此过程称为空化效应，可在固液接触面形成微射流，引起物料表面剥离、孔蚀和颗粒破裂，破坏细胞壁，促进溶剂向细胞内渗透，改善传质。经过超声波处理的浸提物，其结构和性质不会发生变化；而超声波的振动作用能够提高破碎速度，缩短破碎时间，促进化学物质向溶剂中溶解；同时超声波的空化效应、搅拌等作用能够强化浸提液的对流，减少扩散阻力，促使传质速度加快，从而扩大透析膜的孔径，使得多酚等大分子固形物更加容易渗出，适合对果品内多酚类物质的提取。超声波浸提成本低、操作简单、使用广泛，处理温度低，适合于热不稳定成分的浸提，溶剂适应性广，但浸提时间较长，且超声波空化效应会导致水溶液产生OH·自由基和H·自由基，对物料性质依赖性较强，尤其是物料细胞壁形态关系密切。频率是影响超声波浸提最主要的因素。此外，溶剂的蒸汽压、黏度、表面张力、原料的水分含量与粒度，操作压力、温度、功率和浸提时间等均会影响超声波浸提。

（6）微波浸提。微波浸提（Microwave Assisted Extraction，MAE）主要利用微波加热来加速溶剂对固体样品中目标萃取物的萃取过程，微波是频率在300MHz到300kMHz的电磁波（波长1m至1mm）。微波具有波动性、高频性、热特性和非热特性。细胞内水等极性分子在微波电磁场中快速转向及定向排列，从而产生撕裂和相互摩擦而发热，使细胞内部温度迅速上升，细胞内部压力超过细胞壁膨胀承受压力，导致细胞破裂，细胞内有效成分自由流出，并会快速地扩散到溶剂中去。因此在高频微波产生的电磁波作用下，浸提介质能在较低的温度条件下捕获和溶解果品内有效成分。微波浸提时间短、溶剂消耗少、浸提率高、耗能低、产品质量高。

（7）水蒸气蒸馏法。水蒸气蒸馏法系指将含有挥发性成分的原料与水或水蒸气共同蒸馏，挥发性成分随水蒸气一并馏出，经冷凝分取挥发性成分的一种浸提方法。其基本原理是根据道尔顿定律，相互不溶也不起化学作用的液体混合物的蒸汽总压，等于该温度下各组分饱和蒸汽压（分压）之和。因此，尽管各组分本身的沸点高于混合液的沸点，但当分压总和等于大气压时，液体混合物即开始沸腾蒸发。若在常压下进行水蒸气蒸馏，其蒸馏温度低于100℃。

又可细分为如下 3 种方式：

①水中蒸馏（共水蒸馏）。将原料加水在提取器中共同加热蒸馏提取的方法。

②水上蒸馏。水蒸气通过对放置在有孔隔板上的原料进行蒸馏的方法。

③通水蒸气蒸馏。高压蒸汽直接通入原料的蒸馏提取方法。

多能提取罐是目前应用最广的提取设备，如图 2 - 14 所示。其罐体由不锈钢制成，按外形不同可分为倒锥形、斜锥形、正锥形、蘑菇形和直筒形等。多能提取罐可用于水提、醇提，提取挥发油、回收皮渣中溶剂等。可进行常压提取、加压高温提取或减压低温提取。生产中则为由多个提取罐按组成的多能提取回收机组，如图 2 - 15 所示。

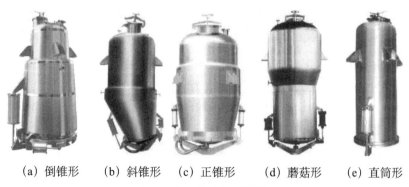

（a）倒锥形　（b）斜锥形　（c）正锥形　（d）蘑菇形　（e）直筒形

图 2 - 14　多功能提取罐

图 2 - 15   提取回收机组

2.3.4   果汁浸提工艺及应用研究

（1）果汁浸提工艺概念。果汁浸取提汁工艺（简称果汁浸提）是指在一定温度下，用水或有机溶剂（甲醇、乙醇、丙酮、乙酸乙酯等与水的混合溶液）浸泡果品，依靠果品与水或有机溶剂之间存在的可溶性成分的浓度差引起的扩散作用，获得含有一定浓度可溶性成分汁液的方法。加水量一般根据要求的可溶性物质含量确定。如山楂 6% 为原汁，枣 8% 为原汁，果品在浸取前通常经适当的破碎或切片处理，以增加液固之间的接触面积，减少水在果品中浸透的"距离"；浸提前一般还要热处理（水浴或蒸汽加热至 40 ~ 60℃，或煮沸后自然冷却进行浸渍，以缩短浸渍时间），或加入酶制剂处理，目的是进一步破坏细胞结构和降低黏度，提高出汁率。

（2）果汁浸提工艺研究进展。最初的浸取工艺是间歇操作性质的单罐多次浸取操作。国外最早是利用该工艺生产干李子汁。将洗净的干李子放在木制或钢制桶中，以 85℃ 的热水进行浸取，每次 2 ~ 4h。每次的液固比（浸取用水量与果品量之比，下同）不同，第一次浸取为 2（即 2:1，下同），第二次浸取为 1.2，第三次浸取为 0.8。三次浸汁混合后再进行浓缩。在我国，由于古老的中医药学的影响，利用一些干果的浸汁做保健医疗之用，在我国有着久远的历史，如大枣汁、酸枣汁等。20 世纪 80 年代中期，由于地方经济的发展，人们对资源利用的重视，促成了各厂家、研究机构对酸枣、山楂等的开发利用，又以生产饮料最为普遍。单罐多次浸取工艺，每次浸取都是用新水（不含果品中可溶性成分）浸取，所以浸汁浓度较低。在每次浸取过程中果实细胞内与水中可溶性成分浓度差逐渐变小，浸取速率随之下降，因此该法生产周期较长，设备利用率低。通过提高浸取温度加速浸取速率将导致浸汁风味的损失，若想实现较高的浸取率就必须增加浸取次数，但相应的混合浸汁浓度降低。

为克服单罐多次浸取工艺的缺陷，人们开始利用半连续操作法——多级逆流浸取。国外最早利用此法生产苹果汁，是将甜菜制糖工业中的生产工艺移植于果汁生产。这类浸取工艺所用的装置是由串联的多个浸取罐和循环泵组成。果品不再是多次被水浸取，而是用在前一罐（级）被增浓的浸汁泵送到后一级含可溶性成分浓度高的浸取罐中浸提该果品，使浸汁进一步增浓，相应的被浸果品浓度降低；新水浸取浓度最低的果品，浸取了新果的浸汁浓度最高，就是产品；这样就实现了逆流浸取。由于原理的先进，多级逆流浸取工艺不仅可以采取较低的浸取温度，以降低温度对果汁风味的破坏；而且可以在高浸汁浓度的条件下，实现高浸取率。

国际上连续逆流浸取技术不仅成功地用于苹果、梨、葡萄、橙子、黑茶藨子，也在浆果、菠萝、芒果、李子、番石榴、葡萄干以及其他干果果汁生产中取得成功。早在 20 世纪 20 年代，Warcollier 就应用连续浸取工艺生产苹果汁。1969 年应用于甜菜制糖业的 Dds 浸取器的发明人提出了应用这种浸取器生产果汁的方法。南非在 20 世纪 70 年代已开始用此技术生产苹果汁。Dds 浸取器由两个相互啮合并置于 W 型带夹套槽中的螺旋构成，槽是倾斜的。螺旋片上开槽或打孔。果品由低端进，被螺旋推到高端。在前进过程中被从高端流下的热水浸取，两相连续相对流过形成连续逆流浸取。在操作稳定后，在浸取器内任一点果品的浓度与浸汁浓度不再随时间变化，保证浸取速率也不再随时间变化，使设备效率达到最高。

20 世纪七八十年代初的 10 年里各国把主要精力投入到新型浸取器的研制上。较有特色的有 1974 年前苏联人 A. T. ЖОРЖОЛИЭНИ 等研制的专用于葡萄浸取的立式套筒型连续逆流提取器和 1982 年联邦德国人 Braun、Oskar 提出的有弹气压室的螺旋式连续逆流浸取器（该浸取器在浸取过程中可利用弹性气压室对被浸果品进行挤压，以提高浸取效果）。而最成功、应用最广泛的则是 1982 年 Timothy 等人发明的单螺旋连续逆流浸取器。单螺旋可避免 Dds 浸取器两个螺旋相对转动导致被浸果品在槽中心堆积的问题。由于单螺旋通常只向一个方向连续转动，使得物料趋于浮在槽（或筒）的上方，导致固液之间不能良好接触；并因螺旋转动造成对果品连续而不规则地加压，也对液固之间的接触起了阻碍作用。该系统采用了间歇反转技术，使果品被交替地挤压和打散，以保证液固之间有效地接触。单螺旋的制造也比双螺旋简单。苹果汁、葡萄汁、梨汁、莱姆酸橙汁生产的试验表明，这个装置的设计是成功的。苹果汁的浸取在60℃下进行，总运行时间为8h，投料速率为296kg/h，果汁生产速率达到305kg/h，果汁浓度8.8°Bx（苹果浓度10.7°Bx），浸取率达到91.5%，而且悬浮固形物少，芳香物质浓度增加。浸取酸橙和葡萄所得果汁的香气和色泽都非常令人满意。1995年北京工商大学食品学院曹雁平在研究酸枣的浸取工艺中，成功研制了L型螺旋式连续逆流浸取器。该设备由竖直的投料部和倾斜的浸取部构成，为螺距分段变化的单螺旋结构。设备结构为分段组装式，采用可调支座。该浸取器在干果的浸取上有独特性，已投入生产的浸取器可为年产100t 70°Bx浓缩酸枣汁配套。在浸取水温50～55℃、液固比为4时浸取，浸汁浓度9.3°Bx，浸取率达90.4%。其浸取能力值是间歇单罐两次浸取工艺的7倍、十级逆流浸取的4倍。

国内外学者对浸提过程的研究一般在实验室，研究各种浸提过程的必要工艺参数和指标，进而提出浸提的最佳工艺操作，用以指导工业实践。2005年中国农业大学食品科学与营养工程学院籍保平等主要研究了有机溶剂浸提法和超声波浸提法两种方法在从苹果粉中提取多酚方面的异同，影响因素主要包括提取溶剂、温度、时间、料液比、提取次数。结果表明，有机溶剂提取苹果多酚的最佳工艺参数为：70%的乙醇—水混合溶液按1:20的料液比，在30℃水浴中浸提两次，每次处理30min。超声波提取苹果多酚的最佳工艺参数为：70%的乙醇—水溶液按1:30的料液比在冰浴中用超声波处理两次，每次处理时间为15min。在同样的提取条件下，超声波浸提得率远高于有机溶剂浸提得率。

2004年中国农业大学食品科学与营养工程学院胡小松等以酿酒副产品——葡萄皮籽为原料，研究了常规和微波两种浸提工艺对葡萄多酚类物质的浸出和结构的影响。结果表明：①微波提取葡萄皮多酚的工艺条件是：按1:25的料液比加入50%乙醇，微波功率180W处理35s，于70℃水浴浸提25min，葡萄皮多酚的浸提率可达95.02%，和常规乙醇提取的最佳工艺条件（浸提温度90℃，50%乙醇按1:9的料液比浸提20min）相比，提取率可提高20.14%。经紫外扫描图谱显示所采用的微波条件对葡萄皮多酚的结构没有破坏作用。②微波浸提葡萄籽原花青素的最佳条件为：70%乙醇溶液，按1:9的料液比，微波处理10s，于50℃水浴浸提30min，葡萄籽原花青素浸提量为3.875mg/g。采用乙醇常温浸提的最佳条件为：

按1:5的料液比，加入60%乙醇在常温下浸提20h。原花青素浸提量为2.353mg/g，微波辅助浸提比常温乙醇浸提原花青素浸提量增加1.522mg/g。通过对微波联合水浴浸提和单纯水浴浸提的原花青素的紫外图谱显示，短时微波处理对原花青素的分子结构没有破坏作用。

参考文献

［1］仇农学.现代果汁加工技术与设备［M］.北京：化学工业出版社，2006.

［2］姚石，周如金，朱广文.不同条件下榨取的荔枝汁在贮藏中的变化.安徽农业科学，2011，39（1）：255-25.

［3］赵龙，张茂龙，赵欢，等.超细粉碎技术在黑莓全果制浆中的应用田.江苏农业科学，2014，42（3）：206-209.

［4］单杨.柑橘全果制汁及果粒饮料的产业化开发.中国食品学报，2012，12（10）：6.

［5］何李，李绍振，高彦祥，等.柑橘属果皮渣制备膳食纤维的研究进展［J］.食品科学，2012，33（07）.

［6］李云飞，葛克山.食品工程原理［M］.北京：中国农业大学出版社，2002：622-623.

［7］栾晏，籍保平，姜慧，等.苹果多酚浸提方法的研究［J］.食品科学，2005，26（9）：211.

［8］胡小松，廖小军，李凤英.葡萄皮籽多酚物质的提取技术研究［D］.北京：中国农业大学，2004.

［9］徐新阳，罗蒨.滤饼的可压缩性与滤饼比阻的研究［J］.金属矿山，2001，12：33-35.

［10］许莉，朱企新，鲁淑群，等.过滤理论研究与过滤实践中的几个问题［J］.化工机械，2000，27（5）：287.

［11］吴逸华.几种速冻果肉果汁的配方及热杀菌工艺研究［D］.武汉：武汉工业学院，2012：1-3.

［12］陈学红，秦卫东，马利华，等.加工工艺条件对果蔬汁的品质影响研究［J］.食品工业科技，2014，35（01）：355-356.

［13］聂继云，毋永龙，李海飞，等.苹果鲜榨汁品质评价体系构建［J］.中国农业科学，2013，46（8）：1 659-1 662.

［14］高强，张建华.破碎理论及破碎机的研究现状与展望［J］.机械设计，2009，26（10）：73-74.

［15］吴斌，屈红艳.浓缩苹果汁生产中果渣二次压榨提汁技改项目的研究［J］.食品科技，2003（8）：75.

[16] 蔡林昌. 浓缩苹果汁生产技术装备 [J]. 食品工业, 1999, 6 (1).

[17] 张闯, 单杨. 微波提取橘皮果胶工艺研究进展 [J]. 中国食品学报, 2013, 13 (5): 148-149

[18] 胡小松. 现代果蔬汁加工工艺学 [M]. 北京: 中国轻工业出版社, 1995.

[19] 姚小丽. 微波提取脐橙皮中果胶及制备低酯果胶工艺技术研究 [D]. 赣州: 江西理工大学, 2008: 5-8.

[20] 张林, 芮延年, 刘文杰. 带式压榨过滤机的理论与实践 [J]. 给水排水, 2000, 26 (9): 83-84.

[21] 薛长湖, 张永勤, 李兆杰, 等. 果胶及果胶酶研究进展 [J]. 食品与生物技术学报, 2005, 24 (6): 94-96.

[22] 许莉, 朱企新, 鲁淑群, 等. 过滤理论研究与过滤实践中的几个问题 [J]. 化工机械, 2000, 27 (5): 287.

[23] 吴逸华. 几种速冻果肉果汁的配方及热杀菌工艺研究 [D]. 武汉: 武汉工业学院, 2012: 1-3.

[24] 吴斌, 屈红艳. 浓缩苹果汁生产中果渣二次压榨提汁技改项目的研究 [J]. 食品科技, 2003 (8): 75.

[25] 蔡林昌. 浓缩苹果汁生产技术装备 [J]. 食品工业, 1999, 6 (1): 12~16.

[26] 罗茜. 成饼过滤中过滤介质阻力与堵塞研究的进展 [J]. 过滤与分离, 2007, 17 (3): 37-40.

[27] Zeki Berk. Food Process Engineering and Technology Second Edition. London. Academic Press is an imprint of Elsevier, 2013.

[28] 陆守道. 食品机械原理与设计 [M]. 北京: 中国轻工业出版社, 1995.

[29] 罗晓丽, 魏文军, 张绍英, 等. 水果破碎机输送建压机理研究 [J]. 农业工程学报, 2007, 23 (2): 102.

[30] 雷志伟, 张绍英, 李海涛, 等. 水果冲击破碎理论研究与应用 [J]. 机电产品开发与创新, 2007, 20 (4): 44.

[31] 王中来. 压榨理论进展 [J]. 化工装备技术, 1987, 8 (5): 22-23.

[32] 赵杨. 滤饼微观结构与压榨过滤理论的研究 [D]. 杭州: 浙江大学, 2006.

[33] 赵扬, 徐厚昌, 鲁淑群, 等. 滤饼微观结构及其测量结果的分析研究 [J]. 流体机械, 2010, 38 (8): 31.

[34] 马东伟. 三维动态螺旋压榨过程的研究 [D]. 沈阳: 沈阳化工学院. 2003.

[35] Rushton A 著. 康勇, 许莉译. 滤饼过滤理论与实践: 过去、现在和未来 [J]. 过滤与分离, 1998 (2): 39-40.

[36] 张海斌. 超声破碎制粒法理论模型与关键技术研究 [D]. 天津: 天津大学, 2010.

[37] 肖旭霖. 食品加工机械与设备 [M]. 北京: 中国轻工业出版社, 2000.

[38] 杨芙莲，聂小伟. 超声波辅助果胶复合酶酶解浸提红枣汁的工艺研究 [J]. 食品与发酵工业，2010，36 (9)：100.

[39] 王静，韩涛，李丽萍. 超声波的生物效应及其在食品工业中的应用 [J]. 北京农学院学报，2006，21 (1)：69-70.

[40] 朱德文，岳鹏翔，王继先，等. 茶叶微波超声波耦合动态逆流浸提工艺 [J]. 农业机械学报，2010，41 (7)：137.

[41] 陈钢，王纪宁，苏伟. 草莓浆流变性的研究 [J]. 食品科学，2006，27 (7)：111.

[42] 田辉. 连续逆流法提取橙皮果胶及其动力学的研究 [D]. 成都：西华大学，2006：3-5.

[43] 曹雁平，吴红. 我国果汁工业生产中的浸提工艺现状 [J]. 软饮料工业，1995 (1)：6-8.

第3章 提高果汁出汁率的主要因素

通过对果汁分离工艺及基本原理的分析可知，目前，主要的果汁分离方式是压榨制汁工艺与浸提制汁工艺，无论对压榨取汁还是浸提取汁工艺而言，出汁率都是评价该工艺分离效率的重要技术指标，也是果汁分离装备经济效益的决定因素。

3.1 出汁率的计算方法

目前，常采用的计算出汁率的方法有：

（1）重量法。常用来计算压榨取汁工艺方式的出汁率

$$出汁率（\%）= \frac{榨出的果汁重量}{榨前的果浆重量} \times 100 \qquad (3-1)$$

在实际测定时，会因为汁液流失等因素的影响，所测得的汁液质量的准确度不高，有时候也采用间接计算的方法，即

$$出汁率（\%）= \frac{榨前的果浆重量 - 压榨结束后果渣重量}{榨前的果浆重量} \times 100 \quad (3-2)$$

（2）可溶性固形物重量法。常用来计算浸提取汁工艺方式的出汁率

$$出汁率（\%）= \frac{浸出果汁中的总可溶性固形物重量}{浸前果实中的总可溶性固形物重量} \times 100 \quad (3-3)$$

（3）Posmann 法。常用来计算浸提设备出汁率

$$出汁率（\%）=（1 - \frac{渣中可溶性固形物含量/渣中不溶性固形物含量}{果浆中可溶性固形物含量/果浆中不溶性固形物含量}）\times 100$$

$$(3-4)$$

（4）折算出汁率。当采用通用型榨汁机（液力筒式榨汁机）进行浸提压榨作业时，需要在果渣中加水，并在压榨时用浸提水将糖、酸等水溶性成分带出。此时，如沿用计算出汁率的计算方法〔即式（3-1）或式（3-2）〕，出汁率计算公式则会演变为：

$$Y_L（\%）= \frac{m_1 + m_2 - m_w}{M_0} \times 100 \qquad (3-5)$$

或

$$Y_{\mathrm{L}}(\%) = \frac{M_0 - w}{M_0} \times 100 \qquad\qquad (3-6)$$

式中：Y_{L}——出汁率，%；

　　　m_1——原汁量，t；

　　　m_2——浸榨出汁量，t；

　　　m_w——浸榨加水量，t；

　　　M_0——榨前的果浆重量，t；

　　　w——浸榨出渣量，t。

由于浸榨出汁量 m_w 或浸榨出渣量 w 依据工艺要求不同具有不确定性，故这两种计算方法很难真实反映由浸提压榨产生的有益效果。由式（3-5）、式（3-6）可见，即使 $m_2 < m_w$，即浸榨出汁量少于浸榨加水量，或称浸榨后的果渣质量大于浸榨前的果渣质量（浸榨得到的果渣含水量很高），浸榨也能得到稀果汁。但计算得到的浸榨出汁率 Y_{L} 反而较浸榨前的出汁率要低，故沿用直接压榨出汁率的计算方法来考核浸榨工艺效果是不严谨、不科学的。

所以采用间接的折算出汁率的计算方法，折算出汁率 Y_{L} 是一种出汁率的间接计算方法，是将浸榨过程得到的糖度为 B_2、质量为 m_2 的稀果汁，按原汁糖度 B_1 折算成原汁产量后计算出来的。即

$$Y_{\mathrm{L}}(\%) = \frac{m_1 + m_2 \dfrac{B_2}{B_1}}{M_0} \times 100 \qquad\qquad (3-7)$$

式中：B_1——原汁糖度，Brix°；

　　　B_2——浸提压榨汁糖度，Brix°。

由式 3-7 可见，折算出汁率 Y_{L} 综合考虑了直接压榨和浸提压榨的贡献，在目前果汁生产厂普遍采用浸提工艺的情况下，折算出汁率 Y_{L} 较传统计算出汁率的方法更能客观衡量榨汁机的分离效率，并为准确估测浸提工艺对浓缩果汁的生产成本的影响提供可靠的计算依据。因此，采用浸提压榨工艺时以考核折算出汁率 Y_{L} 更科学、合理。

3.2　影响出汁率的主要因素

影响出汁率的主要因素除水果原料本身汁液的多少（即种类、品种、

质地、新鲜度、成熟度等因素）、取汁工艺、分离机械与设备及操作工艺的客观因素外，还与原料的物性状态关系重大，不同的分离方式对物料的物性有不同要求。

3.2.1 压榨取汁出汁率主要影响因素

由前面章节的分析，压榨果浆取汁过程实际上是对滤饼实现过滤和压榨。故影响滤饼过滤过程与压榨的因素，都对出汁率有重要影响。影响过滤的因素是多样的。包括悬浮液的物性参数、滤饼结构参数和操作条件参数。

（1）影响过滤的物性参数。在物性参数方面，固体颗粒的粒度大小、粒度分布和形状是影响滤饼的孔隙大小和孔隙率的主要因素。滤饼孔隙结构取决于形成滤饼的固体颗粒的堆积方式；颗粒群的粒度越小，单位体积内的颗粒数越多，颗粒间的孔隙越小，颗粒层的渗透性越低。对于压榨取汁而言，粒度大小及分布由破碎效果决定，而破碎效果主要与所采用的破碎方式有关。

水果的汁液都存在于果实的组织细胞内，只有打破细胞壁，细胞中的汁液和可溶性固形物才能被释放出来。果汁生产中，破碎的目的在于尽量破坏果实细胞的细胞壁，使细胞液颗粒最大限度地游离出来，特别是一些果皮较厚、果肉致密的果实原料，为提高出汁率，必须进行破碎处理。所以果实的破碎程度是原料物性中影响出汁率的重要因素之一，破碎效果用游离率来表示。在物理意义上讲游离率是从果肉细胞中释放出的细胞液与果肉细胞的质量比。因此，破碎的好坏直接影响细胞的游离效果，细胞液游离率高是提高果汁提取率的先决条件，只有提高了细胞液游离率，才能提高果汁提取率。

细胞液游离程度对后续分离工艺有重要影响，在加工水果品种相同、加水量相同的情况下，破碎性能好的设备，其游离率较高；破碎性能差的设备，其游离率较低。破碎方式主要有劈切、剪切及钝击破碎等方式，中国农业大学张绍英教授（2007）对苹果采用劈切、剪切及钝击破碎，对破碎后的果肉组织进行了染色，在显微镜下观察了其破坏程度。结果见图 3-1。

①劈切破碎。从劈切破碎得到的果肉组织图像可见，除部分受刃口挤压以及受拉破碎的细胞的残膜外，在断裂面上及以下的细胞均保持完整。劈切破碎得到的游离率仅为 22% ~ 26%。

②剪切破碎。由于受剪过程的形成往往伴随施力部件对果肉组织的挤压，从图3-1（b）中可见，剪切破碎得到的碎块的断裂面上，既有受剪撕裂的细胞，还有挤碎的细胞（见图中少量的絮状组织），但断裂面下的细胞的完整程度仍很高。剪切破碎得到的游离率为43%～50%；

③钝击破碎。钝击破碎时，高速钝击可将受力范围深入至钝击面深处，尤其是多次高速钝击的累积作用，可将大部分果实细胞击碎。从图3-1（c）中可见，钝击破碎得到的果肉细胞近无完整，可见的仅为絮状细胞残片，细胞残片整体尺寸较大。对破碎组织的显微观察可见，钝击破碎获得高细胞破碎率的同时，尚能使果实中的固态物质相对完整，钝击破

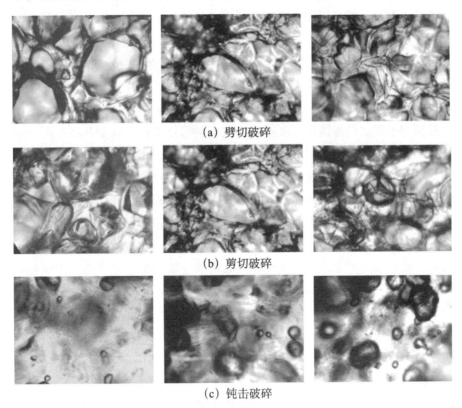

（a）劈切破碎

（b）剪切破碎

（c）钝击破碎

图3-1 不同破碎方法得到的苹果细胞组织状态（100×160）

（图片来源，参考文献2）

碎得到的游离率可达67%～69%，既提高了细胞液的游离率，又能使压榨过滤过程渣饼层多孔疏松，利于压榨。

由此可知，钝击可使苹果中更多的组织受到冲击力的作用，使细胞破

碎遍及整个碎块，钝击破碎可有效改善破碎效果，提高细胞液的游离率。同时，高速钝击能相对完整地保留果肉中固态物质间的连接关系，利于在压榨过程中在滤网界面上形成多孔、疏松的滤层，减轻所需压榨强度。

在过滤过程中，主要是将自由水脱出，而在压榨操作中，则主要是将毛细水和表面水从滤饼中分离。当压榨压力过大，则可能会将部分包裹水也脱出，此时会改变滤饼的微观结构。配位水和结晶水在正常的过滤与压榨操作中无法脱出。

（2）滤饼整体性及其对出汁率的影响。在过滤过程中，滤饼的渗透率与孔隙率、颗粒形状及组合、粒径及分布、滤饼形成速率、料浆浓度等参数有关。在可压缩滤饼中，由絮凝或凝聚体组成的滤饼，有特殊的孔隙率构造，这类滤饼的渗透系数实验值要明显偏离"科泽尼—卡曼"方程的计算值。当过滤进行到一段时间，滤饼达到临界厚度时，滤饼中出现裂缝，孔隙率的变化将不再是均匀的，此时，若对滤饼施行压榨，则能取得很好的出汁效果。研究表明，对于压榨分离取汁，在相同的过滤压力和相同的压榨压力下形成的滤饼层厚度不同，在不同厚度下作为起始压榨点时，最终得到的滤液量和滤饼的湿含量也不同，出汁率也不相同，在某一范围内滤饼层厚度与出汁率呈线性相关性。滤饼层存在一个最适宜出料厚度，在该厚度下作为压榨分离操作的起始压榨点，在该起始点开始压榨，获得的压榨效果最好，出汁率最高。即整个过滤、压榨过程所用的时间最短，得到的滤液量最多，滤饼的含水量最低。当滤饼层厚度持续增加超过这一厚度后，滤饼厚度越大，汁液从果浆浆渣内部流至表层毛细通道的距离就越长，出汁阻力大，排汁时间越长，越靠近过滤介质表面，滤饼含水率越低，但阻力的增大使得汁液不容易渗透，从而出汁率大大降低。

刘建以压榨蔬菜汁为例，经过试验得出了带式榨汁机的 L-Y 曲线图（滤饼层厚度为 L，出汁率为 Y），当出料厚度 $L < 10mm$ 时，出汁率 $Y < 65\%$，当 $20mm \leqslant L \leqslant 45mm$ 时，出汁率 $70\% \leqslant Y \leqslant 85\%$，而当 $L > 50mm$ 时，出汁率明显下降，并且由于带式榨汁机的负荷超大，整机运转不平稳。适当提高过滤压力和提高压榨压力对降低滤饼含水率和缩短工艺时间是有利的，但因物料的不同而异，需要通过试验确定最适宜的操作条件。

（3）悬浮液料浆黏度的影响。黏性是指阻碍流体流动的性质，该指标表现了流体的流动性。因为无论是苹果、梨等核果类水果，还是香蕉等热带水果的细胞壁中，均含有大量果胶、纤维素、淀粉、蛋白质等物质，破碎后的果浆十分黏稠，其中固体颗粒即为未充分破碎的水果颗粒、果肉细胞和游离状态的细胞残体的混合物，液体即为果肉细胞破碎后流出的细胞液。压榨取汁非常困难，且出汁率很低。液体黏度越高，流动性越差。过滤速率与液体的黏度成反比，从而导致过滤能力下降。

与黏度有关的因素如下。

①悬浮液料浆的温度。对绝大多数悬浮液料浆，温度越高，黏度降低，流动性变好，过滤能力将增大。

②悬浮液料浆的浓度的影响。悬浮液料浆的浓度可以显著地影响过滤阻力。在低浓度时，细小颗粒极易随着流线直接进入滤布的孔眼中，或穿过、或堵塞、或覆盖滤布之上，使过滤介质孔眼很快被堵塞。随着悬浮液浓度的提高，将会有更多的颗粒接近或到达过滤介质的孔眼，由于互相干扰绝大部分颗粒不能进入孔眼而在其表面桥接，容易在过滤介质表面搭桥有助于降低滤饼阻力。浓度高、颗粒细，其黏度也越高，滤饼水分也随之增大。实验表明，不同压力、不同浓度的条件下滤饼比阻的变化规律比较复杂。浓度越低，微小颗粒对孔隙的充填作用越充分，滤饼的比阻越高。而在较高压力下，悬浮液的浓度越高，越易形成低孔隙率的滤饼，因而滤饼的比阻也随之增大。

③果胶含量的影响。果胶有一种可以伸长的分子，它可以聚合成平行排列的原纤维束，原纤维束的平均长度一般为宽度的 25 倍。一些研究表明，糖（蔗糖或果糖）的存在，减少了果胶原纤维的自由旋转的空间体积，从而使得液体的黏度比纯果胶的更大，也更大程度地偏离牛顿液体特性。此外，果胶还可以聚合成三维网络结构，而汁液中的悬浮颗粒又影响到这种三维网络（悬浮颗粒在高浓度情况下，增强果胶的三维网络，在低浓度下则会阻碍网络结构的形成）。

因此，降低黏度可以提高出汁率，黏度越高，压榨层之间容易滑动，层内果浆的流动性越差，在相同的压榨压力下，要降低果浆滤饼层的厚度需要更长的时间，流出的汁液变少；如果大幅度增加压力，不仅增加能量的消耗而且会使果浆的内排汁口变窄，并不能大幅度增加出汁率。针对果汁上述特性采取相应地降低果汁黏度的措施有助于对提高出汁率。

采取热榨的方法，提高榨汁温度或在破碎之后进行加热处理，如红色葡萄、李、山楂等水果。由于加热使细胞原生质中的蛋白质凝固，改变了细胞的半透性，同时使果肉软化，果胶质水解，降低了汁液的黏度，因而提高了出汁率。加热还有利于色素和风味物质的渗出，并能抑制酶的活性。一般的热处理为 60 ~ 70℃，15 ~ 30min。带皮橙类榨汁时，为了减少汁液中果皮精油的含量，可预煮 1 ~ 2min。

采用合适的榨前破碎方法以得到细胞破碎率较高的果浆从而降低悬浮颗粒浓度；应用酶解技术降低果汁中果胶物质含量以降低果汁黏度（具体见后续章节）。酶处理可以大幅度（80%）降低果浆的表观黏度，果浆持水力降低，因此，可有效地提高出汁率。

添加助滤剂。果实破碎后，多呈胶黏状态，汁液不易畅流，这时可添加助滤剂。常用的方法有两种。一种是将助滤剂与破碎的果肉混合均匀，使其榨汁时形成多孔松软滤层，以利于内层果汁源源流出。另一种是先将助滤剂涂敷在滤层上，使破碎的果肉与滤布隔开，不让微细果肉堵塞滤布毛细孔，以便果汁流出顺利，提高出汁率。采用此法所得汁液比较清亮。常用的助滤剂有硅藻土。

综上所述，入榨前的果浆的物性要求应为较大的细胞残片量、较低的完整细胞量和较低的细胞液黏度。与之相适合的榨前物料理想的处理方法应该是，首先采用能对果肉组织进行普遍深度冲击的冲击式破碎机进行破碎，得到细胞破碎率较高、细胞残片完整程度和连接程度较高的果浆，然后添加以纤维素、果胶、淀粉、蛋白酶为主的复合酶制剂进行酶解，从而得到细胞液游离率高、含低变形阻力的片状纤维状固形物、液态组分透过阻力低的理想压榨原料。压榨过程中采用热榨方式或添加助滤剂使果汁顺利流出。

3.2.2　影响果汁浸提效果的主要因素

影响提取效果的主要因素有：浸提温度、浸提时间、原料破碎粒度、固液比（原料投入量与溶剂之比）以及提取级数等，根据原料及目的的不同，可以选择不同的浸提方法。

①原料破碎粒度。用于浸提的原料首先需经过预处理（破碎或切片）以获得合适的原料浸提粒度。原料破碎粒度会影响可溶性成分的浸提效率，这是因为固液接触表面积与浸出速度呈正比关系。原料经过破碎或切片后表面积增加，伴随溶质溶出的距离减小，所以浸出速率大为增加。原料粒度愈细，对浸出愈有利，粒度小的原料与提取溶剂的接触面积大，可溶性成分较易提取出来。但实际生产中原料粒度不宜太细，这是因为：若

原料粒度太小，物料过度破碎，则混合液在过滤时容易堵塞滤孔，阻碍溶剂在罐内的流动，并导致一些杂质成分流入溶液中，反而造成分离困难；另一方面大量组织细胞破裂，浸出的高分子杂质如蛋白质、淀粉、果胶等也会更容易浸出。

采用浸提工艺分离果汁时，浸提前一般还要热处理，或加入酶制剂处理，目的是进一步破坏细胞结构和降低黏度，提高细胞液游离率，为后续的离心澄清取汁制备适宜的原料，从而提高出汁率。

②原料成分。有效成分多为小分子化合物（相对分子质量 < 1 000），扩散较快，在最初的浸出液中占比例高，随着扩散的进行，高分子杂质溶出逐渐增多。因此，浸提次数不宜过多，一般 2 ~ 3 次即可将小分子有效物质浸出完全。

③温度、时间对浸提的影响。有研究表明，在低温浸提条件下，蛋白质、果胶等不易溶出，提高温度有利于分子的扩散，可加速有效成分的解吸、溶解和扩散，对浸取有利，但温度过高，热敏性成分易降解、高分子杂质浸出增加。目前国内的浸提工艺多采用热水浸提，煮沸后保温80℃左右。果实中可溶性成分受不渗性的细胞膜限制，加热可破坏细胞膜，40℃就可破坏细胞壁的原生质，使其成为完全渗透。但浸提温度高，浸提时间长，果汁质量差。果汁饮料多是在常温和低温下饮用，因而当前的研究任务之一是在保证浸提效果的前提下，将浸提的温度尽量降低，以获取良好的品质。

浸提过程的完成需要一定的时间。当有效成分扩散达到平衡时，该浸提过程即已完成。长时间浸提，高分子杂质浸出增加，并易导致已浸出有效成分的降解。因此，有效成分扩散达到平衡时应停止浸提，分出浸提液，更换新的溶剂。对于较长时间的浸取，60℃以上的浸取温度也是控制微生物生长最好的手段。浸提初期内，果汁浓度快速增加，一段时间后浓度趋于稳定。而对于较低的温度下进行的浸提，需适当延长浸提时间。国外常用低温浸提，温度为 40 ~ 65℃，时间为 60min 左右，浸提汁色泽明亮，易于澄清处理，氧化程度小，微生物含量最低，芳香成分含量高，适于生产各种果汁饮料。

④固液比与提取级数。浸提过程中，固液比不能太大也不能太小，太小则提取级数多，会增加设备投资和贮藏运输成本；固液比大，则提取级数少，导致主要品质成分的浸出率不高，影响果品的浸提效果，造成回收量大，能耗增加。

⑤浓度梯度。浓度梯度也即浓度差，是浸提扩散的动力。不断搅拌、更换新溶剂，或强制循环浸出液，采用动态提取、连续逆流提取等均可增大浓度梯度，提高浸出效率。

⑥溶剂用量。溶剂用量大，利于有效成分扩散，但用量过大，则后续浓缩等工作量增加。

⑦溶剂 pH 值。调节浸提溶剂的 pH 值，利于某些成分的提取。

⑧浸提压力。加压浸提可加速质地坚实原料的润湿和渗透，缩短浸提时间。加压还可使部分细胞壁破裂，亦有利于浸出成分的扩散。但浸润渗透过程完成后或对于质地疏松的原料，加压的影响不大。

⑨新技术应用。超临界流体提取、超声波提取、微波加热提取等新技术应用，有利于浸提。

参考文献

［1］仇农学. 现代果汁加工技术与设备［M］. 北京：化学工业出版社，2006.

［2］张绍英，曹文龙，魏文军. 钝击破碎对苹果压榨效果的影响［J］. 农业工程报，2008，24（2）：246－247.

［3］吴子岳. 提高水果出汁率及其质量的方法［J］. 农业科技通讯，1991（7）：33.

［4］胡小松. 现代果蔬汁加工工艺学［M］. 北京：中国轻工业出版社，1995.

［5］Zeki Berk. Food Process Engineering and Technology Second Edition. London. Academic Press is an imprint of Elsevier，2013.

［6］陆守道. 食品机械原理与设计. 北京：中国轻工业出版社，1995.

［7］陈小龙. 薄层连续压滤分离方法及试验装置的研究［D］. 北京：中国农业大学，2013.

［8］李艳丽. 筒式榨汁机压榨过程转接条件研究［D］. 北京：中国农业大学，2014.

［9］李霞. 程控过程及参数对筒式榨汁机压榨效果的影响研究［D］. 北京：中国农业大学，2013.

［10］杜朋. 果蔬汁饮料工艺学［M］. 北京：农业出版社，1992.

［11］吴卫华. 苹果综合加工新技术［M］. 北京：中国轻工业出版社，1996.

［12］张绍英，魏文军，田国平. 果蔬冲击破碎方法及装置［P］. 中国专利：200310100269.9，2006－07－05.

［13］王成荣，王成蒙，杨增军，等. 苹果汁加工技术研究［J］. 农业工程学报，1997，13（1）：220.

［14］Hartman E，冯建荣. 苹果出汁率与生产能力的比较（之一）［J］. 中国果菜，2002（1）：34.

［15］刘建. 带式压榨机最佳出汁率探讨［J］. 粮油加工与食品机械，2000（3）：16.

第4章 酶制剂及其在果汁加工中的应用

　　酶是活细胞产生的生物催化剂（少数已由人工合成），其绝大部分是高度特化了的蛋白质。在酶的催化反应体系中，酶所作用的物质（即反应物，如分子或化合物）被称为底物，底物通过酶的催化转化为其他产物，酶本身在反应过程中不被消耗，也不影响反应的化学平衡。酶和生命活动密切相关，几乎参与生物体内所有的化学反应以提高效率。可以说，没有酶的催化作用，也就没有机体的新陈代谢，生命也就不存在了。对于酶的认识，从一开始就是与人类的生产和生活实践密切相关的。在人类历史上，酶的应用已逾几千年，对于酶在食品中应用可追溯到距今 4 000 多年前我国的龙山文化时期。至今已广泛应用于食品、纺织、造纸、制药、发酵、医学、化学分析和临床诊断等各个领域。在果汁加工中，酶通常被用于提高果汁的出汁率、澄清果汁、脱除苦味物质、降低非酶褐变、测定有机酸以及增香作用。

4.1 酶及酶催化反应机理

4.1.1 酶的来源及种类

　　（1）酶的来源。所有的生物体中都含有许多种类的酶。食品加工以生物材料作为原料，因此，食品原料中自然含有数量众多的不同品种的酶。这些酶在原料的生长和成熟中起着重要的作用，即使在原料被采收后这些酶仍然起着作用，直到原料中酶的底物被耗尽或后期对原料的加工处理（加热和化学试剂等），导致酶变性时它们才不再起作用。酶在生物体内的分布是不均匀的。一种酶往往仅存在于生命体细胞中的一类细胞器中，因此，细胞中的每一类细胞器专门地执行有限种类的酶催化反应：如细胞核中含有的酶主要涉及核酸的生物合成和水解降解；线粒体中含有与氧化磷酸化和生成三磷酸腺苷有关的氧化还原酶；溶菌体和胰酶原颗粒主要含有水解酶。动物特定的器官中含有特定种类的酶：动物的肠胃道主要含有能分别水解 $\alpha-1$，4-葡萄糖苷类的碳水化合物、脂、蛋白质和核酸成为葡萄糖、甘油、脂肪酸、氨基酸、嘌呤和嘧啶的酶；α-淀粉酶水解（消化）淀粉和糖原从口腔开始而在小肠内完成；蛋白质的水解从胃部开始（依靠胃蛋白酶）而在小肠内完成（依靠由胰脏合成后分泌至小肠的胰蛋白酶、胰凝乳蛋白酶、羧肽酶 A 和 B、氨肽酶和二、三肽酶）；脂被胃脂酶和小肠脂酶水解，核酸在小肠中被核酸酶水解。植物的不同器官也含有不同的酶。例如，种子中含有相当数量的能水解淀粉和蛋白质的水解酶类，当种子发芽时为了满足子苗营养的需要，这些酶的数量会显著地增加。

（2）酶的种类。国际生物化学联合会按各种酶的催化反应类型，把酶分成六大类：氧化还原酶类、转移酶类、水解酶类、裂合酶类、异构酶类、合成酶类。见表 4-1。

①氧化还原酶是通过转移氢或电子，或者通过利用氧而氧化或还原底物的那些酶的统称。例如，苹果在擦伤后，将酶和底物分隔开的细胞结构解体，多酚氧化酶作用的一个底物 O_2 易于从大气穿透损坏的苹果皮层，导致多酚氧化酶活力的提高，在擦伤部位快速发生褐变，在细菌的作用下导致苹果腐坏。因此，在水果原料的保藏期间，应避免原料由于不适当的搬动、运输和保藏而受损，保持水果原料皮层的完整至关重要，完整的果皮往往能起到最好的防止褐变的作用。

②转移酶是从底物除去基团（不包括 H）和将基团从底物转移至受体分子（不包括水）的那些酶的统称。

③水解酶是促使水参与裂开底物的共价键，同时，水的元素加成至构成这些键的元素上去的那些酶的统称。

④裂合酶是从它们的底物除去基团（不是通过水解）并留下一个双键，或将基团加至双键上去的那些酶的统称。

⑤异构酶是促使底物异构化的那些酶的统称，如催化醛糖—酮糖相互转变的酶被称为"酮醇异构酶"，当异构化是一个基团在分子内转移，此时催化该反应的酶被称为"变位酶"，催化不对称基团转变的异构酶依据底物分子中含有一个或多于一个不对称中心而被称为外消旋酶或表异构酶。

⑥连接酶是催化两分子共价连接，同时在三磷酸腺苷中分裂一个焦磷酸键的那些酶的统称，这组酶以前被称为"合成酶"。

表 4 - 1　酶的种类及其催化反应类型

分类	常见酶	催化反应类型
氧化还原酶类	酚酶、脂肪氧合酶、过氧化物酶	氧化还原反应
转移酶类	转氨酶	基团转移、从一个分子到另一个分子
水解酶类	淀粉酶、蛋白酶、脂肪酶、纤维素酶、果胶酶	水解断裂
裂合酶类	醛缩酶、脱羧酶	向双键加入基团或其逆反应
异构酶类	葡萄糖磷酸异构酶	分子内重排、形成异构体
连接酶类	谷氨酰胺合成酶	通过与三磷酸腺苷裂解相偶联的缩合反应形成碳碳、碳硫、碳氧、碳氮单键

资料来源：参考文献 3

4.1.2　酶催化反应作用机理

　　酶作为蛋白质，其分子要比大多数底物大得多。因此，在酶催化反应过程中酶与底物的接触只限于酶分子上的少数基团或较小的部位，许多研究也支持这种看法。酶分子表面的、与催化活性直接有关的、具特定三维结构的小区域叫做酶的活性部位（或活性中心）。这个区域能专一地结合底物并催化底物生成产物。除活性部位外，对于维持酶的空间构象等必需的那些基团，也是保持酶的催化活性和稳定性所必要的。对所有这些残基的任何修饰或破坏，都会损伤或降低酶的活性。

　　关于酶促反应的作用机制，有一个重要的理论，就是酶—底物络合物（中间产物）学说。该学说认为：酶 E（Enzyme）在催化某一反应时，首先与底物 S（Substance）可逆地结合成一种酶底物络合物 ES。接着底物被激活，也即底物中的化学键被活化了，ES 变成 EP（激活状态）；然后 EP 再分解生成产物 P（Product），并释放出自由的酶 E（Enzyme）。整个过程可表示为：E + S→ES→EP→E + P，如图 4 - 1 所示。

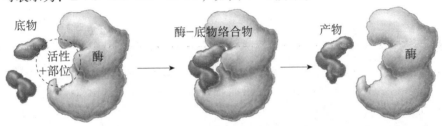

图 4 - 1　酶促反应作用机制

103

酶对底物的专一性很高，只能催化一定结构或与一些结构近似的化合物进行反应。因此，对于酶—底物络合物的形成先后出现两种学说：有的学者认为，底物的外形必须与酶的活性部位吻合，就像锁和钥匙的关系一样，提出"锁钥学说"；后来发现某些酶的活性部位并不是僵硬的结构，又有学者提出了"诱导契合"学说，该学说认为，酶的活性部位的结构有一定的可塑性，当底物分子和酶接近时，在其诱导下，酶活性部位上的有关基团达到正确的排列和定向，使其构象发生了有利于与底物结合的变化，于是酶和底物互补契合，结合成络合物，促使底物发生反应。如图4－2所示。

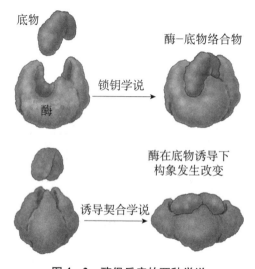

图4－2　酶促反应的两种学说

图片来源：2006 ASM Press and Sinauer Association Inc.

4.1.3　酶的特性

酶作为催化剂，除了具有一般化学催化剂的特性外，还有以下独特优点。

（1）催化效率高。由于酶催化所需的活化能极低，在某些环境中，其催化效率远远大于

化学催化剂，对同一反应，酶催化的反应速度比非生物催化剂高 $10^6 \sim 10^{13}$ 倍。例如：$1g\alpha$ -淀粉酶结晶可以在 $65℃$ 条件下，用短短 15min 使 2t 淀粉转化为糊精。

（2）专一性强。一般说来，一种酶只催化一种或一种类型的特定的生

化反应，这就是所谓酶的专一性，也是酶和一般无机催化剂的一个最大的不同之处。酶对作用底物有严格的专一性，因此，可以从组成成分复杂的原料中只加工某一种成分，以制取所需的产品。或者从某种物质中去除不需要的杂质而不影响该物质其他成分。例如，啤酒中的蛋白质可用蛋白酶去除，柑橘汁中的苦味成分（柚皮苷）可用柚皮苷酶分解而不影响制品风味。

（3）作用条件温和。酶所催化的反应（酶促反应），要求适合生物活动的比较温和的条件。酶可以在常温常压和温和的酸碱度下，高效地进行催化反应，有利于简化设备，改善劳动条件和降低生产成本。例如，用酸作催化剂催化淀粉水解成葡萄糖，需要在 0.25 ~ 0.3MPa 的蒸汽压力和 135 ~ 145℃ 的高温下才能进行。而 α - 淀粉酶在 pH 值 6.0 ~ 6.5、85 ~ 93℃ 条件下便可把淀粉水解成糊精再用糖化酶在 pH 值 4.5 ~ 4.0、55 ~ 65℃ 下便可把糊精水解生成葡萄糖，所以，酶法生产不需耐酸耐压设备及高温高压的反应条件。

（4）酶本身也要进行新陈代谢，其合成量和催化活性都受细胞和生物体的调节控制。

4.1.4　影响酶催化反应的因素

（1）底物浓度。酶解速度与作用底物浓度的关系一般符合下列模式：在低的底物浓度下，底物浓度增加 1 倍，将导致起始速度也增加 1 倍；当底物浓度较高达到使酶饱和的状态下，进一步增加底物浓度只引起起始速度的微小变化。这是因为在有效的饱和底物浓度下，所有酶分子都已有效地与作用底物结合，若进一步加入底物对酶解速度也将不发生影响。

（2）酶浓度。在底物浓度饱和的情况下（即所有分子都与作用底物结合），酶浓度的加倍将导致起始速度的加倍。

（3）温度。温度对于酶促反应速度的影响有两个方面：一方面，当温度升高时，反应速度加快，一般每升高 10℃，酶反应速度增加 1 ~ 2 倍。另一方面，随温度升高，酶也逐步变性失活。

（4）pH 值。酶是两性化合物，其上分布着许多羟基和氨基等酸性碱性基团。在一定的 pH 值下，酶的反应速度可达到最大值，这一 pH 值通常称为该酶作用的最适 pH 值，高于或低于这一 pH 值，酶促反应的速度都会降低。

（5）激活剂和抑制剂。凡能增加酶促反应速度的物质都称为激活剂，如 Ca^{2+} 是 α-淀粉酶的激活剂。凡能与酶的活性部位结合，引起酶促反应速度下降的物质都称为抑制剂。酶最重要的性质是它的催化能力，通常称为活力，活力不能测定，因活力消失后酶的化学组成和原先一样，不发生变化。

表示酶活力的方法，用"活力单位"表示。酶制剂中含酶量，即用单位时间内底物的减少或产物的增加量来表示。表征酶的活力常用两种单位，即国际单位（IU）和"开特"（Kat）。国际单位（IU）由 1961 年国际生物化学与分子生物化学联合会发布：在特定条件下（温度可采用 25℃，pH 值等条件均采用最适条件），每 1min 催化 1μmol 的底物转化为产物的酶量定义为 1 个酶活力单位；"开特"（Kat）是指在特定条件下，每 1s 催化 1mol 的底物转化为产物的酶量为 1 "开特"（Kat）。

因此，上述两种酶活力单位之间存在如下的换算关系，即：

$$1\ Kat = 1mol/s = 60mol/min = 60 \times 10^6 \mu mol/min = 60 \times 10^7 IU$$

此外，为了比较酶制剂的纯度和活力的高低，常常采用比活力这个概念。比活力是指在特定条件下，单位质量（mg）的酶所具有的酶活力单位。

$$1\ 酶比活力 = 1\ 酶活力单位/mg\ 酶$$

在酶的纯化过程中，酶的比活力增高；当酶提纯时，其比活力值成为极大和恒定。

4.2　工业酶制剂发展概述

4.2.1　工业酶制剂的概念

酶制剂是通过采取适当的理化方法，将酶从细胞或生物组织以及发酵液中提取出来，加工成具有一定纯度标准的、具有酶的特性的生化制品。换言之，将酶加工成不同纯度和剂型（包括固定化酶和固定化细胞）的生物制剂即为酶制剂。动、植物和微生物产生的许多酶都能制成酶制剂。以往大多从动物脏器及植物种子等组织中提取，但现在工业上大规模应用的酶几乎都是通过微生物发酵法制取的。

4.2.2 工业酶制剂发展概述

自古以来，酶和食品就有着天然的联系，人们在生产各种食品时，有意无意就利用酶。自从 1906 年人类发现了用于液化淀粉生产乙醇的细菌淀粉酶以来，经过几十年的发展，酶制剂已经广泛地应用于食品加工、纺织、洗涤剂、饲料、医药等行业，给这些行业带来了新的生机和活力。近年来随着酶技术的发展，酶技术在食品工业中得到了更加广泛地应用。酶在果汁生产中的应用也非常普遍，由于水果中含有大量的果胶、纤维素、淀粉、半纤维素等物质，果汁在加工过程中存在黏度高、压榨率低、出汁率低，易浑浊、易褐变、特有香气成分易流失、苦味难去除等问题。早在 20 世纪 30 年代，酶制剂因能解决上述部分问题就已被应用在果汁加工中。酶在果汁加工中的大规模应用始于 20 世纪 80 年代初，丹麦诺维信生物公司率先开发生产出果浆酶，并将酶处理工艺应用于果汁加工中的破碎工序，形成了所谓的"最佳酶解工艺"，此后各主要发达国家均投入到了相关领域的研究，并取得了令人瞩目的成果。至 20 世纪 80 年代末，就已经开发出多种蛋白酶、脂肪酶。到目前为止，国际上工业用酶超过 50 多种。酶制剂主要用于果汁、啤酒、葡萄酒、乳制品、甜味剂、淀粉加工、糖果、面包等的生产。DNA 重组技术在酶工业的运用，更极大促进了酶工业的发展，已有多个国家实现了 β-淀粉酶的克隆化。日本经过质粒重组的嗜热芽孢杆菌蛋白酶，其活力为原菌酶活力的 18 倍。利用 DNA 重组技术，使葡萄糖异构酶和木糖异构酶的活力提高了 5 倍。

我国的酶制剂工业起步于 1965 年，经过半个多世纪的迅猛发展，工业酶制剂及相关产业已成为当今我国最大的非医药生物技术应用领域之一。酶制剂企业也由刚开始的只重视生产开发的模式逐渐向生产和应用双向开发的模式转变。进入 21 世纪后，基因工程、蛋白质工程与生化工程的迅速发展为酶制剂工业的生产、应用和技术开发提供了技术支持，我国的酶制剂在产量、质量、品种和生产技术等方面都有了极大的提高，大大缩小了与发达国家的差距。1965 年我国生产的酶制剂只有中温淀粉酶 1 个品种，1977 年有 3 个酶系，以淀粉酶、蛋白酶、脂肪酶三大酶系为主，具体品种有糖化酶、7658 中温淀粉酶、1398 蛋白酶、209 蛋白酶、166 蛋白酶、394 蛋白酶、3350 酸性蛋白酶、289 蛋白酶、中性脂肪酶、固定化葡萄糖异构酶、果胶酶等。1979 年中国科学院微生物研究所成功研制出 UV-Ⅱ糖化酶新菌种，发酵酶活可达4 000U/ml以上。"八五"期间又与国外公司合作生产了耐高温淀粉酶、高转化率糖化酶，使我国糖化酶和高温淀粉酶的发酵水平接近了发达国家的水平。此后，又增加了β-葡聚糖酶、异淀粉酶、碱性脂肪酶、啤酒用复合酶、纤维素酶、α-乙酰乳酸脱羧酶、葡萄糖氧化酶以及饲料用复合酶等品种。随着近两年酶制剂在纺织行业和饲料行业的应用开发，果胶酶、木聚糖酶、植酸酶、甘露聚糖酶等新酶种相继开始工业化生产。目前，国内已能生产20多个品种的酶制剂。随着国内酶制剂产业的快速发展，结合基因工程等新技术的应用，国内研发的酶制剂在催化能力、稳定等质量指标得到提升的基础上产量明显提高，价格逐渐趋于合理，因此，具有催化效率高、反应专一、反应条件温和、能耗低、无污染等特点的酶，在果汁加工中的应用也越来越广泛。

4.3　水果原料细胞壁结构及主要成分

果汁加工的目的是将水果原料嫩软组织中所有的物质充分提取出来，而这些物质通常被一层坚硬的细胞壁所包围。因此，充分提取的前提无疑是使组织柔化、使细胞破壁。故对细胞壁结构及主要成分的了解，有助于果汁加工中酶制剂的合理选择与使用。

4.3.1　细胞壁的结构

植物细胞壁是具有一定弹性和硬度、存在于细胞质外并界定细胞形状的复杂结构。通常成熟的植物细胞壁分为3层，如图4-3所示，包括初生壁和次生壁和中胶层（又称胞间层），相邻的两个细胞的初生壁之间为中层即胞间层。

初生壁是细胞壁结构的主要部分，它对细胞壁的强度起到至关重要的作用。初生壁主要由原果胶、纤维素、半纤维素、木质素及其他多糖组成。其中，纤维素约占多糖总量的一半，是初生壁的基本结构成分，纤维素主要以微晶纤维束形式存在，内含木质素。许多短分子链的纤维素分子平行排列构成了细胞壁的网络骨架，果胶与半纤维素形成的无定形胶体基质存在其间。根据它们的多糖组分构成，初生壁通常可分为Ⅰ型和Ⅱ型。Ⅰ型细胞壁主要存在于双子叶植物和非鸭拓草属单子叶植物，除纤维素外，它主要含木葡聚糖作为主要的半纤维素和大量的果胶多糖；Ⅱ型细胞

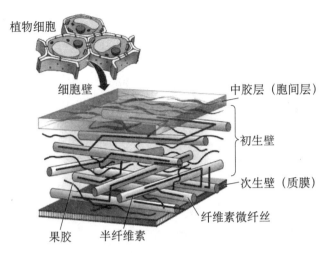

 图中标注：植物细胞、细胞壁、果胶、半纤维素、中胶层（胞间层）、初生壁、次生壁（质膜）、纤维素微纤丝

图4-3 植物细胞壁

壁则主要存在于禾本科植物例如草，所含半纤维素主要为阿拉伯木聚糖，Ⅱ型细胞壁中的纤维素含量更高而果胶和蛋白质含量较低。水果作为双子叶植物初生壁类型为Ⅰ型。

次生壁在细胞伸展结束后形成，一般比初生壁薄且仅有几层。次生壁纤维素、木质素含量较高，很少有果胶物质存在，约含1/2纤维素和1/4木质素。由于次生壁中水被木质素替代，故次生壁比较坚硬，几乎不能被溶剂和酶穿透，使细胞壁具有较大的机械强度和塑性。并非所有细胞都有次生壁。

胞间层中的胞间物质在各个细胞中起到了粘连细胞的作用，主要由可溶性果胶构成，而可溶性果胶存在于一个由不同半纤维素（木聚糖、木糖葡聚糖、阿拉伯聚糖、阿拉伯半乳聚糖等）构成的凝胶网状结构中，中层的果胶含鼠李糖残基较少，侧链少而短，但酯化程度较高。

4.3.2 果胶物质结构及其多糖组分

果胶类物质是由不同酯化度的 α-D-吡喃半乳糖醛酸以 α-1,4糖苷键连接而成的链状多糖类高分子聚合物，半乳糖醛酸将近占果胶总量的70%，通常还含有4%~16%的中性糖，除鼠李糖以外，主要还有阿拉伯糖（arabinose）、半乳糖（galactose）、木糖（xylose）和葡萄糖（glucose），它们共同构成鼠李半乳糖醛酸聚糖的侧链，常含4~10个糖残基。其基本结构单元如图4-4。通常果胶以部分甲酯化状态存在，分子式为 C_{14n+14}

$H_{200n+22}O_{12n+13}$（n = 30～300），分子量为 50 000～300 000。

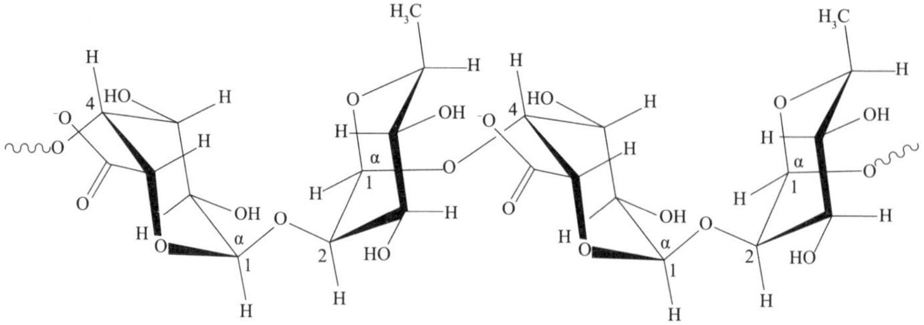

图 4 - 4　果胶分子的基本结构单元

果胶分子的结构因植物的种类、组织部位、生长条件等的不同而不同，总体可分为无分枝的光滑区（smooth region）和有分枝的毛发区（hairy region）两部分：光滑区由 α - D 半乳糖醛酸残基通过 α - 1, 4 糖苷键线形连接；毛发区引起含有众多侧链而得名，由高度分支的 α - L - 鼠李半乳糖醛酸聚糖〔由于构成糖及其结合样式的不同又可分为鼠李半乳糖醛酸聚糖 I（RG - I）和鼠李半乳糖醛酸聚糖 II（RG - II）〕与阿拉伯聚糖组成。半乳糖醛酸上的羧基被不同程度酯化成羧甲基，其余游离的残基部分则以游离酸形式存在，或者以 K^+、Na^+、Ca^{2+} 盐等形式存在，此外习惯上把半乳糖醛酸富集的区域叫做同型半乳糖醛酸聚糖（HG），故整体主要由 HG，RG - I 和 RG - II 3 个结构区域构成，其中，RG - II 常以二聚体的形式存在。

（1）同型半乳糖醛酸聚糖（HG）。同型半乳糖醛酸聚糖（HG）是最主要的果胶多糖，含量占果胶的 60% 以上，不同植物间有所不同，橘皮和甜菜渣中较多，土豆和番茄中较少。部分半乳糖醛酸残基在 C - 6 位置可被甲酯化，O - 2 和 O - 3 位置可被乙酰化，其方式和程度在不同来源的果胶中有所不同。当半乳糖醛酸残基中未甲基化的羧基个数连续超过 10h，两个果胶分子链的羧基通过与 Ca^{2+} 离子桥联而形成稳定的凝胶体系。

（2）鼠李半乳糖醛酸聚糖 I（RG - I）。鼠李半乳糖醛酸聚糖 I 是细胞壁果胶多糖，占果胶总量的 20%～35%，从细胞壁中提取得到的 RG - I 约 1/2 的鼠李糖残基的 C - 4 位置被阿拉伯聚糖、半乳聚糖和阿拉伯半乳聚糖所取代。阿拉伯聚糖是由阿拉伯糖以 α -（1, 5）- 糖苷键连接构成的主链。不同植物细胞壁中提取得到的阿拉伯聚糖取代基有所不同，一般以 α - 1, 3 - 或者 α - 1, 2 - 糖苷键连接的阿拉伯糖或者阿拉伯聚糖作为末端。此外半乳糖和低聚半乳糖有时也以 $\alpha-1,3-$ 糖苷键与阿拉伯聚糖连接，RG－Ⅰ多糖中的半乳聚糖可分为三类：半乳聚糖、Type－Ⅰ阿拉伯半乳聚糖和 Type－Ⅱ阿拉伯半乳聚糖。半乳聚糖一般是 $\beta-1,4$ 连接的，半乳糖残基数可达 $43\sim47$。Type－Ⅰ阿拉伯半乳聚糖是由 D－半乳糖以 $\beta-1,4-$ 糖苷键连接而成的多糖，含以 $\alpha-1,3-$ 糖苷键连接的一个或者多个阿拉伯吡喃糖取代基或者被阿拉伯吡喃糖终止，同时还有 $\alpha-1,5-$ 糖苷键连接的阿拉伯糖残基。Type－Ⅱ阿拉伯半乳聚糖是由 D－半乳糖以 $\beta-1,3-$ 糖苷键连接而成的多糖，且含以 $\beta-1,6-$ 糖苷键连接的半乳单糖、二糖或者三糖，此外部分链由 $\beta-$ 阿拉伯吡喃糖残基终止。

（3）鼠李半乳糖醛酸聚糖Ⅱ（RG－Ⅱ）。鼠李半乳糖醛酸聚糖Ⅱ作为最为复杂的果胶在植物细胞壁中普遍存在。RG－Ⅱ被认为是 HG 基本骨架的延伸，主要的结构是 $7\sim9$ 个半乳糖醛酸残基构成的主链和 4 条非常复杂的侧链，标记为A～D。这些侧链由 12 种糖［阿拉伯糖、半乳糖、鼠李糖、甘露糖、海藻糖和稀少糖（如芹菜糖和槭汁酸）］，超过 20 种化学键连接而成。在植物中，RG－Ⅱ常以侧链上的芹菜糖为介质通过硼酸乙酯化连接的二聚体形式存在，一般连接的是侧链 A 之间的芹菜糖，主要原因可能是 A 链在溶液中最为稳定，而 B 链则是动态变化的。A 链的稳定性提供了硼酸的结合区域，同时它对促进 RG－Ⅱ二聚体的稳定性有积极的作用。

果胶类物质按其存在形式可分水不溶性的原果胶（propectin，与初生壁的纤维素结合）和水溶性的果胶（pectin），后者包括果胶酸（pectic acid，基本上没有甲基化）和果胶酯酸（pectinic acid，甲基化程度较高）。这 3 种形式的果胶类物质在果实生长发育过程中含量不断变化。果胶酸与金属离子结合即成果胶酸盐（pectate）。按甲基化的程度（所谓酯化度是指酯化的半乳糖醛酸基与总的半乳糖醛酸基的比值）可分为两大类：高酯果胶（高甲氧基果胶，High methoxyl pectin，HMP，甲氧基含量大于 7%，即酯化度大于 50%）和低酯果胶（低甲氧基果胶，Low methoxyl pectin，LMP，甲氧基含量小于 7%，即酯化度小于 50%），后者包括酰胺果胶（Amidated pectin，AP）。

4.3.3　纤维素物质结构及其多糖组分

纤维素是构成植物细胞初生壁和次生壁的主要成分，并占初生壁干重的20%，由于纤维素链分子间氢键、分子内氢键和范德华力等，纤维素链易于结晶和形成原纤结构，纤维素的刚性结构是细胞形状、强度和刚性的基础。构成纤维素大分子的基本结构单元是纤维二糖，如图4-5，是由D-吡喃葡萄糖环彼此以 β-1，4-糖苷键连接而成的线形高分子聚合物。纤维素分子式可用（$C_6H_{10}O_5$）$_n$来表示。其中，n 代表结晶度（结晶度有时也经常用英文缩写 DP 来表示）。所谓结晶度，是指纤维素的结晶区占结晶区和无定形区总和的百分比例。纤维素大分子内部有结晶区和非结晶区两个区域，结晶区的分子按照一定的规则排列，无定形区的分子排列则没有规则，是相互交错的。结晶区和非结晶区之间没有明显的界线，是逐步过渡的，整个纤维素分子链是由若干个结晶区和无定形区构成的。无定形区的纤维素容易水解，而结晶区的纤维素水解比较困难；因此结晶区的存在严重影响了它的水解性能。结晶区的大小通常用结晶度的大小来衡量。

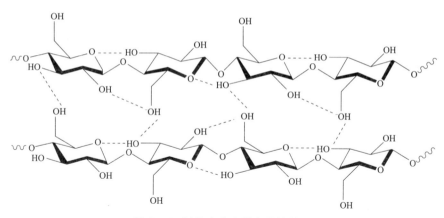

图4-5　纤维素分子基本结构单元

与其他一些高聚物相比，纤维素的重复单元简单且单一，分子表面比较平整，在长度方向比较容易伸展。同时，葡萄糖环上存在反应性很强的侧基，有利于形成分子内及分子间的氢键，从而使得带状的、具有刚性的分子链很容易聚集在一起，形成多种纤维素结晶变体。依据原纤聚集的大小不同，可以细分为基元纤丝（elementary fibril）、微纤丝（microfibril）和宏纤丝（macrofibril）。初生壁的纤维素链分子量比次生壁的小，含量也低于后者。纤维素链可以平行（Type Ⅰ）或者反平行（Type Ⅱ）方式排列，其中仅 Type I 在植物中天然存在；然而，强碱等苛刻的提取条件处理可能导致 Type Ⅱ 存在。

4.3.4　半纤维素结构及多糖组分

半纤维素也被称为中性果胶质，与纤维素不同，它的结构是不确定的。不同植物中半纤维素的结构不尽相同，不同的细胞壁层面上的半纤维素的结构也有所差异。因此，半纤维素的结构要比纤维素的结构复杂很多。

半纤维素是一类由不同的糖基组成的非均一多糖的总称，由 β-1，4连接的吡喃环糖残基构成，在平伏位置为相同的 O-4 糖苷键，是一种由不同类型单糖组成的杂多糖。与纤维素分子链相比，半纤维素的分子链不仅短很多，而且含有支链。根据主链是否由一种糖单元构成，可以将半纤维素分为均聚糖和非均聚糖两种。其中，均聚糖的主链由一种糖单元构成，而非均聚糖的主链由两种或者两种以上的糖单元构成糖元组成，糖元之间的连接方式都不尽相同。一般而言，构成半纤维素的单体主要有：D-木糖 （D-xylose）、L-阿拉伯糖 （L-arabinose）、D-岩藻糖 （L-fueose）、D-甘露糖 （D-mannose）、L-鼠李糖 （L-rhamnose）、D-葡萄糖 （D-glucose）、D-葡萄糖醛酸 （D-glueuronieacid）、D-半乳糖 （D-galactose）、4-O-甲基-D-葡萄糖醛酸 （4-O-methyl-D-glueuromeacid） 和 D-半乳糖醛酸 （D-galacturoneeacid）。这些特征与纤维素的结构相似，使得半纤维素易于和纤维素链形成氢键，使纤维素和半纤维素交织在一起。

（1）木聚糖。木聚糖是由 D-吡喃木糖残基以 β-1，4-糖苷键连接构成的高分子聚合物。主链上的取代基有阿拉伯糖、葡萄糖醛酸和其他短链残基等，因此，木聚糖可能以同形木聚糖、阿拉伯木聚糖、葡萄糖醛酸阿拉伯木聚糖或者葡萄糖醛酸木聚糖等形式存在。

（2）半乳甘露聚糖。半乳甘露聚糖是由 D-吡喃甘露糖残基以 β-1，4-糖苷键连接构成的直链，主链上有以 β-1，6-糖苷键连接的半乳糖残基，包括了半乳葡甘露聚糖与半乳甘露聚糖。两者主要差别就是前者的主链上有葡萄糖残基。此外半乳葡甘露聚糖中部分甘露糖的 C-2 或 C-3 位被乙酰基取代。两者都是细胞壁的重要组分以及储备多糖的重要来源。

（3）木葡聚糖。在双子叶初生壁中木葡聚糖是最主要的半纤维素组分，分别占被子植物和裸子植物悬浮培养的细胞壁的 21% 和 10%。木葡聚糖和纤维素一样也是由 D-吡喃葡萄糖残基以 β-1，4-糖苷键连接构成主链，其差别在于前者主链上约 75% 的葡萄糖残基在 O-6 位置被 α-D-吡喃木糖所取代。此外主链上部分葡萄糖残基易被乙酰化取代，侧链还有有半乳糖、岩藻糖、阿魏酸和阿拉伯糖等残基。在植物细胞壁鉴定得到了两种主要的木葡聚糖位：XXXG 型木葡聚糖和 XXGG 型木葡聚糖。XXXG 型木葡聚糖的重复单元为 4 个 β-1，4 连接的吡喃葡萄糖残基，前 3 个残基在 O-6 位置被吡喃木糖所取代，最后一个为未取代的吡喃葡萄糖残基。XXGG 型木葡聚糖的重复单元同样为 4 个 β-1，4 连接的吡喃葡萄糖残基，前两个残基在 O-6 位置被吡喃木糖所取代，后两个为未取代的吡喃葡萄糖残基。

4.3.5　木质素

木质素和半纤维素、果胶等其他物质一起作为细胞基质填充在细胞壁的纤维束之间，使细胞壁发生木质化，不仅有利于细胞壁的稳固，而且可以保护细胞壁使其免受微生物的攻击，并增加茎干的抗压强度。同时，木质素在相邻细胞之间的黏结上也发挥着非常重要的作用。

木质素的化学结构比较复杂，是由对香豆醇、松柏醇、5-羟基松柏醇以及芥子醇 4 种醇单体脱氢聚合而形成的一种结构复杂的酚类聚合物，既有酚的特征，又有糖的特征。它不能被微生物发酵然后进一步生产乙醇，但是可以被白腐菌等真菌降解。

4.4　果汁加工用酶制剂及其作用机制

通过本章 4.3 部分可知，成熟的细胞壁主要是由纤维素、半纤维素、果胶等物质组成。传统的组织软化方法如采用蒸煮、酸碱处理等，一方面细胞内容物不能被充分提取，也会造成营养物质的损失，使果汁色香味发生变化；另一方面可溶性的果胶、蛋白质等易造成果汁后浑浊，对后续工序造成困难。

如果采用果胶酶、纤维素酶、半纤维素酶、木聚糖酶等酶制剂来处理水果原料，则可在极温和条件下使组织柔化，使细胞破壁，将有效物质充分提取出来，同时大大地降低提取液的黏度，而黏度的降低，可使生产中的压榨或浸提效率成倍提高，也相应降低生产成本，明显地提高生产效率和产品质量。

目前，在果汁生产中应用的酶制剂主要包括果胶酶、纤维素酶、淀粉酶、漆酶、葡萄糖氧化酶、柚苷酶等，这些酶制剂的组成、作用和主要用途见表 4 - 2。

表 4 - 2　果汁加工常用酶制剂的组成及其作用

酶种类	组成	作用与用途
果胶酶	果胶酯酶、原果胶酶、聚半乳糖醛酸酶、果胶裂解酶、果胶酸裂解酶	分解细胞壁中的果胶物质，克服压榨困难，提高果汁出汁率，利于沉淀的分离
纤维素酶	内切葡聚糖酶、外切纤维二糖水解酶、β-葡萄糖苷酶	降解纤维素、提高细胞壁通透性释放细胞内容物，提高果汁出汁率
淀粉酶	α-淀粉酶、β-淀粉酶、异构淀粉酶	水解淀粉，避免果汁浑浊
漆酶		氧化多酚类物质，防止果汁褐变，保持果汁色泽，避免二次沉淀
葡萄糖氧化酶		利用分子氧或原子氧氧化葡萄糖，保持果汁色泽
柚苷酶	α-鼠李糖苷酶、β-葡萄糖苷酶	水解柚皮苷，主要用于柑橘类果汁脱苦

注：资料来源，参考文献 3

4.4.1　果胶酶

（1）果胶酶的来源。果胶酶是分解果胶质的多种酶的总称，是一种在食品工业上广泛使用的酶。果胶酶广泛存在于植物、动物和微生物中。果蔬组织中的果胶酶称内源性果胶酶（endogenous pectic enzymes），在植物的成熟、采后生理变化，储运加工中扮演重要角色。但植物天然来源的果胶酶产量低且提取困难，不能满足生产和实验的需要，而微生物因具有生长速度快、生长条件简单、代谢过程特殊和分布广等特点而成为果胶酶的重要来源。目前，国内外研究和应用较多的果胶酶产生菌是细菌和霉菌，也有链霉菌产生果胶酶的报道。在细菌中，欧文氏杆菌（*Erwinia* sp.）、芽孢杆菌（*Bacillus* sp.）、节杆菌（*Arthrobacter* sp.）和假单胞杆菌（*Pseodomonas* sp.）都能产生果胶酶。已见报道的产果胶酶的霉菌种类大约包括 20 个属，如曲霉属（*Aspergillus* sp.）、灰霉菌属（*Botrytis* sp.）、镰孢菌属（*Fusarium* sp.）、炭疽菌属（*Colletotrichum* sp.）、核盘菌属（*Scletorium* sp.）和玉圆斑菌属（*Cochliobolus* sp.）等。目前，黑曲霉、根霉和盾壳霉作为产果胶酶的菌株已经商品化。这类果胶酶称为外源性果胶酶（exogenous pectic enzymes），作为加工辅助剂（processing aids）添加到果浆或果汁原料中。国内外对霉菌发酵产果胶酶的研究主要集中在曲霉属中，而曲霉属中研究最多的是黑曲霉。其原因是，果胶酶被广泛应用于食品工业中，如用于果汁、果酒及中药营养液的深加工等，使得产品质量和外观得以改善，而生产食品酶制剂的菌株必须是安全菌株。黑曲霉（*Aspergillus niger*）属于公认安全级（GRAS, General Regarded As Safe），且其代谢产物也是安全的，因此目前市售的食品级果胶酶主要来源于黑曲霉，其最适 pH 值一般在酸性范围，分泌的胞外酶系较全，不仅可以产生大量果胶酶，而且黑曲霉属于安全菌株。另外，一些源于细菌杆菌属的碱性果胶酶日益受到重视，随着分子生物学技术的不断提高，也可利用基因克隆技术实现果胶酶在其他微生物宿主中的表达。

果胶酶是应用于果蔬汁生产中最主要的酶类，它能较大幅度地提高果蔬品种的出汁率，改善其过滤速度和保证产品贮存稳定性等。

（2）果胶酶的分类。按不同的标准对果胶酶有不同的划分方法。通常情况下，可根据以下标准对果胶酶进行分类：①果胶、果胶酸、原果胶是否为其优先底物；②底物是被反式消去作用还是水解；③切割方式是随意的（内切酶）还是发生在末端方向的（外切酶）。

美国果胶术语制定委员会按照作用底物的不同将果胶酶（Pectic enyme）分为 3 类：原果胶酶（Protropectinase）、果胶酯酶（Pectinestersase）、果胶酶（Pectinase）。由于果胶类物质本身成分就比较复杂，此种分类方法不能很好地反映各种酶在酶解过程中的作用。通常所说的果胶酶是指分解果胶的多种酶的总称，按其对果胶底物的作用方式可以分为以下几类，见表 4 - 3。

表 4 - 3　果胶酶的类型及作用方式

机理	酶的类型	分类	作用方式
水解断开甲酯键	果胶甲酯水解酶（PE）	—	随机切除甲酯化果胶中的甲基，产生甲醇和游离羧基
水解断开糖苷键	聚甲基半乳糖醛酸酶（PMG）	内聚甲基半乳糖醛酸酶（endo PMG）	随机切开高酯化果胶中 α - （1，4）糖苷键
		外聚甲基半乳糖醛酸酶（exo PMG）	从非还原末端依次切开高酯化果胶中 α - （1，4）糖苷键
	聚半乳糖醛酸酶（PG）	内聚半乳糖醛酸酶（endo PG）	从分子内部无规则地截断 α - （1，4）键，生成半乳糖醛酸，黏度下降不明显
		外聚半乳糖醛酸酶（exo PG）	从分子末端逐个切断 α - （1，4）键，生成半乳糖醛酸，黏度下降不明显

机理	酶的类型	分类	作用方式
反式消去作用断开糖苷键	聚甲基半乳糖醛酸裂解酶（PMGL）	内聚甲基半乳糖醛酸裂解酶（endo PMGL）	随机切开高酯化果胶中 α-（1, 4）糖苷键
		外聚甲基半乳糖醛酸裂解酶（exo PMGL）	从非还原末端依次切开高酯化果胶中 α-（1, 4）糖苷键
	聚半乳糖醛酸裂解酶（PGL）	内聚半乳糖醛酸裂解酶（endo PGL）	随机切开果胶中 α-（1, 4）糖苷键
		外聚半乳糖醛酸裂解酶（exo PGL）	从非还原末端依次切开果胶中α-（1, 4）糖苷键

注：资料来源，参考文献 9

（3）原果胶酶。原果胶酶是使原果胶水解形成水溶性果胶或果胶酯酸的酶。原果胶酶将不溶性的原果胶水解为水溶性果胶，根据其作用方式不同又可分为外切酶和内切酶。许多微生物都能产生使果胶溶解的原果胶酶，其能从植物组织中使原果胶释放出可溶性的果胶物质。一般根据原果胶酶的作用机理，将其分为 2 种类型：A 型原果胶酶和 B 型原果胶酶。A 型原果胶酶主要作用于原果胶的光滑区（smooth region），也就是多聚半乳糖醛酸的区域；B 型原果胶酶主要作用于毛发区（hairy region），也就是连接聚半乳糖醛酸链和细胞壁组分的多糖链。A 型原果胶酶主要来源于酵母及酵母状真菌的发酵液中。研究人员已经从 *Kluyveromy cesfragilis* IFO0288、*Galactomyces reesei* L. 和 *Trichosporon penicilla-tum* SNO3 中分离出了原果胶酶，依次称为原果胶酶-F、-L 和-S（PPase-F，-L，-S），另外从 Bacillus subtilis IFO12113，*B. subtilis* IFO3134 和 *Tramete* sp. 菌株中分离出了 B-型原果胶酶，依次称为原果胶酶-B、-C 和-T（PPase-B，-C，-T）。

（4）果胶水解解聚酶。果胶水解解聚酶（depolymerizing enzymes）：是在有水参加反应的情况下促进果胶大分子链水解的一类酶，用于断开果胶物质中部分 D-半乳糖醛酸的 α-1, 4-糖苷键。水解解聚酶可分为：聚半乳糖醛酸酶（PG）、聚甲基半乳糖醛酸酶（PMG）、鼠李聚半乳糖醛酸酶（RHG）、阿拉伯聚糖酶、半乳聚糖酶、木糖基半乳糖醛酸酶等。果胶水解解聚酶属于糖苷酶家族 28。其中，聚甲基半乳糖醛酸酶（PMG）和聚半乳糖醛酸酶（PG）两者对果胶甲基化的敏感程度区别较大，属于降解果胶"光滑区"的酶，鼠李聚半乳糖醛酸酶（RHG）是降解果胶"毛发区"的酶。

①聚半乳糖醛酸酶（polygalacturonase，PG）。由于人们对 PG 的认识最早、应用最广泛，因此早先常被称为果胶酶（pectinase），为避免出现概念混淆，国际上常用 Pectolytic Enzyme 来代替 Pectinase。PG 水解 D－半乳糖醛酸的 α－1，4 糖苷键，对果胶的水解速度及程度随果胶酸酯化程度的增加而降低。分为外切酶（exo-PG）和内切酶（endo-PG）：外切酶（EC3.2.1.67）从聚半乳糖醛酸链的非还原端切除 1~2 个半乳糖醛酸残基，逐个释放出半乳糖醛酸单位。内切酶作用于聚半乳糖醛酸时，随机水解其中的半乳糖醛酸单位，内切酶（EC3.2.1.15）只能裂开和游离羧基相邻的糖苷链，能迅速降低底物的黏度，但还原力增加不大，其最佳的作用底物是果胶酸，但也能降解具一定甲酯化的果胶，水解的速度和程度随底物的酯化程度（DE）增加而迅速下降，不能裂解 DE 值大于 75% 的果胶，其最终产物是单半乳糖醛酸、二半乳糖醛酸和三半乳糖醛酸。它水解聚半乳糖醛酸时，聚半乳糖醛酸酶的活力可以通过测定反应中还原能力的增加或者底物溶液黏度的降低来确定。

②聚半乳糖醛酸甲酯水解酶（PMG）。PMG 水解甲酯化程度高的果胶分子的 α－1，4－糖苷键，也分为内切型和外切型，内切酶随机切断高酯化果胶分子的 α－1，4 糖苷键；外切型从非还原末端依次切开高酯化果胶分子的 α－1，4 糖苷键。

③鼠李聚半乳糖醛酸酶（RHG）。可分为作用于非还原末端为半乳糖醛酸残基的鼠李聚半乳糖醛酸水解酶和非还原末端为鼠李糖残基的鼠李聚半乳糖醛酸水解酶，前者作用于鼠李半乳糖醛酸聚糖后生成半乳糖醛酸，而后者主要作用于鼠李糖和半乳糖醛酸之间的 α－1，4－糖苷键生成鼠李糖。鼠李聚半乳糖醛酸裂解酶主要作用于非还原末端鼠李糖和半乳糖醛酸之间的 α－1，4－糖苷键，同样水解释放鼠李糖，与果胶酸裂解酶和果胶裂解酶一样，它也通过 β－消除反应作用于底物，在新形成的非还原末端的 C－4 和 C－5 原子间形成一个不饱和键。

（5）果胶消去裂解酶（反式消去酶）。是通过 β－消除反应作用于底物，反式消去作用裂解果胶聚合体的一种果胶酶，断开果胶物质中部分 D－半乳糖醛酸（C－4 位置的）α－1，4－糖苷键，同时从 C－5 处消去一个 H 原子从而产生一个不饱和产物。消去裂解酶也分为两类：果胶裂解酶和果胶酸裂解酶。两者的区别在于在水解底物时前者是不需要 Ca^{2+}，而后者是需要 Ca^{2+} 的。同时前者对高甲基化底物的水解活性更大。果胶消去解聚酶属于降解果胶"光滑区"的酶。

①果胶酸裂解酶。果胶酸裂解酶也称聚半乳糖醛酸裂解酶（Polygalact-monase lyase，PGL），作用底物为果胶酸，能直接裂解高度酯化的果胶酸（聚半乳糖醛酸），使其黏度迅速下降。包括内切酶（endo-PGL）与外切酶（exo-PGL），内切果胶酸裂解酶以随机方式裂解高酯化度的果胶链，而外切果胶酸裂解酶由链的非还原性末端释放出半乳糖醛酸二聚体。果胶酸裂解酶只能裂解贴近游离羧基的糖苷键，裂解反应遵循 β－消去除机制。从细菌中分离得到的内切果胶酸裂解酶的最佳底物不是果胶酸而是低甲氧基果胶。大多数内切果胶酸裂解酶能降解三聚半乳糖醛酸和不饱和的四聚半乳糖醛酸。外切果胶酸裂解酶由非还原性末端将半乳糖醛酸二聚体裂解下来，只能裂解与游离羧基相邻的糖苷键，最佳底物是果胶酸，它能降解的最小的寡聚体是二聚体。一些植物软腐病菌、食品腐败菌以及霉菌均能产生外切聚半乳糖醛酸酶。其最适 pH 值为 $8 \sim 9.5$，Ca^{2+} 对于果胶酸裂解酶的裂解作用是必需的。

②果胶裂解酶。果胶裂解酶也称聚甲基半乳糖醛酸裂解酶（Polymethylgalacturonase lyase，PMGL），只有与甲酯基相邻近的糖苷键才能被果胶裂解酶以 β－消除机制裂解。包括内切酶（endo-PMGL）与外切酶（exo-PMGL），作用底物为高度酯化的果胶。果胶裂解酶同底物的亲和力随底物的酯化程度提高而增加。在果汁加工中，特别是在含高酯化果胶的苹果汁中脱果胶时，果胶裂解酶起着重要作用。Ca^{2+} 和某些阳离子对果胶裂解酶有促进作用，其程度取决于 pH 值和酯化度。不同来源的果胶裂解酶具有大致相近的分子量（30 000 左右），而它们的最适 pH 值差别较大。果胶裂解酶一般由霉菌产生而不存在于细菌或较高等植物中，它能降解的最小底物是四聚或三聚甲基半乳糖醛酸。

（6）果胶酯酶（pectinesterase，PE）。果胶酯酶是细胞壁胞内酶，属于水解酶类，对聚半乳糖醛酸中的甲酯具有高度的专一性，也能水解聚半乳糖醛酸乙酯、丙酯和烯丙酯，但水解速率低于甲酯，但其水解速度只有去甲酯的 3% ～ 13%，不能分解聚甘露糖醛酸甲酯。果胶酯酶（PE，EC3. 1. 1. 11）随机切除甲酯化果胶中的甲基，果胶脱酯后转化成为低酯果胶和果胶酸，生成甲醇和游离羧基，为聚半乳糖醛酸酶和聚半乳糖醛酸裂解酶等其他果胶酶的作用创造条件，因此，在使用商品果胶酶降解果胶物质时，常伴随甲醇的释出。一些霉菌、细菌和植物在产生 PG 的同时，也能产生 PE，霉菌果胶酯酶的最适 pH 值一般在酸性范围，其热稳定性较低。细菌果胶酯酶的最适 pH 值在碱性范围，它们主要由一些植物病原菌产生。PE 对于果胶溶液的黏度几乎没有影响，去酯化后的低酯果胶或果胶酸很容易与 Ca^{2+} 交联。为使果胶完全分解，需先用 PE 作用，再加入解聚酶作用，PE 属于降解果胶"光滑区"的酶。

4.4.2　降解纤维素和木葡聚糖的酶

纤维素酶（cellulase）是水解纤维素中的 β-1,4-葡萄糖苷键，使纤维素变成纤维二糖和葡萄糖的一组酶的总称，它不是单一酶，而是起协同作用的一种多组分的复合酶系，现已确定纤维素酶含有 3 种主要组分。

（1）内切型-β-葡聚糖酶（end-β-glucanase，EC3.2.1.4）。也称 EG（来自真菌简称 EG 酶、来自细菌简称 Len）、CMC。它能随机作用于纤维素链内部的非结晶区生成各种糖或者寡糖，并产生额外的外切纤维素酶作用位点；它的主要产物是纤维糊精、纤维二糖和纤维三糖。

（2）外切型-β-葡聚糖酶（exo-β-glucanase，EC3.2.1.91）。也称 CBH（来自于真菌简称 CBH；来自于细菌简称 CEX）、纤维二糖水解酶或微晶纤维素酶，这类酶作用于纤维素链的非还原性线状分子末端，水解 β-1,4-糖苷键，每次切下一个纤维二糖分子，故又称为纤维二糖水解酶（cellobiohydrolase），生成可溶的纤维糊精和纤维二糖。

（3）纤维二糖酶（cellobiases，EC3.2.1.21）。也称 BG、CB、β-葡萄糖苷酶。它能水解纤维二糖和寡糖生成葡萄糖并降低末端产物抑制和提高总发酵糖产量，对纤维二糖和纤维三糖的水解很快，随着葡萄糖聚合度的增加水解速度下降。

3 个组分虽各有专一性，但相互之间又具有协同作用，任何一种酶都不能裂解晶体纤维素，只有 3 种酶共同存在并协同作用时，才能完成水解过程。具有结晶结构的纤维素就是在它们三者的协同作用下被降解的。外切型-β-葡聚糖酶和纤维二糖水解酶两者之间的区别不明显，主要依据研究两种酶的方法不同而不同。

也有研究将 C1 酶归为另一类纤维素酶：这是对纤维素最初起作用的酶，它破坏纤维素链的结晶结构，起水化作用，即 C1 酶是作用于不溶性纤维素表面，使结晶纤维素链开裂、长链纤维素分子末端部分游离和暴露，从而使纤维素链易于水化；经 C1 酶活化后的纤维素再用 3 个组分的纤维素酶水解纤维素效果更佳。

　　在棘抱曲霉中分离得到的内切型-β-葡聚糖酶仅对有取代基的木葡聚糖有水解活性，该酶不能有效地水解纤维素，而以该酶处理细胞壁时仅水解生成了木葡聚糖低聚糖。这说明木葡聚糖也可由纤维素酶中的内切型-β-葡聚糖酶水解。

4.4.3　降解半纤维素的酶

　　半纤维素酶（Hemicellulase）是分解半纤维素（包括各种降戊糖与聚己糖）的一类酶的总称，主要包括葡聚糖酶、半乳聚糖酶、木聚糖酶和甘露聚糖酶。半纤维素酶能够更好地降解破坏植物细胞壁网状结构，使细胞内容物最大限度地释放出来，从而提高果汁出汁率。

　　（1）降解木聚糖的酶。降解木聚糖的酶有两大类，包括内切木聚糖酶和β-木糖苷酶。内切木聚糖酶（EC3.2.1.8）以内切方式作用于木聚糖分子中β-1，4-木糖苷键，降解木聚糖生成木二糖与木二糖以上的低聚木糖。内切木聚糖酶对木聚糖的底物特异性也存在较大差异，其中，部分酶对无取代基的木聚糖有较大活性，而其他酶则对有取代基的木聚糖有较大活性。有报道指出，在曲霉中得到了不同的内切木聚糖酶，例如以黑曲霉来源的木聚糖酶水解葡萄糖醛酸木聚糖主要生成木二糖、木三糖和木糖，但是该酶水解阿拉伯木聚糖时主要生成低聚糖（DP＞3）。β-木糖苷酶（EC3.2.1.37）进一步水解低聚木糖生成木糖，该酶对无取代基的低聚木糖有较大的活性。

　　（2）降解半乳（葡）甘露聚糖的酶。降解半乳（葡）甘露聚糖主要是依靠内切-β-甘露聚糖酶（EC3.2.1.78）和β-甘露糖苷酶（EC3.2.1.25），这两种酶主要由曲霉生成。内切-β-甘露聚糖酶水解半乳甘露聚糖，生成甘露二糖和甘露三糖，内切甘露聚糖酶水解活性主要取决于取代基的多少和位置等，对低取代的半乳甘露聚糖有较高的活性。在甘露聚糖骨架上的半乳聚糖残基对甘露聚糖酶的酶活性抑制很大，但是，临近水解位点的半乳糖残基均在同一侧时，抑制作用不明显。β-甘露糖苷酶是外切酶，主要水解甘露低聚糖生成甘露糖，其水解活性同样受取代基影响较大，还原末端甘露聚糖残基被半乳糖取代后，该酶对其的水解活性大大降低。

4.4.4 辅助降解细胞壁多糖的酶

（1）阿拉伯呋喃糖酶和阿拉伯木聚糖阿拉伯呋喃糖酶。阿拉伯糖可以由 α-L-阿拉伯呋喃糖酶和阿拉伯木聚糖阿拉伯呋喃糖酶水解得到。从黑曲霉纯化得到的阿拉伯呋喃糖酶 A 仅能水解末端 α-1,3-糖苷链连接的阿拉伯糖残基，而阿拉伯呋喃糖酶 B 能水解末端 α-1,2、α-1,3、α-1,5-糖苷链连接的阿拉伯糖残基。阿拉伯呋喃糖酶 A 和 B 对阿拉伯聚糖和部分果胶的水解活性较好。与阿拉伯呋喃糖酶不同，阿拉伯木聚糖阿拉伯呋喃糖酶不能水解果胶或者类果胶（阿拉伯聚糖）低聚糖释放阿拉伯糖，但它对与木聚糖连接的阿拉伯糖残基有高度的专一性。此外部分文献报道了阿拉伯糖酶，阿拉伯糖酶可分为内切型阿拉伯糖酶和外切型阿拉伯糖酶。内切型阿拉伯糖酶能随机作用于果胶侧链中的阿拉伯聚糖中的 α-1,5-糖苷键释放阿拉伯糖。内切型阿拉伯糖酶水解效果类似于阿拉伯呋喃糖酶，但前者更有助于阿拉伯聚糖的水解并提高后者的水解活性。外切型阿拉伯糖酶则从末端水解阿拉伯聚糖生成阿拉伯二糖和少量的阿拉伯三糖。

（2）α-半乳糖苷酶，β-半乳糖苷酶和半乳聚糖酶。果胶中的半乳聚糖侧链能被半乳聚糖酶、α-半乳糖苷酶和 β-半乳糖苷酶水解。内切型半乳聚糖酶能水解半乳聚糖生成半乳二糖和半乳糖。β-1,3-糖苷键、β-1,4-糖苷键和 β-1,6-糖苷键同时存在于阿拉伯半乳聚糖中，不同的内切型半乳聚糖酶对三者的活性存在差异。对半乳聚糖的彻底水解需要有水解这 3 种糖苷键的内切型半乳聚糖酶，但是，目前仅报道了内切型-β-1,4-半乳聚糖酶。从黑曲霉中分离得到了两种外切型半乳聚糖酶，一种能水解 β-1,4-糖苷键，另一种能水解 β-1,3-糖苷键，同时也能水解 type Ⅱ 阿拉伯半乳聚糖中的 β-1,6-糖苷键。α-D-半乳糖苷酶和 β-D-半乳糖苷酶能水解植物细胞壁多糖，β-D-半乳糖苷酶能水解果胶中半乳聚糖，释放半乳糖残基，α-D-半乳糖苷酶则水解半乳甘露聚糖，释放半乳糖。

（3）除去甲基化和乙酰化的酶。木聚糖乙酰酯酶可以切除木聚糖主链上 O-2 和 O-3 位置的乙酰基，它有利于内切木聚糖酶充分降解木聚糖，缺少该酶后内切木聚糖酶和木糖苷酶就不能有效降解木聚糖；葡甘露聚糖乙酰酯酶对 β-甘露聚糖的酶活有显著影响，同时 β-甘露聚糖对葡甘露聚糖乙酰酯酶的酶活也有显著影响；鼠李半乳糖醛酸聚糖乙酰酯酶对鼠李聚糖半乳糖醛酸水解酶的作用是必不可少的，它能随机作用于鼠李半乳糖醛酸聚糖主链的乙酰基，果胶乙酰酯酶和鼠李半乳糖醛酸聚糖乙酰酯酶主要区别在于对三乙酸甘油酯的活性，后者不能水解三乙酸甘油酯。

（4）阿魏酸酯酶。阿魏酸酯酶主要水解半纤维素间以及半纤维素和木质素间的阿魏酸酯键基团，切断细胞壁中多糖和多糖、多糖和木质素以及木质素之间的交联，有利于细胞壁中多糖的降解和木质素的释放，在细胞壁复杂结构的降解中发挥重要的作用。

除降解细胞壁的成分的各种酶外，果汁加工中，解决原始果汁的后浑浊问题也是酶的重要应用之一。引起原始果汁浑浊的原因是除果胶物质外，有些是由于果汁中还含有少量的不溶性多糖、不溶性蛋白质和脂肪。在水果原汁中，蛋白质呈正电性，能与呈负电性的果胶或与有很强的水合能力的含果胶的浑浊颗粒聚合，形成悬浮状态的浑浊物。用于果汁澄清的酶主要有果胶酶、淀粉酶、蛋白酶等。

4.4.5　淀粉酶

（1）淀粉酶概述。淀粉酶（amylase）是一种能水解淀粉、糖原和有关多糖中的 O－葡萄糖键的酶，它属于水解酶类，是催化淀粉、糖元和糊精中糖苷键的一类酶的统称。淀粉酶的水解淀粉过程即淀粉与水在淀粉酶的催化作用下生成较小的糊精，低聚糖，直至最小构成单位——葡萄糖，这个过程称为淀粉的水解。淀粉酶广泛分布于自然界，几乎所有植物、动物和微生物都含有淀粉酶。它是研究较多、生产最早、应用最广和产量最大的一种酶，其产量占整个酶制剂总产量的 50 % 以上。

（2）淀粉酶分类。按其来源可分为细菌淀粉酶、霉菌淀粉酶和麦芽糖淀粉酶。根据对淀粉作用方式的不同，可以将淀粉酶分成 4 类：即 α-淀粉酶、β-淀粉酶、葡萄糖淀粉酶和异淀粉酶。此外，还有一些应用不是很广泛，生产量不大的淀粉酶，如环状糊精生成酶及 α-葡萄糖苷酶等。各种不同的淀粉酶对淀粉的作用有各自的专一性，淀粉酶的种类不同，对直链淀粉和支链淀粉的作用方式也不一样。

①α-淀粉酶。α-淀粉酶（α-amylase）是一种内切酶，是对热较稳定、作用较迅速的液化型淀粉酶。由于酶水解具有较强的专一性，作用于淀粉时，从淀粉分子内部随机地切开 α-1，4-糖苷键，但不能水解 α-1，6-葡萄糖苷键和 α-1，3 键，甚至不能水解紧靠分支点的 α-1，4 键。其作用产物为含有 6~7 个单位的寡糖，生成一系列聚合度不同的低聚糖，酶

解后产物构型不变，α-淀粉酶作用于直链淀粉时，反应分两个阶段进行：第一阶段，α-淀粉酶以随机的方式作用于直链淀粉，使其快速地降解产生低聚糖，降解成小分子糊精、麦芽糖和麦芽三糖；第二阶段的反应比第一阶段的反应要慢得多，包括低聚糖缓慢地水解生成葡萄糖和麦芽糖。其中第二阶段的反应不遵循第一阶段随机作用的模式。由于α-淀粉酶不能切开支链淀粉分支点的α-1，6键，也不能切开α-1，6键附近的α-1，4键，但能越过分支点而切开内部的α-1，4键，因此水解产物中除了含有葡萄糖、麦芽糖外，还残留一系列具有α-1，6键的极限糊精，和含4个或者更多葡萄糖残基的带α-1，6键的低聚糖。不同来源的α-淀粉酶，水解产物存在差别。α-淀粉酶作用于支链淀粉时产生葡萄糖、麦芽糖、异麦芽糖和一系列极限糊精。α-淀粉酶是单成分酶，大多数α-淀粉酶活性需要钙离子，钙离子对酶的稳定性起重要作用。Ca^{2+}使酶分子保持适当的构象，从而维持其最大的活性与稳定性。

②β-淀粉酶。β-淀粉酶（β-Amylase）又称为麦芽糖苷酶，是一种外切酶，是一种耐热性较差、作用较缓慢的糖化型淀粉酶。作用于淀粉时，从淀粉链的非还原性末端的第二个α-1，4葡萄糖苷键开始依次切下一个麦芽糖单位，产物为麦芽糖和大分子的β-极限糊精。因为该酶作用于底物时，发生沃尔登转化（Walden inversion），使产物由α型变为β型麦芽糖，释放的β-麦芽糖在C1位上有一个自由H基，为β型，故名β-淀粉酶。β-淀粉酶作用于支链淀粉过程可以分为两个阶段，第一阶段约有52%快速水解，第二阶段慢速完成全部水解，由于β-淀粉酶不能切开支链淀粉中的α-1，6-糖苷键，也不能越过分支点继续作用，因此β-淀粉酶对支链淀粉作用是不完全的。支链淀粉经β-淀粉酶作用后，50%～60%转化为麦芽糖，其余部分为β-极限糊精。Summer认为，β-极限糊精的A链有2或3个葡萄糖残基，B链有1或2个葡萄糖残基，这取决于外链葡萄糖残基的奇偶数。β-极限糊精可用于分析支链淀粉的分支性质，因为它保留了所有的分支点。线性的直链淀粉若含有偶数个葡萄糖残基，则可被β-淀粉酶完全水解成麦芽糖，若含有奇数个葡萄糖残基，则会产生一分子葡萄糖。pH值6.5时，酶活力最高，50℃是该酶的最适温度，45～55℃时酶的活力也比较高。

③葡萄糖淀粉酶。葡萄糖淀粉酶（Glucoamylase）又称为糖化酶，是一种外切型淀粉酶，广泛的存在于微生物与植物中。该酶作用于淀粉时，

能够从淀粉链的非还原性末端切开 α-1，4-糖苷键，产生葡萄糖，也能缓慢水解 α-1，6-糖苷键，转化成葡萄糖。

不同来源的葡萄糖淀粉酶作用淀粉的效率略有差异，根霉来源淀粉葡萄糖淀粉酶作用于 α-1，4-糖苷键和 α-1，6-糖苷键的效率相同，而黑曲霉来源的葡萄糖淀粉酶与 α-1，4-糖苷键的亲和力更强。葡萄糖淀粉酶水解淀粉分子和较大分子的低聚糖，属于单链式，即酶解完 1 个底物分子后，再酶解另一个。但酶解较小分子的低聚糖则属于多链式，即酶解一个分子几次后再酶解另外一个分子。葡萄糖淀粉酶所水解的底物越大，水解速率越快。该酶容易水解含有 1 个 α-1，6-糖苷键的潘糖，却很难水解仅含 1 个 α-1，4-糖苷键的异麦芽糖，对含有两个 α-1，4-糖苷键的异麦芽糖基麦芽糖则无法水解，若以分子结构中含有 α-1，4-糖苷键和 α-1，6-糖苷键的潘糖为底物时，首先作用于 α-1，6-糖苷键，然后作用于 α-1，4-糖苷键，因此，其作用于支链淀粉时，水解速率受 α-1，6-糖苷键水解速率的控制。糖化酶的 pH 值范围为 3.0~4.5，最适 pH 值范围为 4.0~4.5。糖化酶温度范围为 40~65℃，最适温度范围为 58~60℃。

④普鲁兰酶 普鲁蓝酶（pullulanase）是一种脱支酶，能水解淀粉和糊精中的支链，可以切断 α-1，6-葡萄糖苷键，生成含有 α-1，4-葡萄糖苷键的直链低聚糖。根据作用方式的差异可分为Ⅰ型和Ⅱ型，其中，Ⅰ型普鲁兰酶能专一性水解支链淀粉中的 α-1，6-糖苷键，形成线性短链，Ⅱ型普鲁兰酶能同时水解 α-1，4-和 α-1，6-糖苷键。普鲁兰酶最早被应用于生产果葡糖浆和麦芽糖浆；在生产葡萄糖时，普鲁兰酶与糖化酶协同作用，可以提高葡萄糖的产量；麦芽糖浆的生产中，加入普鲁兰酶有利于 β-淀粉酶的作用，从而提高麦芽糖的产量。该酶的有效 pH 值范围为 4.0~4.0，最适 pH 值范围为 4.2~4.6，该酶的有效温度可达 65℃，最适温度范围为 55~65℃。

⑤γ-淀粉酶。γ-淀粉酶又叫异淀粉酶，该酶能专一地分解支链淀粉型多糖 α-1，6 苷键形成直链淀粉和糊精。它能切开支链淀粉分支点上的 α-1，6 葡萄糖苷键，将侧链切下成为短链糊精、少量麦芽糖和麦芽三糖。该酶虽然没有成糖作用，却可协助 α-淀粉酶和 β-淀粉酶作用，促进成糖，提高发酵度。该酶最适作用温度为 45~50℃，最适 pH 值 4.6~7.2。

⑥极限糊精酶。极限糊精酶能分解极限糊精中的 α-1，6 葡萄糖苷键，产生小分子的葡萄糖、麦芽糖、麦芽三糖和直链寡糖等。由于 α-淀

粉酶和 β-淀粉酶不能分解极限糊精中的 α-1，6 葡萄糖苷键，所以极限糊精酶可以补充 α-淀粉酶和 β-淀粉酶分解的不足。

淀粉酶是应用于苹果汁生产中很重要的一种酶，其地位仅次于果浆酶和果胶酶。完全成熟的水果中只含有一点点淀粉，如香蕉、枣、桃子等，而早季节或未成熟的水果中淀粉颗粒含量可达到水果总质量的2%。由于这些离子有时只有1μm大小，常规的过滤等方法很难将其完全去除，巴氏灭菌后淀粉一旦在果汁中发生凝胶化作用，将导致凝胶化的淀粉可能会回生和重新形成更大分子的聚合物，导致果汁后浑浊现象的发生。因此，作为一种后浑浊的预防措施，生产中常将 α-淀粉酶和葡萄糖淀粉酶（糖化酶）用于低淀粉含量原料（苹果、梨、猕猴桃）制作澄清果汁饮料的稳定性问题。这类原料中的淀粉在淀粉酶和糖化酶作用下，转化为葡萄糖和可溶的小分子糖类，从而避免了淀粉颗粒相互结合形成沉淀。

4.4.6　蛋白酶

蛋白酶制剂是具有一定纯度标准的蛋白酶生化制品，蛋白酶是催化蛋白质水解的一类酶，它能使蛋白质水解成肽和氨基酸，提高和改善蛋白质的溶解性、乳化性、起泡性、黏度、风味等。蛋白酶从动物、植物和微生物中都可以提取得到，也是食品工业中重要的一类酶。生物体内蛋白酶种类很多，以来源分类，可将其分为动物蛋白酶、植物蛋白酶和微生物蛋白酶三大类。根据它们的作用方式，可分为内肽酶和外肽酶两大类。外肽酶只对底物的 C 端或 N 端的肽键有作用；内肽酶只能水解大分子蛋白内部的肽键，是真正的蛋白酶。还可根据最适 pH 值的不同，分为酸性蛋白酶、碱性蛋白酶和中性蛋白酶。学术上都以活性中心来分。按活性中心的化学性质不同可将蛋白酶分为 4 类：丝氨酸蛋白酶，天门冬氨酸蛋白酶，金属蛋白酶，半肽氨酸蛋白酶。果汁加工中用于果汁澄清的木瓜蛋白酶即属于半肽氨酸蛋白酶类。

4.4.7　其他果汁加工用酶

（1）柚苷酶和柠碱前体脱氢酶。形成柑橘类果汁苦味的主要物质是柚皮苷和柠碱。柚苷酶是一种可从柑橘果胶的工业化生产过程中分离得到、也可采用黑曲霉生产得到的酶，由 β-鼠李糖苷酶和 β-葡萄糖苷酶组成，这种酶水解鼠李糖和葡萄糖间的 1~2 键，产生无苦味的鼠李糖、葡萄糖和油皮素。在柑橘制品的生产过程中，加入一定量的柚苷酶，在 30 ~ 40℃ 处理 1 ~ 2h，水解生成鼠李糖和无苦味的普鲁宁，即可脱去苦味。固定化酶系统也已应用于柚皮苷含量过高的葡萄柚果汁的脱苦。通过柠碱前体脱氢酶的作用，可以使柠碱前体脱氢，从而防止苦味生成。

（2）溶菌酶。溶菌酶又称胞壁质酶或 N -乙酰胞壁质聚糖水解酶，一种化学性稳定的糖苷水解酶，在 pH 值 3 ~ 10 时加热 96℃，15min 仍能维持 87% 活力，它的最适 pH 值为 7 ~ 15。溶菌酶的杀菌机理在于能分解细菌细胞壁的肽聚糖，使细胞壁疏松，细胞内渗透压增高，最后导致细菌死亡，从而起到杀菌作用。目前，市场上销售的饮料，为延长其保质期，大都添加一定量的化学防腐剂。随着生活水平的提高，人们对防腐剂已是"谈虎色变"。作为天然蛋白质的溶菌酶，既具有防腐作用又具有保健功能，故将它用于饮料加工，部分或完全替代化学防腐剂，无疑会对饮料工业起到推动作用。生产中将溶菌酶与植酸、聚合磷酸盐、甘氨酸等配合使用，效果理想。溶菌酶使用量的确定，既要考虑其成本，又要考虑产品的卫生标准。有人试验蜜橘汁饮料中溶菌酶最低用量不少于 160 mg/ kg，黄瓜汁不低于 200 mg/ kg。此外，溶菌酶的防腐效果与饮料介质的 pH 值密切相关。pH 值过大或过小，都会钝化酶的活性。因此，生产中应根据原料种类寻找一个既可保持溶菌酶活力，又不影响饮料口感风味的最佳 pH 值水平。溶菌酶目前在我国饮料加工工业中尚未普及。但随着溶菌酶提取工艺的改进、成本的降低以及在饮料工艺中技术指标的确立，作为天然防腐剂这一得天独厚的优势，必将发挥重要作用。

（3）橙皮苷酶。橙皮苷普遍存在于柑橘类果实中，以橘皮和橘络含量最多，其次是囊衣和砂囊，难溶于水，在偏酸性溶液中成白色沉淀析出，是柑橘汁和糖水橘子罐头出现白色浑浊的原因。橙皮苷酶可相继将橙皮苷分子中的鼠李糖与葡萄糖切下成为水溶性橙皮素，防止白色浑浊的产生。

（4）风味酶。萜烯类化合物是形成水果风味的主要成分，这些萜烯化合物与糖形成糖苷而呈无芳香气味的风味前体物。在发酵过程中或在葡萄酒的贮存过程中都很稳定，添加风味酶可将风味物质释放出来，从而显著增加葡萄酒的风味，风味酶主要有 D -葡萄糖苷酶、α - L -鼠李糖苷酶、α -L -呋喃型阿拉伯糖苷酶和 D -芹菜糖苷酶。

（5）单宁酶（tannase）。是一种水解酶，可以催化水解单宁中的酯键和缩酚酸键，该酶可以将五倍子单宁水解生成没食子酸和葡萄糖。

4.4.8 复合型酶制剂/软化酶

国外自20世纪60年代开始，大量加工苹果汁，人们迫切希望用酶制剂来处理果浆，分解存在细胞壁上的果胶质，获得更多的果汁和提高生产效率，以此来降低果汁的生产成本。过去，人们对果胶结构的认识只是直链平滑结构，认为只要有一定的果胶酶即可将果胶水解，但后来发现只用这样的酶彻底水解果胶并不那么容易，果蔬细胞壁是由果胶、纤维素和木聚糖等半纤维素组成的网状结构，可阻止细胞内溶物的渗出，彻底水解细胞壁是提高出汁率的关键，由于水果的过早采收含有的淀粉也给果汁加工带来困难，提高水果的出汁率达不到预期的效果。

因此，复合型酶制剂应运而生，复合酶制剂是由一种或几种单一酶制剂为主体，加上其他酶单一制剂混合而成，可同时降解果浆（果汁）原料中的多种成分，把几种酶制剂混合使用往往有协调增效作用，还可减少单一酶的使用量。20世纪80年代初，丹麦的诺和诺德（Novo Nordisk）公司开发出了应用于果汁加工的酶制剂系列产品，使以上问题得到解决。主要包括：果浆用酶系列：Peetinex Ultras SP－L 及 Pextinex Superpres 可以改善压榨能力和提高出汁率。果汁用酶系列：PectinexIX、3XL、5XL 及PectinexAR 可以完全迅速的分解果胶，并且可以使果汁和浓缩汁澄清、透明，防止由于阿拉伯聚糖引起的浓缩汁的浑浊。此后，丹麦 Nove 公司开发出一种新型果浆酶 Pectinex Smash，主要是用于处理水果浆和蔬菜浆，该酶不但有主要的果胶酶活性，分解果胶主干，还含有一定的半纤维素酶活性（木聚糖酶、鼠李聚半乳糖醛酸酶等），能水解果胶中的分支区域，进一步裂解植物细胞壁，提高水果出汁率。实验表明，添加这种酶可以在低温下快速有效提高出汁率和榨汁机效率，增加充填量，得到更干的果渣，降低果蔬汁中的果胶含量，减少了澄清用的果胶酶的用量。果浆酶还在降低果汁中果胶含量、减少澄清工艺中果胶酶的用量、改善果浆结构、降低黏度、易于固液分离，缩短作用时间等方面有较好的应用。因为，虽然果浆酶通常是用来提高水果的出汁率的，但同时，由于果浆酶分解了水果中的果胶和半纤维素等物质，也降低了果汁的黏度，从而加速了果汁的流出速率，使得压榨时间缩短，亦即提高了压榨机的生产效率。而且部分木聚糖等半纤维素在酶的作用下被分解成可溶性水分，增加了果汁中可溶性固形物的含量，这也使得出汁率及果汁品质得以提高。果浆酶过去往往较多应用在苹果、梨等水果当中，随着人们对健康水平要求的不断加深，一些营养极为丰富全面的果蔬越来越受到人们的青睐，如香蕉、胡萝卜及南瓜等，但由于往往含有大量的淀粉及非淀粉多糖（NSP，即纤维素、半纤维素、果胶等），使得它们的成品汁过于黏稠，出汁率低而不宜用于果汁饮料的生产。以往多被加工成果粉、果片、果酱等产品，而现在一些企业已经将果浆酶成功应用在这些果蔬的制汁工艺中，并取得了很好的效果。法国 DSM 公司亦开发了用于水果软化的 RAPIDASE Press 高活性果胶酶和半纤维素酶；用于果汁澄清的 RAPIDASE Press 高浓度果胶酶和淀粉酶；用于提高超滤速度的 RAPIDASE UF 超滤复合酶；用于果汁脱胶澄清的 RApI-DAsEC80MAX 果胶酶等各种加工用酶。

软化酶（macerating enzyme）又名粥化酶，是由黑曲霉固态发酵产生的，专用于果蔬加工的复合酶制剂，它包含果胶酶、纤维素酶、木聚糖酶、蛋白酶、淀粉酶等水解酶类，主要分解植物细胞壁中的果胶质、纤维素、半纤维素。其最大的特点就是可以根据不同的要求来改变酶系组成，通过改变不同的发酵条件，可以得到酶系组成不同的一系列复合酶，这样可以在果蔬加工的不同阶段根据生产特点加入不同的复合酶，以此来降低生产成本。粥化酶主要用在果蔬加工的压榨和澄清两个工艺阶段上：

①压榨时，在果浆中加入粥化酶 I 可以部分或全部地使果浆液化，不仅可以提高水果出汁率、缩短生产时间，而且能降低营养成分的损失。②澄清时，加入粥化酶 II 可以降低果汁的黏度以提高超滤速率，增加产品的稳定性。

以苹果制汁为例，在苹果破碎的时候，加入粥化酶 I （粥化酶 I，II仅酶系的组成不同）能提高苹果汁的出汁率。粥化酶 I 主要包括纤维素酶、半纤维素酶和果胶酶，可以使果实细胞壁、细胞膜中的果胶质被解聚成半乳糖醛酸和其他物质，纤维素、半纤维素降解。在果胶酶、纤维素酶、半纤维素酶协同作用下，细胞壁容易破碎，出汁率大大提高（可增加 15% ~ 20%），另外压榨效率也有所提高。

经过压榨的苹果汁是浑浊的，浑浊粒子是蛋白质和果胶的复合物。粒子表面的果胶和多糖物质带负电荷，粒子内部的蛋白质带正电荷，从而使浑浊汁悬浮稳定。粥化酶 II 中主要有果胶酶、蛋白酶和淀粉酶，加入软化酶 II 可以使苹果果汁中的果胶、不溶性多糖、蛋白质等进一步分解，带正电荷的蛋白质被暴露，与其他负电荷粒子碰撞，使浑浊粒子絮凝并沉淀，从而提高了果蔬汁的透光率。另外添加粥化酶后可使过滤和超滤的速度明显加快。

粥化酶培养条件粗放、原料便宜易得，因此，添加该酶制剂其成本仅为同类产品的15%～20%。同时，粥化酶不仅可以提高果蔬汁的出汁率，提高产量，使生产加工工艺变得容易，而且对果蔬汁的营养成分也起到一定的保护作用。利用酶液化工艺生产的苹果汁、山楂汁、胡萝卜汁等果蔬汁可溶性固形物的含量明显提高，而这些可溶性固形物是由可溶性蛋白质和多糖类物质等营养成分组成。果蔬汁中的胡萝卜素保存率也明显提高。如有实验证明：用酶液化工艺生产的南瓜汁含可溶性固形物达8.5%～10%，类胡萝卜素含量达2.12mg/100g。用传统工艺生产的南瓜汁含可溶性固形物为5%～6%，类胡萝卜素含量为0.84mg/100g。

刘莹等（2007）采用果胶酶制剂（NCB－PE40）、纤维素酶制剂（AE80）和半纤维素酶制剂（NCB－X50）3种商业酶制剂，复合生产山西红富士苹果混汁的酶解最佳工艺条件：在苹果浆的自然pH值条件下，果胶酶制剂用量为0.10%（w/w）、纤维素酶制剂用量为0.005%（w/w）、半纤维酶制剂用量为0.007%（w/w）、酶解时间40min、酶解温度50℃。并将该条件下制得的混汁与传统压榨法得到的相比较，发现利用酶法生产苹果混汁，不但提高了出汁率，而且浑浊稳定性也明显增加，色泽也得到了改善。

4.5 酶制剂在果汁加工中的应用

1930年美国的Kertesz及德国的Mehlitz首次将果胶酶用于果汁加工业。最初这些酶仅用于果汁的澄清。当时的苹果汁加工原料主要用"果汁苹果"，这种情况到20世纪60年代就发生了完全的变化，这时"餐用苹果"及"贮藏苹果"用于加工的量显著增加。这一变化使果汁的价格上升，从而使人们希望用酶处理果浆来获得尽可能高的出汁率及改善压榨性能。由于过早地采收，由淀粉造成的问题越来越多。苹果的加工由原来是几周的季节性行业变成一年可以开工数月的行业。

20世纪70年代初报道了用果胶酶（一般用于澄清）处理苹果果浆（Pilnik等，1970；Bielig等，1971；Wucherpfennig等，1973）。然而，这些"澄清"酶不能满足果浆处理的要求。1975年以Wageningen农业大学Pilnik教授研究组进行了大量的开发工作。他们发现果胶酶与纤维素酶活性之间有最佳的协同作用。由此为"真正"的果浆酶处理以及苹果浆的进一步酶法液化打下了基础（Pilnik etal，1975，Voragen & Pilnik，1981）。根据这一发现，工业上开发了新的果浆用酶，它具有要求的活力。首先面市的"真正"果浆酶制剂是由诺和诺德发酵物公司于 1983 年开发的"Pectinex Ultra SP–L"。最佳果浆酶解（OME）在苹果汁加工中得到了应用，如图 4–6。

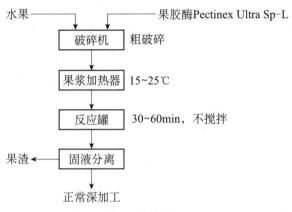

图 4–6　最佳果浆酶解工艺（OME）

　　这种工艺可以使果汁加工中的固/液分离采用各种方式，如卧式离心机、带式榨汁机等一些当时不能应用或出汁率低的方式，果汁的出汁率第一次超过了 90%。并且显著地提高了压榨性能（Janda & Dorreich，1984）。此后在 OME 工艺的基础上开发了一种果渣后浸提工艺，做法是，先将苹果浆进行预榨汁，对预榨汁后的果渣加水及酶，经过一段时间反应后，用卧式榨汁机或卧式离心机进行二次取汁。如果以原汁浓度计算，用这种工艺可以使出汁率达到 90%～94%，果渣的量减少 30%～50%。与此同时，还开发了其他高出汁率的工艺，如逆流浸提法和果渣后浸提法。在这个时期的浓缩汁中出现了一种特殊的浑浊现象，浓缩汁稀释到原汁后这种浑浊又会消失，果汁依然晶亮透明。通过大量研究发现，造成混浊现象的是由于果汁中含有 α–1，5–L–阿拉伯聚糖，生产过程中要用简单的方法检测阿拉伯聚糖是不可能的。因此，研究人员开发了一种带有阿拉伯聚糖酶副活性的果胶酶使这一问题得到了解决。它可以在果汁生产中防止形成阿拉伯聚糖浑浊。OME 工艺生产的果汁感官指标得到了改善，这是由于用酶处理贮藏过的水果，使可滴定酸含量提高（产生半乳糖醛酸），从而与不是用 OME 工艺加工的果汁相比口感更协调（Weiss & Samann，1985）。

　　1983 年诺和诺德生物制剂公司就对苹果进行了首次工业性试验（Dot-reich，1983；Janda，1983；Dorteich，1986）。其结果导致了所谓"现代水果加工技术"的产生（AFP 技术），如图 4 - 7。液化酶处理的作用非常强大，以致除了果皮、果柄、果心、果仁及一些不溶性纤维物质和酚类物质外，不留任何残余物。用传统的观念看，这种方法可使出汁率达到 92% ~ 95%（体积比）。但实际上由于一些不溶性物质变为可溶性物质——一些从细胞壁中来源的果胶、半纤维素及一些纤维物质的分解，果汁白利度平均提高约 10%，使出汁率以原汁白利度计算也可能超过了 100%。其中，AFP - 2 为二次榨汁法，第一次取汁是在室温下进行的，加工的浓缩汁商品质量是可以接受的，而且香味最佳。第一次取汁阶段不加酶，或用最佳果浆酶解工艺。在第二次取汁阶段，将预榨汁后的果渣，在最佳反应温度下（45 ~ 50℃）与酶进行充分的反应。二次压榨后使出汁率（以白利度计算）及可溶性多糖含量达到预期要求。

　　国内对果蔬加工用酶的研究主要集中在单一的酶制剂或者复配的酶制剂。赵允麟等（2005）研究了果胶酶高产菌株的选育、软化酶发酵工艺的优化、软化酶最佳作用条件及在果蔬加工中的应用、软化酶发酵的小型放大。其中，软化酶中各种酶的最适作用条件为：果胶酶、纤维素酶、木聚糖酶的最适作用温度为 50℃、60℃、50℃；最适反应 pH 值分别为 4.5、3.6、4.0。软化酶在果蔬加工中的应用试验表明，软化酶能够不同程度地提高果蔬的出汁率以及果蔬汁的澄清度，而且还能增加果蔬汁中可溶性固形物含量。苹果加工中，软化酶的最佳酶解条件：加酶量 15U/g，酶解时间 0.5h，酶解温度 30℃；最佳澄清条件：澄清温度 40℃，加酶量 15U/ml，pH 值为 3。

　　目前，大多数商业果胶酶制剂均为复合酶制剂，除主要的果胶酶外，一般还含有纤维素酶、半纤维素酶、淀粉酶、阿拉伯聚糖酶及蛋白酶等多种副酶活。其在果汁加工中的应用涉及广泛，归纳起来主要有：水果中的胶状及可溶性果胶经果胶酶水解后，可降低果汁的黏度，有助于压榨并提高出汁率；在进行沉淀、过滤和离心时，果胶酶能破坏果汁中悬浮的稳定性，使其凝聚沉淀，得到澄清果汁；用果胶酶处理超滤膜能提高果汁超滤的通量，缩短超滤时间；经果胶酶处理的果汁比较稳定，浓缩后不再发生浑浊，而且可溶性固形物含量及其他营养成分如胡萝卜素含量均比非酶处理的有显著提高等。

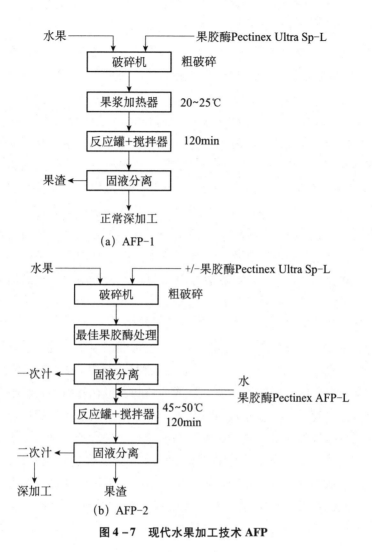

图 4 - 7　现代水果加工技术 AFP

4.5.1　果汁酶法澄清

对于澄清果汁来说,果汁中含有的果胶类物质的存在会引起果汁的后浑浊,并且还起着保护其他物质的作用,阻碍果汁澄清,从而影响果汁品质。果汁中含有大量的果胶、鞣质、纤维素、淀粉等大分子以及单宁、蛋白质的络合物等,这些物质在汁液中进行缓慢的物理和化学反应,导致果汁在加工和贮藏、销售期间变色、变浑。因此,果汁澄清的效果直接影响到制品的透光率、黏度和沉淀等主要理化指标。果胶酶处理澄清果汁是利用果胶酶水解果汁中能够引起浑浊的果胶物质以及多糖,使果汁中其他胶体失去果胶的保护作用而共同沉淀，达到澄清的目的。

（1）果蔬汁悬浮颗粒的化学组成。对于绝大多数果汁而言，造成果汁浑浊的物质有蛋白质、碳水化合物（果胶质、淀粉）、酚类物质和金属离子等。而果胶质是引起加工果蔬汁浑浊，并带来果蔬汁浑浊稳定性问题的主要因素。果胶是良好的亲水胶体，可通过水合作用将细胞壁碎片以悬浮颗粒的形式分散在果汁中。淀粉是一种强亲水化合物，能够裹覆浑浊颗粒并使浑浊颗粒在果蔬汁饮料中呈悬浮状态。有些果蔬原汁的淀粉含量较高（如苹果），压榨后淀粉从果浆泥和细胞碎块中进入果蔬汁中，并在加热过程中糊化溶解，当体系温度降低时通过回生凝沉，以析出混合物的形式出现在果蔬汁中。形成悬浮颗粒的蛋白质相对分子质量较小，含碱性氨基酸较多，因此等电点较高，在果汁制作过程中，由于果肉细胞被破坏，蛋白质与碳水化合物从细胞内和细胞壁中释放出来，分子小而等电点高的蛋白质在酸性果汁中带正电荷，与带负电荷或不带电荷的碳水化合物吸附，形成相对稳定的浑浊体系。

（2）酶法澄清工艺机理。酶法澄清工艺机理最早于20世纪60年代由Yamazaki等阐明，如图4－8。果汁中浑浊颗粒的结构通常为核壳复合结构，由带正电荷的蛋白质（36%）形成内核和裹包在外面的带负电荷的果胶层组成，其静电斥力使浑浊颗粒悬浮于果汁中。当加入果胶酶时，它降解浑浊物颗粒最外层呈负电性的果胶保护层，使内核带正电荷的蛋白质部分裸露，从而与尚未完全分解的带负电的果胶分子通过静电平衡而中和，导致絮凝、沉淀的发生，而淀粉酶、蛋白酶则分解不溶性多糖和不溶性蛋白质，絮凝物在沉降过程中吸附、缠绕果汁中的其他悬浮粒子，通过离心、过滤可将其去除，从而达到澄清目的。

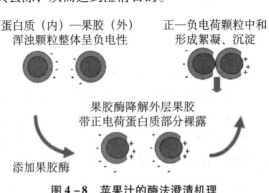

图4－8　苹果汁的酶法澄清机理

由于果胶质在果汁中并不单独存在，它通常与纤维素互相结合、缠杂，互为依托，而纤维素及半纤维素含量虽少，但它们是葡萄糖通过 β－1，4 葡萄糖苷键连接而成的链状聚合体，分子量极大，性质非常稳定，因而被纤维素夹裹的果胶质和半纤维素难以被水解。因此，商业果胶酶制剂中一般都含有较为广泛的副酶活性，如纤维素酶活、半纤维素酶活等。倘若水果中含有较多的阿拉伯糖，那么所选用的果胶酶制剂就需要包含有分解阿拉伯糖的酶活力，或者外加阿拉伯糖酶。澄清效果取决于果汁的种类、酶制剂的种类、反应温度和反应时间。目前，在许多国家，添加果胶酶已是制造澄清或者浓缩的草莓汁、葡萄汁、苹果汁及梨汁的标准加工作业。

王鸿飞（2003）等利用果胶酶对草莓果汁澄清处理工艺进行了研究，得出果胶酶对草莓果汁澄清处理的最适工艺条件为：果胶酶的用量为 0.035ml/kg、温度 35℃、pH 值 3.5，果胶酶对草莓果汁澄清处理的效果较好，草莓清果汁的透光率可达 97% 以上，且清汁中可溶性固形物含量基本变化不大；任俊等（2008）研究了果胶酶澄清猕猴桃汁最佳工艺条件：果胶酶用量 1000mg/L、pH 值 4.0、温度 50℃、时间 90min。果汁透射比为 97.82%；刘波（2014）研究了果胶酶对蓝莓果汁澄清的最佳工艺条件：果胶酶用量 0.25g/L，果汁温度 45℃，pH 值 4.0，澄清时间 80min，澄清蓝莓果汁透光率较高达 75% 以上，澄清效果显著，果汁中的维生素 C 含量基本不变；刘崑（2011）等通研究了果胶酶澄清葡萄（巨峰葡萄）汁最佳工艺条件：果胶酶用量 0.04g/L，酶解温度为 40℃，酶解时间为 50min，pH 值选择葡萄汁的自然 pH 值为 3.49，其透光率可达 83.7%。与原汁相比可溶性固形物含量、pH 值基本不变，果胶全部去除，提高了葡萄汁的稳定性；唐小俊等（2007）通过单因素试验研究了丹麦诺维信公司的果胶酶（Pectinex××L，活力 10 000UPTE/ml）和纤维素酶（Celluclast 1.5L，活力 700Egu/g）澄清荔枝提取液的最佳条件，并研究了两酶联合使用时的澄清效果，用正交试验确定了最佳澄清工艺条件。结果表明，以透光率为指标，果胶酶澄清荔枝提取液的最佳条件为：酶剂量 3ml/L，时间 5h，温度 55℃，pH 值 4.5；纤维素酶澄清荔枝提取液的最佳条件为：酶剂量 10ml/L，时间 60min，温度 60℃，pH 值 4.0。果胶酶和纤维素酶联合使用比单独使用可明显提高澄清效率，最佳条件为果胶酶 3ml/L、纤维素酶 8ml/L、时间 2h、温度 57.5℃，pH 值 4.75；谌国连等（2001）采用正交设计研究了果胶酶、纤维素酶、木瓜蛋白酶和 α－淀粉酶联合使用对荔枝果汁澄清度、稳定性与营养成分的影响。结果表明，混合酶用于澄清荔枝汁的最优工艺条件为：纤维素酶量 600IU/100g、果胶酶量 1 000IU/100g、α-淀粉酶量 250IU/100g、木瓜蛋白酶量 10 000IU/100g，酶解温度 60℃，酶解时间 4h，pH 值 4.0，且 pH 值为主要影响因素。与原汁相比，经混合酶处理后的荔枝澄清汁的稳定性得到提高，且可溶性固形物、总糖、还原糖、总酸和氨基酸含量也明显得到提高。

4.5.2　酶法提高果汁出汁率

在果汁生产过程中，出汁率直接影响成本，故首先要做到的就是尽可能地提高出汁率。目前用于提高果汁出汁率的酶技术可分为两种：一种是果浆浸渍技术，即在破碎的果蔬浆中添加果胶酶，作用一段时间后榨汁；另一种是完全液化技术，即在果浆中添加果胶酶和纤维素酶、半纤维素酶等复合酶制剂，达到使果浆泥完全液化的目的。

（1）酶法浸解（enzymatic maceration）。浸出用酶制剂包括果胶酶、纤维素酶和半纤维素酶类，主要是 endo-PG 和 PL，产生分散的细胞，因此，它不能含有大量的纤维素酶活力。它们的作用底物是水果原料的细胞壁，细胞壁降解导致细胞间联结被切断，细胞保护器官破裂，细胞液渗出，酶处理后，果浆的黏度急剧降低。细胞壁降解的第一阶段，由 endo-PG 和 PL 有限降解中层的可溶性果胶，使组织崩溃，细胞分离，细胞壁基本保持完整的细胞则悬浮在黏度较高的介质中，这就是浸解工艺的基础。第二阶段在 endo-PG + PE 和/或 PL 作用下进一步降解可溶性果胶以及细胞壁果胶，残存细胞壁碎片有利于压榨取汁。目前已有 Rohament PR、Ultrazyme M 10 等浸解专用的商品酶制剂，是相对较纯的 PG，它们仅作用于破碎的果浆原料颗粒的表面。

孙利娜等（2005）研究了直接榨汁、解冻后榨汁、纤维素酶［纤维素酶（JC）、液体纤维素酶（YC）］酶解、果胶酶（CELLUCLAST（简称 NC）、Pectinex Ultra Sp-L（PU）、Citozyme Cloudy（CC）、Rapidase Press（PR）、Rapidase C80 MAX（RC）） 酶解四种方法对生产草莓汁品质的影响。结果表明，果胶酶酶解生产草莓汁效果最佳。通过正交实验研究了酶加入量、酶解温度、酶解时间对草莓汁出汁率、花色苷及维生素 C 的影响。结果表明，果胶酶制取草莓汁的最佳工艺是：酶加入量 0.005%、酶解时间 1h、酶解温度 50℃。此条件下生产的草莓汁色泽鲜艳、营养丰富，而且美味可口；席美丽（2002）等采用酶解提汁的方法，研究了果胶酶作用最佳环境，从而得出红枣提汁的优化工艺条件。结果表明：提取温度50℃，提取时间6h，加酶量为红枣重的0.2%～0.25%，加水量为红枣重的3倍时提取效率最高；胡斌杰等（2011）以河南新郑红枣为原料，对热水法与酶（JN-700果胶酶）解法浸提红枣取汁最佳工艺进行了比较，研究结果表明：大枣提汁采用酶解法较热水浸提法效果好，果胶酶酶解浸提法的红枣汁提取率高于热水浸提法约10%，加水倍数少，浸提时间短，维生素C保存率高。红枣出汁率提高10%以上，提取过程无须高温，大大降低了生产成本。

（2）酶法液化（enzymatic liquefaction）。酶法液化是利用包含果胶酶、纤维素酶、半纤维素酶活力的液化酶（liquefying enzyme）作用于果蔬组织，使其细胞完全崩溃，在显微镜下观察不到细胞壁存在，大量可溶性物质溶出，使打浆后的果蔬泥完全液化（total liquefaction），然后利用离心分离或筛滤方法可得到90%以上的产率（液化率）。液化工艺尤其适合没有合适加工机械的原料（如一些热带水果）和在榨汁后某些重要成分残留于残渣的原料（如胡萝卜中的胡萝卜素）。

酶法液化工艺克服了传统的热处理和机械均质工艺破坏果浆（果泥）风味、色泽的缺点，是生产高质量果泥和带肉果汁的新工艺。某些水果，如杏、桃、梨、草莓、番石榴、芒果、木瓜、西番莲（passion fruit）、香蕉、番茄、胡萝卜等都可以通过酶法液化工艺生产，而不需要压榨等机械过程。这是由于上述果蔬的细胞壁中含有大量果胶、纤维素、淀粉、蛋白质等物质，破碎后的果浆十分黏稠，压榨取汁非常困难，且出汁率很低。在这些果蔬汁的加工中，应用酶解技术则可以克服以上缺点。

商业用液化酶主要包括降解细胞壁的酶类和水解淀粉的酶类。降解细胞壁的酶类有果胶酶、半纤维素酶和纤维素酶，这些酶类都是复合酶。果胶酶由果胶裂解酶（PL）、聚半乳糖醛酸酶（PG）、果胶醋酶（PE）、鼠李半乳糖醛酸酶（RHG）和阿拉伯聚糖酶（ARA）等组成，它们分别作用于果胶分子的不同部位，PL可以帮助软化果肉组织中的果胶质，使不溶性的果胶物质降解成低分子糖类，减少细胞间粘连，降低果肉的黏度而利于果蔬的压榨出汁。果胶甲酯酶和多聚半乳糖醛酸酶都是果胶酶，在酶处理过程中会释放羧酸和半乳糖醛酸以降低果肉的pH值。半纤维素酶由半乳聚糖酶（GAL）、木聚糖酶（XYL）和木葡聚糖酶（XGase）等组成，可降解半纤维素，破坏细胞壁中无定形结构与纤维素的连接，降低细胞壁强度，提高其通透性，有助于细胞内容物的释放，其中，木葡聚糖酶在果浆液化中发挥重要作用。阿拉伯聚糖酶和纤维素酶可水解细胞壁中刚性物质阿拉伯树胶和纤维素转变成可溶性的糖，从而彻底破坏水果原料细胞壁，使细胞内物质完全释放，增加果汁的可溶性固形物。淀粉酶在果蔬汁生产中主要用于降解淀粉，特别是富含淀粉的一些果蔬类产品，通过降解果蔬浆中糊化淀粉，可提高果汁浸出率。

王素雅等（2004）将热烫（热烫温度：100℃）处理后的香蕉果肉打浆后采用复合酶制剂进行酶法液化。包括果胶酶（Pectinex SMASH）、酸性淀粉酶和纤维素酶。其中，果胶酶作用于细胞壁中胶层和初生壁中果胶质，降解在细胞间起粘连作用的果胶，细胞因此出现分离现象。纤维素酶中包含纤维素酶与半纤维素酶活力，它们共同作用于细胞的初生壁，使细胞壁被完全破坏，酸性淀粉酶水解果浆中已经糊化的淀粉，减少果浆中淀粉含量。图4-9是不同处理阶段香蕉果肉的扫描电镜图。

结果显示，新鲜香蕉果肉细胞结构完整（图4-9A），由于细胞壁包裹而不能观察到细胞内容物；热烫处理后，部分香蕉果肉细胞遭到破坏，但大多数细胞仍然保持完整（图4-9B），也表明短时间热烫不强烈破坏香蕉果肉细胞的完整性。复合酶液化处理后（图4-9C），被处理样品中已观察不到结构完整的细胞，由于细胞壁破损，存在于细胞内的淀粉颗粒暴露出来。放大观察倍数（图4-9D），发现香蕉细胞壁完全破碎，且内部没有糊化的淀粉颗粒表面也被复合酶侵蚀，表明复合酶液化可彻底破坏香蕉细胞壁，使细胞内容物释放，同时部分降解香蕉淀粉颗粒。酶法液化后的香蕉浆中大多数无定形多糖组分消失，少量细胞壁完整的细胞亦不复存在，整个视野中仅杂乱地分散着没有被复合酶降解的细胞壁碎片。液化处理降解了香蕉浆中大多数无定形多糖，彻底破坏了细胞结构。一方面，液化使香蕉组织中多糖含量减少，果浆黏度降低，容易使液化果浆固液分离；另一方面，多糖降解使果浆中可溶性固形物含量增加，两方面原因均能使香蕉汁得率提高。

酶法液化还可用于全果加工（Whole fruit processing）。徐斐等（2002）用复合酶制剂对破碎后的橙子组织进行了有控制地降解，生产全橙汁。这种酶法取汁工艺无须压榨，无须去皮，设备要求简单，易于实现工业化生

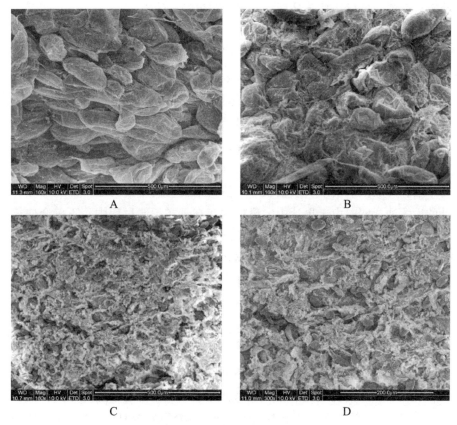

图 4 – 9　不同加工阶段香蕉果肉的扫描电镜图

A. 新鲜香蕉；B. 热烫后香蕉（热烫 2min）；C、D. 复合酶液化后香蕉

注：图片来源，参考文献 16

产。出汁率提高 50% ，果胶含量提高 8 ~ 10 倍，但聚合度降低，这是由橙皮、囊衣中的果胶部分降解后溶解到果汁中所致。果汁的黏度上升，降低了分子的流动性，有效地延缓了果汁的褐变和浊度丧失。

　　虽然酶法液化技术可大大提高果汁得率，但是它容易引起果汁风味变劣、酚类物质增加、果汁褐变，同时这种酶技术需要较高的酶制剂添加量，增加了生产成本，因此在实际生产中常将果浆浸解与酶法液化结合使用，利用二者的协同作用使果蔬细胞壁尽可能完全降解。例如，在苹果浓缩汁生产中为了避免液化技术的缺点，生产过程中采用两阶段液化技术，或者称为果渣液化技术：首先在果浆中添加果胶酶，浸渍后压榨，或者不加果胶酶直接压榨；接着将压榨后的果渣加水，之后加入果胶酶和纤维素酶进行酶解，然后压榨，从而大大提高苹果的出汁率。

4.5.3 果胶酶在果汁超滤时提高膜通量

目前，利用超滤技术生产清汁、浓缩清汁在果蔬汁加工业中越来越普遍。超滤技术主要利用超滤膜作为选择障碍层，以有效去除果汁中的果胶、淀粉、鞣质、纤维素等大分子以及单宁、蛋白质、细菌等，从而达到澄清果汁的目的。与传统的过滤相比，超滤速度快、效果好，国外已采用超滤反渗透技术在菠萝汁、柑橘汁、葡萄汁、番茄汁、梨汁等果汁中澄清与浓缩，产品质量及经济效益较好，但其主要缺点是会引起果汁及浓缩果汁的后浑浊，同时由于果汁中大量糖的存在，在超滤过程中，不仅会使超滤系统产生次生覆膜，而且会降低超滤通量。如果果胶的残留物和一些中性聚糖分解不彻底，则在超滤时极易堵塞超滤膜，使超滤速度下降，而且超滤膜难以清洗。因此，超滤前果汁一般都要进行预处理，如加入分解多糖物质的商品果胶酶降解果胶，减小果汁黏度，减少次生覆膜的产生，则可以提高超滤速度延长膜的使用时间和寿命，并解决超滤后果汁后浑浊问题。

除了可以提高膜通量，果胶酶还可用于超滤膜的清洗。与化学方法相比，利用果胶酶清洗超滤膜清洗的优点是能 100% 地进行生物降解，而且可以在最佳 pH 值、温度下作用，从而可以缩短清洗时间、增加超滤膜的通透量和使用寿命、增加产量、节省能源。因此，将超滤技术与酶技术联用对发挥超滤作用至关重要。

4.5.4 酶法降低非酶褐变

褐变不仅影响果汁的外观、风味，而且还会造成营养物质的丢失，甚至食品的变质。果汁生产过程中的褐变主要包括酶促褐变和非酶促褐变两种类型。酶促褐变是指多酚类物质在多酚氧化酶（PPO）的催化下，经过一系列变化产生黑色素物质的过程。对于酶促褐变的抑制，通常是通过抑制 PPO 活性，降低酚类物质，降低加工过程氧的含量等，其中，控制 PPO 活性的方法有加入螯合剂、硫等，而降低氧含量则可通过抽气、加入惰性气体等方法。非酶褐变是果汁在加工和贮存过程中常发生的化学反应，非酶褐变使果汁在储存一定时期后便会产生果浆及果粒的絮状沉淀，造成产品的色泽变灰变暗，并在褐变反应过程中常常产生带有荧光的中间体，导致产品质量不均一，并对原汁色泽感观造成一定的影响，甚至使成品报废损失。非酶褐变不仅会使果汁的香味和颜色发生不良变化，还能改变果汁的成分，降低果汁的营养价值，从而影响果汁的贮藏寿命。

非酶促褐变反应复杂，影响非酶褐变的因素有很多，包括温度、金属离子、包装材料、pH 值、浓缩果汁糖度等。非酶褐变包括美拉德（Maillard）反应、多元酚氧化缩合反应、焦糖化褐变和抗坏血酸氧化褐变等几种类型。其中，多元酚类物质化学性质活泼，极易氧化成苯酮，而苯醌具有非常强的亲电子基团，极易与亲核基团进行各种反应。多元酚类物质在果汁中可进行自身氧化缩合反应或与果汁中某些化合物进行共呈色作用，是导致果汁褐变的主要因素。

传统抑制非酶褐变反应的措施包括：采用隔绝氧气、降低加工温度和利用亚硫酸钠、抗坏血酸等抑制剂等方法，近年，利用酶法降低非酶褐变得到应用并取得了较好的效果。蔡志宁（2000）等通过对用果胶酶处理与未用果胶酶处理来榨取葡萄汁，两者非酶褐变反应物含量与褐变度出汁率比较，结果表明，果胶酶处理较大地提高了葡萄汁的出汁率，降低了褐变度。马清河等（2005）利用葡萄糖氧化酶有效抑制了果汁氧化及果汁褐变，同时证明了葡萄糖氧化酶与增效剂联合使用，抗氧化和抑制褐变效果更好，对延长产品的保质期和保持果汁风味具有明显效果。葡萄糖氧化酶价格适宜，添加量少，而且，抗氧化能力与抑制褐变效果能力是其他物质不可比拟的，不改变原来果汁加工的生产工艺，不需增加任何设备，适用方便，适合大生产使用。

4.5.5　果胶酶用于果实脱皮

果实脱皮难是实现食品大规模加工遇到的一大瓶颈。将微生物发酵生产的含有纤维素和半纤维素的粗果胶酶制剂作用于果实皮层，能使皮层与皮肉细胞分离且最终结构破坏而去皮。如柑橘囊衣的脱皮，柑橘果实由外果皮（或称油胞层、有色皮层）、中果皮（或称海绵层、白皮层）、内果皮和汁囊、种子以及充满于汁囊中的果汁组成。柑橘果实外果皮包裹紧密，在食用、加工时经常因为剥皮引起很多不必要的麻烦。目前的柑橘去皮方法为传统的手工去皮，费时、费工，且白皮层去不干净。特别是在加工橘瓣罐头时人为造成橘瓣的损伤，从而失去加工价值。因此，对柑橘全果去皮的研究非常有意义。国外曾有利用柑橘机械和冻融去皮的相关报道，目前的研究热点集中在酶法全果去皮。Adams 和 Kirk（1991 年）报道了采用真空渗透果胶酶的方法得到了去囊衣的柑橘全果；Eviott、Tinibel 等人（1993 年）也报道了类似的研究。国内蓝航莲等（2003）对甜橙全果去皮技术进行研究，该技术包括两个部分：首先将甜橙全果经短时间漂烫处理后的，通过注水法可以容易地去除外果皮；然后再用果胶酶处理的方法脱除全果的外露囊衣，得到色泽鲜艳、风味良好、营养丰富的去皮全果。试验结果表明，将鲜果漂烫约 1min 后，再用压力为 0.08 ~ 0.1MPa 的流动水注射约 1 ~ 1.5min 之后，即可方便地去除果实包裹紧密的外果皮。此后，将果实投入到浓度为 0.4g/100ml 的果胶酶稀溶液中，用果量为 150 ~ 170g/200ml，溶液的 pH 值为 4.0，在 0.5℃ 下作用约 1h 之后，得到的果实无论从色泽、风味等各方面来看都与鲜果相近，对鲜果营养成分的保持也较好。根据试验结果，对维生素 C 的保持率大于 99%。

单杨（2009）研究了柑橘酶法全果去皮技术，该技术无须沸水煮后注水除去柑橘果皮即可实现柑橘酶法全果去皮。先将清洗后的鲜果浸泡于冷酶液［按一定料液比 1:（1.5 ~ 2）］中（3 ~ 10℃），在 20 ~ 30mmHg 真空度下抽真空 15 ~ 20min 预处理后。于 40 ~ 50℃ 水浴温酶解 30 ~ 40min。试验结果表明：对前处理过的柑橘全果，可以通过酶法去除外果皮。在全果与酶液比为 1:（1.5 ~ 2.0）、果胶酶与纤维素酶用量比为 2:1 的条件下，选择酶体积分数 0.4%，酶解时间 40min 及酶解温度 45℃（不调节 pH 值），自来水冲洗，即可方便地去除外果皮及中果皮，使得到的果实无论从色泽、风味等方面都与鲜果相近，且鲜果的营养成分保持得较好，维生素 C 的保存率大于 97%。

4.5.6　果胶酶制取浑浊果汁

浑浊果汁中，浑浊物质主要由直径在 10μm 以下的不溶性微细颗粒组成的，其中含有大量的色素、风味物质和营养成分，是果汁色、香、味、体的重要组成部分。但是在浑浊果汁中存在着果胶酯酶（PE），会引起果汁的胶体破坏，使得浑浊物质的微细颗粒失去依托而产生沉淀和清液层。采用果胶酶和纤维素酶作用于果浆，分解果浆细胞之间的黏接成分和键合组织（薄壁组织），并大量分解原果胶，释放高酯化度和高聚合度的天然果胶，可使果汁保持一定的黏度和稳定的悬浮状态。

万楚筠等（2006）对酶法制取甜柿浑浊果汁的工艺进行研究，酶法取汁与直接榨汁相比，甜柿的出汁率有很大提高，最高可达到直接榨汁出汁率的 1.9 倍，可溶性固形物得率也增加了 6%～7%。经过单因素实验和正交实验，得出酶解制取甜柿果汁的最佳工艺参数：纤维素酶用量 6 500U/200g（果肉）。果胶酶用量 2 500U/200g（果肉），酶解温度 45℃，酶解时间 2.5h。按此最佳工艺参数制得的甜柿果汁出汁率达到了 79%。

4.5.7　酶法脱苦

在柑橘类果汁生产中，苦味的存在一直是困扰行业的主要问题，一定程度上限制了此类果汁的大面积商业推广。导致柑橘类果汁苦味的化合物主要是柚皮苷、柠檬苦素和新橙皮苷（Kefford，1959；Marwaha et al，1994）等。这些苦味物质在柚子和酸橙类水果中均有发现。柚皮苷是柚子的重要成分，也是最苦的物质。其在水中的味阈值大约是 20mg/kg，但也可以检测出 1.5mg/kg 的水平。未成熟果实中柚皮苷的含量丰富，随着果实的逐渐成熟其浓度不断下降（Yusof et al，1990）。所有加工过的柚子汁中柚皮甙苷含量高于 50mg/kg 的水平；同时果汁中存在的柠檬苦素与柚皮苷共同造成果汁的苦味。

以往，可以采用以下方法降低柚皮苷含量水平：如吸附脱苦（Griffith，1969；Johnson & Chandler，1988）法，化学处理法（Kimball，1987；Pritchet，1957）；聚苯乙烯-二乙烯基苯-苯乙烯（DVB）树脂（Puri，1984；Kimball，1991）处理法，β-环糊精处理法（Shaw & Wilson，1983；Wagner 等，1988）等。但是，上述方法有其固有的局限性。

①果汁必须先经脱油，脱蜡，脱浆处理，然后再重新与澄清去苦味后的果汁混合。

②吸附柱通常经稀释的碱溶液再生处理，这可能会影响果汁的感官性质和最终质量。

③上述方法也可能通过化学反应导致果汁成分的改变并可能导致果汁中的营养物质，味道，色泽等的损失。

④上述方法是非特异性的，固有效率低，并且引起批量与批量间的变异，而这些变化往往不便于监视。

⑤提取糊精加工的方法也会对柑橘类果汁的产量、质量和特性产生影响。如采用酸水解柚皮苷工艺，产物不仅有鼠李糖和葡萄糖，同样也产生

苦苷元和柚皮素。因此，酸水解不适合商业化处理。同样，在选择了适宜的pH值和温度的条件下，活性炭虽可以几乎完全将柚皮苷从溶液中去除，但许多希望保留的香味组分也同时被除去。此外，有研究指出径向流层析法也可用于果汁脱苦处理（Coghlan，1997）。与常规的层析法相比，径向流层析法系统处理速度更快且操作压力更低（Chisti，1998）。该方法采用层析树脂在对果汁不断清洗过程中捕获柚皮苷。加工后的果汁保留了必要的固形物和风味，而没有苦味（Coghlan，1997）。然而此法要获得行业认可还尚需时日。由于存在上述诸多缺陷，非酶脱苦技术的能力是有限的。

近年来，采用酶法脱苦正在迅速增加。酶法脱苦主要是利用不同的酶分别作用于柠檬苦素和柚皮苷，生成不含苦味的物质。适宜的脱苦过程是采用柚皮苷酶对柚皮苷进行逐步水解（Habelt & Pittner，1983；Ting，1958），柚皮苷酶（α-L鼠李糖苷酶）水解柚皮苷生成L-鼠李糖。柚皮苷酶是一种由α-L鼠李糖苷酶（EC3.2.1.40）和类黄酮-β-葡萄糖苷酶（EC3.2.1.21）组成的复合酶制剂。其中，鼠李糖苷酶的酶活较高，类黄酮-β-葡萄糖苷酶的酶活相对较低。酶法脱苦的典型处理过程如下：柚皮苷酶分两步将柚皮苷转换为柚皮素。柚皮苷底物首先在鼠李糖苷酶组分作用下被水解生成樱桃苷，然后再由类黄酮-β-葡萄糖苷酶将樱桃苷转换为柚皮素。柚皮素的苦味只有柚皮苷的1/3；而柚皮素比樱桃苷还苦，因此，实际上采用柚皮苷酶去苦的第一步水解过程其鼠李糖苷酶的活性至关重要。

柚苷酶应用于柑橘类果汁的脱苦已有许多报道，国外已有商品酶出售，国内还没有商品酶。汪钊等用黑曲霉变异株ZG86固体发酵所产柚苷酶对橘汁脱苦，脱除率达90%以上，苦味基本消失。励建荣等利用黑曲霉HZG27所产柚苷酶在40℃，pH值4.0的条件下对柑橘汁进行脱苦，其柚皮苷含量下降达71%以上，苦味基本消失；在pH值4.0条件下，按果汁的0.04%~0.06%添加柚苷酶，于40℃下酶解1~1.5h，可清除成品橘酒的苦味，从而改善橘酒的风味。何晋浙等在柑橘果醋加工中，利用柚苷酶进行脱苦试验，温度25~28℃，酸度0.5~0.8g/100ml，柚苷酶加量15U/ml，柚苷酶有较佳的活性。

4.5.8 酶法促进果蔬汁香气

果蔬汁香气是影响其质量高低的主要因素，极易在加工过程中损失。

近年来研究表明，在果蔬汁中添加酶制剂，可使其风味前体物水解产生香味物质。添加风味酶可将风味物质释放出来，从而显著加果汁的风味，风味酶主要有 D-葡萄糖苷酶、α-L-鼠李糖苷酶、α-L-呋喃型阿拉伯糖苷酶和 D-芹菜糖苷酶。萜烯类化合物是形成水果风味的主要成分，风味前体物通常是这些萜烯化合物与糖形成糖苷以键合态形式存在的风味物质。研究表明，单萜类化合物是嗅觉最为敏感的芳香物质，而果蔬中大多数单萜物质均与吡喃、呋喃糖以键合态形式存在，果蔬成熟过程中内在 β-葡萄糖苷酶游离释放出部分单萜类物质，但仍有大量键合态的萜类被水解，因此，可通过外加 β-葡萄糖苷酶促进果蔬汁香气。

早前研究中，外加酶是从水果中提取出来的，非常不经济，而现在已可从曲霉、酵母中分离出风味酶。Shoseyov 等用黑曲霉中分离出的 β-葡萄糖苷酶水解西番莲果蔬汁，释放出大量沉香醇、苯甲醛和苯乙醇。当果汁中葡萄糖浓度高时会抑制 β-葡萄糖苦酶活性，Riou 等从米曲酶中分离出一种可耐受高葡萄糖值的 β-葡萄糖苷酶，该酶可将香叶醇、橙花醇、沉香醇从鲜葡萄汁中相应的单萜-β-葡萄糖苷中游离出来。Gueguen 等用 Duolite A-580 醛固定化 β-葡萄糖苷酶，其物化特性与游离酶相近，用 GC-MS 检测通过该固定化酶的杏汁，发现 α-γ-萜品烯、α-萜品醇、2-苯基乙醇和 α-蒎烯均显著增加，其余几种果蔬汁经过该固定化酶后风味成分也有所增加。如果在果浆或果汁中加入一定量的果胶酶和蛋白酶，果胶酶能水解果胶物质破坏细胞结构，蛋白酶则能破坏液泡膜，从而释放出花青素等色素物质。另有实验表明，从酵母中分离出的 β-葡萄糖苷酶也具有促进果蔬汁风味的能力。Dried 将酵母中分离出的 β-葡萄糖苷酶水解芒果、西番莲汁，并与酸水解相比较，两种方法均可水解果汁中的单萜葡萄糖苷，增加香味，而酸水解法随着水解进行还会游离从黑曲霉中分离出分子量为 118、109kDa 的 β-葡萄糖苷酶，可同时水解纤维素二糖、乙醇香叶醇和锦葵色素-3-葡萄糖苷，研究表明，分子量为 118kDa 的 β-葡萄糖苷酶水解纤维素二糖、乙醇香叶醇时活性高，适用于风味强化。而分子量为 109kDa 的 β-葡萄糖苷酶则适用于果蔬汁脱色。

4.5.9　果汁酶法免疫检测

酶免疫分析是用酶标记各种异性配基（抗体、抗原等），利用酶催化放大作用和特异性作用而建立的标记免疫分析。根据其反应形式（均相或非均相）不同，分为酶检免疫分析技术（enzyme measurement immune technique，EMIT）和酶联免疫吸附分析（enzyme linked immunosorbent assay）。该技术广泛应用于生物医学等领域，随着学科间的相互渗透，科学家逐渐将其引入果蔬汁加工工业中。国外学者已利用该技术成功检测了果蔬汁中的农药、抗氧化剂、防霉剂、微生物等含量，国内在这方面的研究罕见报道。

用于免疫检测的酶主要有：辣根过氧化物酶、碱性磷酸酶、β-D半乳糖苷酶及葡萄糖氧化酶，实际应用时根据需要选酶。据报道，橙汁中柠檬苦素含量是衡量其风味的重要指标，用碱性磷酸酶和辣根过氧化酶作酶源，可定量免疫测定橙汁中柠檬苦素。酶用于免疫检测，必须提供反应底物。同时采用固定化葡萄糖氧化酶与辣根过氧化酶，前者作用于葡萄糖产生（H_2O_2），正好是辣根过氧化酶的反应底物。以这两种复合酶为酶源，可高速、灵敏地定量检测果蔬汁中葡萄糖含量。果蔬汁中存在的农药、防霉剂等有毒化学成分，不仅会影响产品质量，而且含量超标会危害人体健康。Bushway等用固定化酶免疫检测定量果蔬汁中的防霉剂，30min内完成8个样品检测，与高效液相色谱检测结果相符。以辣根过氧化酶作酶源还可检测果蔬汁中的抗氧化剂。微生物也是果蔬汁质量检测的重要指标，利用酶免疫法可有效测出果蔬汁多种酵母。

4.6 固定化酶技术及其在果汁加工中的应用

虽然用于工业化果汁加工的酶制剂多为复合酶制剂，但均是由具有某一特异性的单一游离酶按比例组成。这些游离酶一般很不稳定，由于回收困难，多为一次性使用，且价格昂贵，限制了其在工业上的大规模应用。固定化酶不但保持了游离酶的特有活性，同时具有可连续重复使用、易于从反应底物分离、回收方便等特点；此外，固定化可使酶均匀地分布在反应溶液中而不凝聚，并且酶的稳定性还可在固定化过程中通过多价共价连接得到增强，近年来被广泛应用于果汁加工。

4.6.1 固定化酶概述

固定化酶是采用酶的固定化技术制备的一类酶制剂的统称。固定化酶技术是酶工程的核心，它使酶工程提高到一个新水平。酶固定化的研究最早可以追溯到 1916 年，Nelson 和 Griffin 首先发现酵母蔗糖酶被骨炭粉吸附，并在吸附状态下仍具有催化活性。以应用为目的固定化酶研究工作是从 20 世纪 50 年代初开始的，1953 年 Grubhofer 和 Schleith 将聚氨苯乙烯树脂重氮化，使羧肽酶、淀粉酶、胃蛋白酶、核糖核酸酶等结合固定在修饰过的苯乙烯树脂重氮化载体上，在实验室实现了酶的固定化。20 世纪 60 年代以后，固定化酶的研究得到了迅速的发展，科研人员开发了许多新的酶固定化方法，并对固定化酶的理化性质进行了大量的研究，20 世纪 60 年代后半期欧美各国及亚洲的日本在固定化酶方面的研究工作发展迅速，各项研究报道及专利大量涌现，特别是进入 20 世纪 70 年代后，进展更为突飞猛进。首例工业化应用固定化酶是 1967 年由 Chibata 及其同事在日本 Tanake Sciyaku 公司实现的，他们将米曲霉（Aspergillus oryac）的氨基酰化酶经酶柱固定化后用于拆分合成的外消旋 D－氨基酸，得到相应的旋光性的对应体。1969 年，日本的千畑一郎成功地把固定化氨基酰化酶反应应用于 D、L-氨基酸的光学拆分上，这是国际上固定化酶应用于连续工业化生产的开端。1973 年千畑一郎等人又采用固定化微生物细胞连续生产 L-天冬氨酸。

固定化酶曾被称为水不溶酶（water－insoluble enzyme）、固相酶（solid phase enzyme）等。后来人们发现，一些包埋在凝胶内或置于超滤装置中的酶，本身仍是可溶的，只是被限定在有限空间不能自由流动而已。因此在 1971 年第一届国际酶工程会议上，正式建议采用"固定化酶"（immobilized enzyme）这一名称。所谓酶的固定化是指用化学或物理手段将游离酶定位于限定的空间区域，变成不易随水流失，但仍保留其催化特性，并可回收和重复使用的一类技术。也有文献对固定化酶给出如下定义：所谓固定化酶，是用固体材料将酶束缚或限制于一定区域内，仍能进行其特有的催化反应、并可回收及重复使用的一类技术。

我国的固定化酶研究开始于 20 世纪 70 年代，1970 年中国科学院微生物研究所和上海生物化学研究所同时开始了固定化酶的研究工作。1973 年，中国科学院微生物研究所固定化酶研究小组首先成功地将黑曲霉葡萄糖淀粉酶吸附到 DEAE－SephadexA50 上。随后，应用 SESA 与甘蔗渣纤维素进行醚化反应得到 ABSE 纤维素，通过载体苯胺基重氮化偶联葡萄糖淀粉酶。20 世纪 70 年代后期，许多研究机构相继开展了固定化酶和固定化细胞的应用研究。1978 年，全国首届酶工程会议后，固定化生物催化剂的研究和应用迅速扩展到全国各地，并取得了一系列可喜的成果。近些年，由于对固定化方法及载体的研究有了长足发展，酶的半衰期延长、酶活的稳定性及收率的提高，使酶的应用成本大大降低，所以极大促进了固定化酶的工业化进程。

4.6.2　固定化酶的固定方法

固定化酶的性能取决于固定化方法及在固定化中所使用的载体。固定化方法除了传统的物料方法和化学方法外，近年来，涌现了许多较为前沿的固定化技术，如膜固定化、无载体固定化、超微载体固定化、亲和配基固定化等技术，极大促进了该技术的发展。固定化酶中应用的载体可分为有机高分子载体、无机载体和复合载体 3 大类。

4.6.2.1　传统固定化酶方法

传统的固定化酶方法依据游离酶的理化特性和用途可分为物理方法和化学方法。物理方法中酶与载体不发生化学反应，整体结构保持不变，酶保持了较好的催化活性，如物理包埋法和吸附法；化学方法中酶与载体物质常发生化学反应，整体结构改变，主要包括化学交联法和共价键法及化学包埋法等。随着研究的不断深入，传统方法现已发展成多种方法的结合，如交联—包埋、共价结合—包埋、吸附—交联等。

（1）吸附法。吸附法是将酶物理吸附于不溶性载体上，或者通过离子效应，将酶分子固定于含有离子交换基团的固相载体上的一种固定化方法。其实质是用物理方法将载体和酶以非共价键的方式结合起来。吸附法常用于非水相反应中固定化酶的制备，因为大多数酶不溶于有机溶剂，而且许多情况下，酶分子和载体之间不需要很强的结合力。根据酶和载体之间结合力的不同，可细分为：物理吸附、静电作用吸附（也称离子吸附）、疏水吸附、亲和吸附、生物的特异性和非特异性吸附等多种形式：物理吸附法是将酶吸附在不溶性载体上的一种固定化方法。载体主要是高吸附能力的非水溶性材料，所用的载体一般是多孔玻璃、活性炭、硅藻土、漂白土、高岭土、氧化铝、蒙脱石、分子筛、硅胶、磷酸钙、金属氧化物等无机载体、烃基磷灰石、大孔吸附树脂，以及淀粉、白蛋白等天然和合成的有机与无机高分子材料等，物理吸附的最大优点是酶活性中心不易被破坏，而且酶的高级结构变化较少，因而酶活损失很小，若能找到适当的载体，这是最理想的方法；离子吸附法的载体主要是含有离子交换基团的水不溶性材料，利用酶与载体之间形成静电作用力来实现固定化，其中常用载体有阴离子交换剂和阳离子交换剂；特异性吸附依赖配基的结合，致使与结合载体结合紧密，其中氧化锆作为基质载体，其表面有不同的亲和基团，在和伴刀豆球蛋白 A 结合时，利用的是特异性固定化酶的吸附方面的技术；蛋白质结构的特征是疏水/亲水间的平衡，其结构的稳定在很大程度上有赖于分子内的疏水作用，疏水作用是指水介质中球状蛋白质的折叠总是倾向于把疏水残基埋藏在分子内部的现象，疏水作用及疏水和亲水的平衡在蛋白质结构与功能的方方面面都起着重要的作用，二氧化硅、大孔共聚物、黏土、聚氯三氟乙烯（PCTFE）等利用疏水方式固定，而非空硅石固定青霉素酰氨基转移酶、M41S 硅石固定脂酶、微孔陶瓷固定 β -葡萄糖苷酶等则是用亲水方式；稳定蛋白质结构的因素不仅是疏水作用，还有氢键、盐键和范德华力以及肽链内的二硫键、肽链和所含金属元素间的配位键等，常用的硅藻土、沸石、中孔硅介质等仅是利用生物非特异性（范德华力、氢键等）吸附，在浮石—金属（$TiCl_4$）复合物利用配位作用固定 α -淀粉酶时，可得到 50.7% 的初始活力，还有利用透明醋酸纤维素上吡喃糖环上的—OH 基与金属之间的配位作用来固定化酶。这些吸附方法一般都可逆，载体可以重复使用，而且固定操作较为简单，一般没有对酶结构进行强性修饰，因此在很大程度上保持了酶的活性，然而容易遭到溶液中的 pH 值、离子强度、受缓冲液种类、扩散、空间构型、载体性质、底物浓度、亲水性等方面的影响，而且吸附量有限，有发生脱落的情况，因而在操作和使用中需十分注意。

（2）包埋法。包埋法是指用某种半透性载体与游离酶水溶液混合，通过物理或化学手段，借助引发剂进行聚合、沉淀或凝胶化反应将酶限定在不溶的载体的网格中或将酶包裹在其中，从而实现酶固定化的方法。包埋可以分为共价包埋和非共价包埋 2 种。传统包埋主要分为单体聚合、化学交联包埋、物理包埋、凝胶包埋、扩散包埋、渗透包埋、支撑包埋、修饰包埋、共价包埋、双包埋等。在载体的处理方面方法较多，大多数的多聚物包埋，可以通过射线、光或者化学引导其包埋酶。另外一些凝胶包埋通常在低温条件下处理（如聚乙烯醇（PVA）、海藻酸盐- Ca^{2+} 等）。还有一些亲水或疏水性酶被海藻酸盐、壳聚糖、聚丙烯酰胺凝胶、p（HEMA）-水凝胶。包埋过程中载体的选择很重要，载体直接作用酶并影响着酶活性和吸附量、载体的尺寸、化学性质等，还有载体负载量、载体化学性质、扩散，酶被修饰后构造等。可选的半透性材料有凝胶高聚物和高分子半透膜，采用凝胶高聚物载体可将酶固定化成块形、管形、膜等各种网格形状；而高分子半透膜一般用作微胶囊的包埋载体。常用的载体有聚丙烯酰胺凝胶、矽酸盐凝胶、聚酰胺、琼脂、海藻酸钠、角叉菜聚糖等。该法不涉及酶的构象及酶分子的化学变化，制备工艺简便且反应条件温和，因而酶活力回收率较高。包埋法固定化酶易漏失，常存在扩散限制等问题，催化反应受传质阻力的影响，固定化酶的牢度低，不宜催化大分子底物的反应。

（3）共价键法。共价键法又称载体偶联法或共价结合法，是将酶与聚合物载体以共价键形式结合的固定化方法。目前这一方法主要是采用化学修饰来实现，即利用化学修饰的方法在载体表面形成结合活性功能基团，再与酶分子上表面上的氨基酸残基反应，形成共价的化学键，从而使酶分子结合到载体上固定。对载体进行性化学修饰的目的是形成结合活性基团（CAG），这些基团与酶发生结合形成稳定的构象，而这种构型如果是原来酶构象相似的结构，那么酶活性将会不变甚至提高。一般进行修饰的载体具有聚酰叠氮、聚醛、聚酐、聚三嗪等，目前主要应用重氮法、叠氮法、烷基化反应法、硅烷化法、溴化氰法等对有机载体、高分子聚合物、人工合成高聚物等进行化学修饰形成 CAG，可以形成共价键的基团如游离氨基、游离羧基、疏基、咪唑基、酚基、羟基、甲硫基、吲哚基、二硫键等。除了以上介绍的载体与酶形成的基团结合，另外还可以形成间隔臂，能影响载体与酶结合的性能。有报道指出，当酶和载体之间形成间隔臂结合的话，酶的流动性较以前有较大提高，耐碱性提高，对高温也有很大抵御能力。一般现在用作间隔臂的物质最主要的有戊二醛、乙二醇二胺、聚乙烯亚胺、PEG 二胺、乙醛葡聚糖，还有一些蛋白质。另外在酶方面，要使其与载体结合得更加紧密，使其保持活性，也要对其进行适当的化学修饰，一般是对其结构中的非活性位点上的氨基酸进行修饰形成氨基酸残基（AAR），这些残基的形成是通过不同的化学试剂作用而实现的，而目前并没有实现专一的化学药剂对其进行专一的修饰，修饰方法与载体的修饰方法相同，其中重氮法是共价键法中使用最多的一种，将具有氨基的不溶性载体，以稀盐酸和亚硝酸钠处理，成为重氮化物，再与酶分子偶联；肽键法是将有功能基团的载体与酶蛋白中赖氨酸发生作用；烷基化法和芳基化法以卤素为功能基团的载体与酶蛋白分子中的氨基发生烷基化或芳基化反应，形成固定化酶。

这种方式构成的对酶本身的活性位点多数没有作用，酶与载体之间的结合不可逆，连接紧密，一般吸附量大于载体本身，酶不易发生脱落，有良好的稳定性及重复使用性。是目前研究最多的一类酶固定化方法。常用的载体有：纤维素、琼脂糖凝胶、葡聚糖凝胶、甲壳素、氨基酸共聚物、甲基丙烯酸共聚物等。

但该法较其他固定方法反应剧烈，载体的活化或固定化操作较复杂，酶以何种基团参加共价连接以及载体的物理和化学性质等对固定化酶都有影响，要严格控制各操作条件才能使固定化酶的具有较高的活力。如有报道指出，在多孔玻璃固定木瓜蛋白酶的研究中，孔径直接影响酶的吸附量，当孔径是酶分子大小的 3~9 倍时才能有效地固定酶，而在酶扩散限制方面，孔径最好是酶大小的 8 倍。

（4）交联法。交联法亦称架桥法，是通过双功能或多功能试剂和酶分子之间的共价键，得到三向交联网状结构，实现酶固定化的方法。这种多功能试剂称为交联剂，其与共价键法的区别在于此法使用的是交联剂而非载体。常用的交联剂包括戊二醛、鞣酸，此外还有异氰酸盐物、双氨联苯、N，N-聚甲烯双碘丙酮酰胺和 N，N-乙烯双马来酸亚胺等。采用不同的交联条件及在交联体系中添加不同的材料，可以产生物理性质各异的固定化酶，交联法反应比较激烈，固定化后酶活回收率一般较低，通过降低交联剂浓度和缩短反应时间可以提高酶活的保留率。但交联剂一般价格昂贵，因而此法很少单独使用，一般作为其他固定化方法的辅助手段，如和吸附法、包埋法结合使用。

4.6.2.2　新型固定化酶技术

（1）溶胶—凝胶包埋和共价吸附固定化法。此法是先将酶溶解在可溶性的溶胶—凝胶前体中，然后通过物理（包埋）或化学方法形成凝胶将酶包裹起来，再通过交联剂（乙二醛等）进行交联固定，形成固定化酶的方法，其结构示意图如图 4-10。通过该法制备的固定化酶，酶的稳定性高，而且半衰周期长。催化反应时底物可以透过孔道与酶接触反应，而且其孔径可以控制。有报道指出，用溶胶—凝胶法制备的 β-半乳糖苷酶在溶液中含有 K^+、Mg^{2+} 和磷酸盐缓冲液中保持了良好的稳定性，用此方法在固定脂肪酶时其活性相对于传统的有机反应最大提高了 80 倍。

（2）位点特异性固定化酶。位点特异性固定化酶是通过将酶分子表面特定的位点与载体共价结合或亲和连接形成固定化酶的方法。这种结合可

（a）载体结构示意图　　　　　（b）固定化酶结构示意图

图4－10　溶胶—凝胶法固定化酶结构示意图

以控制酶的方向性、同时避免对酶活性位点的破坏、还可以长时间保持酶的活性、基质还可以再利用、酶的固定量也大大增加。目前，利用特异性固定化已经广泛的应用，如免疫中的抗原—载体模式、抗生物素蛋白—生物素、载体底物—酶模式等。通过这些特异性的结合使得酶与载体结合避免了多点结合，多重定位，从而大量地消除了空间障碍，而且很早就已经在亲和色谱中被广泛地应用。

（3）印迹酶固定法（Imprinting enzyme immobilization，IEI）。印迹酶固定法（IEI）是指酶的活性中心构象由于配基、底物、底物类似物（如pH值、温度、离子强度、结合配基等）或其他添加剂（印迹模板）等的存在而发生改变，再利用共价包埋、沉淀交联、冷冻干燥等技术将改变后的构象状态定格形成固定化酶的方法。这种方法可以改变酶的活力或选择性。目前，已应用于β-淀粉酶、胰蛋白酶、蔗糖转化酶等的固定化中，然而这些酶在固定的时候一般要添加底物保护活性位点，否则酶的活性将会降低或完全消失。

（4）修饰固定化酶。修饰固定化酶是基于化学试剂的作用之后再进行固定化，这样经过化学修饰之后酶的活性得以提高，而又不影响酶的活性。这种方法主要分为2种：先修饰酶再固定化和先将酶固定后再修饰。先修饰酶再固定化，就是固定前对酶进行氨基酸残基修饰、加入不饱和键、改变酶的疏水性，如将酶用乙二醇、右旋糖苷等修饰后使得酶的热稳定性提高，然后再进行交联包埋等处理；先固定后修饰，就是先对酶进行化学或者物理的方法进行固定，然后再通过化学试剂进行修饰以进一步提高酶的稳定性。

（5）无载体固定化酶。无载体固定化酶无须活性载体的加入，通常直接将溶解酶、晶体酶、物理聚集酶或喷雾干燥酶粉等用交联剂进行交联进而制备得到的四类无载体固定化酶：交联溶解酶（cross linked enzymes, CLEs）、交联酶晶体（cross linked enzyme crystals, CLECs）、交联酶聚集体（cross linked encyme aggregates, CLEAs）和交联喷雾干燥酶（cross linked spray dried enzyme, CLSDs）。

交联溶解酶（CLEs）的研究较早，是一种将酶蛋白直接与戊二醛交联的一种无载体固定化酶。然而，它在工业领域的应用并不广泛，原因是其缺乏机械稳定性、容易破碎等。虽然它有诸多缺点，但却为之后无载体酶固定化技术的发展奠定了基础。

交联酶晶体（CLECs）是通过对酶晶体的交联而将酶固定的方法。与传统的酶相比，CLECs 在耐热性、pH 值、有机溶剂等方面的耐受性明显提高，而且催化效率也明显高于常规酶催化，均一的孔径使得底物在酶的催化位阻上有了较大的改善。该固定化酶在稳定性和活性保留率方面均比之前的交联溶解酶（CLEs）有了较大程度的改善，各方面性能更为优越。1964 年QUIOCHO FA 等第一次描述了利用戊二醛交联酶晶体，主要利用 X‑ray 衍射研究了酶的晶体结构稳定性，并且这种交联酶晶体表现了活性。CLECs 的制备要首先要将酶通过各种化学手段纯化得到酶的结晶体，然后用双功能交联剂戊二醛对其进行晶体交联，形成一种性能均一的交联酶，酶的构象、底物大小、晶体的形状分子之间的静电作用、疏水作用等影响了CLECs 的活性，通过对交联过程中的条件优化（交联晶体孔径可以通过制备过程中的各种条件进行改变、如搅拌速度、沉淀剂浓度、交联剂浓度、交联剂种类、温度、pH 值等）可得到不同活性的交联酶晶体。由于其制备纯化结晶的程度和条件也更苛刻，费用也较高，这在很大程度上限制了 CLECs技术的应用和发展。目前 CLECs 已经在少数的几种酶中得到应用，而且交联活性较高，其中脂肪酶、蛋白酶、青霉素 G 酰化酶已经投入生产。

交联喷雾干燥酶（CLSDs）是将喷雾干燥的酶粉用来交联而得到的无载体固定化酶。然而，由于现有的技术不能显著改善 CLSDs 酶的活性保留率，交联喷雾干燥交联酶技术在工业生产中无法大规模应用。

交联酶聚集体是（CLEAs）是由交联酶晶体（CLECs）发展而来的，它是用不同沉淀剂（无机盐、有机溶剂或非离子聚合物等）先将溶液中酶蛋白沉淀下来，然后利用双功能试剂将沉淀下来的酶进行交联固定形成不溶的、稳定的固定化酶技术。CLEAS 是 2000 年荷兰 Delfe 大学的 Sheldon小组提出的，主要利用诱导剂将酶形成物理凝集，然而其活性位点并不遭到破坏，蛋白质形成了超分子结构，底物通过聚集体的中间空隙与酶的活性位点作用，从而使酶的活性位点避免与外界的微环境的直接作用。另外，聚集体的形成使得整个团体形成一个疏水基团，因此，微环境中的pH值、温度、有机溶剂等对蛋白质的构型影响较小，从而提高了酶的环境耐受性，稳定性也提高了很多。自2000年以来，CLEAs技术已不仅仅只是停留在纯粹的制备—催化合成上，由于其独有的特点，其与传统载体固定化酶的方法相结合又出现了载体固定化CLEAs、包埋CLEAs、印迹法CLEAs、多酶CLEAs及CLEAs膜浆反应器等多种新技术。

（6）改性载体及新型载体固定化酶。要制得理想的固定化酶，理想的载体与适宜的固定化方法缺一不可，目前，理想的载体除性能优良的天然载体外，可借助现代技术对传统载体进行改性或合成新型载体材料等方法获得。改性载体固定化酶主要是通过表面吸附或表面涂层等物理方法，以及聚合、接枝等化学方法实现载体表面物理性质或化学结构的改变，再利用合适的酶固定化方法制备的固定化酶；新型载体固定化酶是采用经过改性的传统材料、天然的有机或无机材料、高分子合成材料及高分子复合物等作为载体，结合合适的酶固定化方法制备的固定化酶。

图4-11为采用酶固定化的一般方法及相互结合方法制备的各种固定化酶。

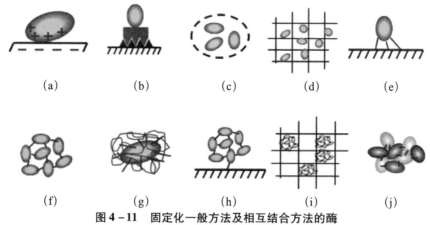

图4-11　固定化一般方法及相互结合方法的酶

（a）离子物理吸附固定化酶　（b）高亲和性物理吸附固定化酶　（c）微胶囊包埋固定化酶　（d）网格包埋固定化酶　（e）共价结合固定化酶　（f）交联固定化酶　（g）单独的纳米凝胶固定化酶　（h）交联—共价固定化酶　（i）交联—包埋固定化酶　（j）组合式CLEAs

注：图片来源，参考文献51

4.6.3 固定化酶在果汁加工中的应用

（1）固定化柚皮苷酶用于柑橘类果汁中的脱苦。固定化柚皮苷酶用于柑橘类果汁中的脱苦的情况如下。

Goldstein 等（1971）将一种由黑曲霉提取的柚皮苷酶与苯乙烯和马来酸酐共聚物载体结合的柚皮苷固定化酶用于水解柚皮苷；Ono 等（1978）将柚皮苷酶固定在单宁氨基己基纤维素上，对日本夏橙汁进行脱苦。Gray 和 Olson（1981）进一步研究发现，果汁底物和所使用的固定化系统本身都会对酶制剂的稳定性产生一定影响：葡萄糖、果糖和鼠李糖无论对游离柚皮苷酶还是固定化柚皮苷酶均有抑制作用。此外，在将柚皮苷水解为樱桃苷和柚皮素的操作参数（流速，膜表面积，温度和酶加载）都会对酶制剂产生影响。Roitner 等（1984）将柚皮苷酶固定于酶反应器中的多孔玻璃载体上，用以将柚皮苷转化为樱桃苷。该过程在中 0.1mol/L 的甘氨酸/氢氧化钠缓冲液及 pH 值为 12 的环境条件下进行，转化率达 98%。产物流中的柚皮素经 $CHCl_3$ 萃取，水相中未反应的底物返回反应器。

青霉柚皮苷酶是从青霉产生的柚皮苷酶，具有 α-L 鼠李糖苷酶和 β-D 葡萄糖苷酶两种酶活。Turecek 和 Pittner（1987）通过使用戊二醛交联剂将其固定在硅酸盐和多醣体上，柚皮苷硅酸盐固定化酶是已知的可在间歇和连续反应器中均能切割蒽醌类化合物和类固醇葡萄糖苷的固定化酶。Tsen 等（1989）研究发现当青霉柚苷酶包埋于三乙酸纤维素纤维中时，比其游离态表现出更高的 Km（米氏常数）值。Tsen 和 Yu（1991）将该纤维包埋酶分别进行了实验仿真情况下和实际生产环境中对葡萄柚汁中柚皮苷和柠檬苦素的水解处理，研究发现，当采用该固定化酶水解柚子汁中的苦味物质时，底物中的糖元组分、有机酸组分和浑浊度水平均保持不变。此外，Manjon（1985）该固定化酶可以通过温水洗涤而再生。青霉柚皮苷酶以共价键形式连接到包覆有可控多孔玻璃（controlled pore glass，CPG）的甘氨酸残基上用以果汁的脱苦。

Puri 等（1996）采用海藻酸钠包埋柚皮苷酶对金诺橘果汁脱苦。该固定化酶包含 30 个单位的柚皮苷酶，固定化载体为一种含 2% 藻酸钠的藻酸盐，在 3h 内的柚皮苷的初始水解率为 82%。固定化扩大了酶的最佳 pH 值范围，提高了不同 pH 值果汁的脱苦工艺灵活性。固定化也提高了酶的热稳定性。Puri 等（1997）提出了使用共价键法固定化柚皮苷酶对金诺橘汁的脱苦。载体材料为廉价的木质纤维，且只需一个单步激活操作。该共价固定化酶也是采用戊二醛将酶与木质纤维结合，酶活不会从载体上溶出。

（2）固定化酶在果汁澄清加工中的应用。目前，国内外对于果汁澄清用固定化酶的研究以固定化果胶酶为主，此外也有固定化漆酶和固定化木瓜蛋白酶用于果汁澄清的报道。

①固定化果胶酶澄清果汁。国内对壳聚糖固定化果胶酶在果汁澄清方面的研究较多，其中林建城等（2012）对球形交联壳聚糖固定化果胶酶澄清枇杷果汁的工艺参数进行了研究；兰欣等（2012）利用壳聚糖固定化果胶酶澄清苹果汁的工艺条件做了研究；张海生（2012）对壳聚糖固定化果胶酶应用到菠萝汁的澄清工艺进行了研究；徐涓等（2013）响应面法优化壳聚糖固定化果胶酶对玛咖汁澄清的效果；上述方法的固定化果胶酶制备工艺基本相同，以林建城制备的壳聚糖固定化果胶酶为例：酶活种类为由黑曲霉提取的果胶酶，载体基质为壳聚糖，制备工艺如下：将壳聚糖按 2:100（w:v）溶于 1% 冰醋酸中，经磁力搅拌成液浓度为 20% 的透明胶液，凝结液组成为 15% NaOH: 75% 乙醇 = 4:1（体积比），以 5.0% 戊二醛交联 6h，制得交联壳聚糖球载体；1g 载体固定 10mg 的果胶酶，载体先与酶液缓慢振荡混合 40 min，后与酶通过间接共价结合，在固定化体系中（pH 值 3.4，温度 40℃）反应 12h，用蒸馏水洗掉未固定的酶，抽干制得球形交联壳聚糖固定化果胶酶。上述研究结果表明，采用壳聚糖固定化果胶酶对果汁的澄清效果明显好于游离酶，且较好地保留了果汁中的主要活性成分，多次重复回收使用后仍保持了较高的酶活稳定性，降低了成本。

②固定化漆酶用于澄清苹果汁。漆酶（氧化还原酶，EC10.3.2）漆酶（氧化还原酶，EC 1.10.3.2）是含铜的糖蛋白，每个蛋白分子含有 4 个铜离子，大多数蛋白呈蓝色。广泛分布于植物、动物和微生物中，特别是在白腐真菌中普遍存在。漆酶可以通过产生自由基氧化果汁中的部分酚类化合物，其相互作用形成不溶性聚合物，可通过离心分离。

Thaís Milena de Souza Bezerra 等（2015）对绿色椰子纤维共价固定漆酶的澄清苹果汁工艺做了研究。酶活种类为白腐菌产生的漆酶（EC1.10.3.2），固定化载体为廉价的绿色椰壳废弃物中提取的纤维素（Coconut Fiber，简称 CF）原料，在碱性培养基中经热解作用预处理制得，交联剂为乙醛或戊二醛，采用共价键结合法分别得到漆酶-乙醛-CF 固定化漆酶和-戊二醛-CF 固定化漆酶。结果表明，两种固定化漆酶保持了游离漆酶活性的（59±1）％，固定比例达到（98±1）％；热稳定性较游离漆酶均有较大提高，其中戊二醛－CF 固定化漆酶提高了 6.8 倍，漆酶－乙醛－CF 固定化漆酶提高了 16.5 倍。漆酶－戊二醛－CF 固定化漆酶在对天然苹果汁（pH 值为 4.2）的澄清中表现优异，经其酶解后去除了苹果汁中高达65％的酚类化合物，使果汁抗氧化能力降低 80％，苹果汁色度下降了（61±1）％，浑浊度下降了（29±1）％，且该酶经 10 次重复使用后，仍能100％保留其初始酶活。

③固定化木瓜蛋白酶用于果汁澄清。在食品工业中，木瓜蛋白酶（EC3.4.22.2）通常被用于肉类嫩化，蛋白质水解产物的生产及果汁和啤酒的澄清。Leila Mosafa 等（2013）对磁性纳米粒子固定化木瓜蛋白酶的制备（其制备过程如下：首先通过共沉淀作用合成磁性纳米颗粒（磁铁矿Fe_3O_4 纳米颗粒），磁性纳米颗粒的直径约为 38nm（扫描式电镜观察），然后用溶胶—凝胶法将纳米颗粒包覆在二氧化硅基质内，再用三甲氧基硅烷作为表面改性剂和偶联剂，将木瓜蛋白酶通过共价结合固定在二氧化硅包覆磁性纳米颗粒表面上从而制得磁性纳米粒子固定化木瓜蛋白酶。）及其在石榴汁澄清中的应用进行了研究。研究结果表明，最佳条件是：温度27.3℃；酶溶液的 pH 值 7.1；木瓜蛋白酶浓度 3.3mg/ml；固定时间 10h。在溶液中，与游离酶相比，固定化酶表现出更强的酶活性，对介质的 pH值环境和温度的变化具有更高的适应性，储存稳定性提高，良好的可重用性，此外，由于基质的磁特性，酶可以很容易地通过对基质施加磁场回收。

Magindag（1989）研究了由淀粉酶、多聚半乳糖酶和柚皮苷酶组成的共固酶系统，其制备工艺如下：加热各种酶并与硅酸盐载体悬浮粒子共溶于水溶液中，再添加戊二醛，最后将所得固体沉淀清洗制得。在降解淀粉和蛋白质及果汁澄清方面，该共固酶系统与固定化淀粉酶和固定化果胶酶制剂分别作用相比，速度更快，得率更高。

（3）固定化果胶酶能提高苹果出汁率。Baowei Wang 等（2013）对草酸青霉 F67 果胶酶固定在磁性玉米淀粉微球载体上的固定化酶特性及其在和苹果汁生产中的应用进行了研究。果胶酶取自草酸青霉 F67（CGMCC2260 号）并通过发酵获得，固定化载体为玉米淀粉微球粒子经戊二醛交联剂在旋转振动培养器中经交联耦合作用制得，果胶酶通过吸附作用被固定在经预处理的磁性玉米淀粉微球粒子上最终得到磁性玉米淀粉微球固定化酶。研究结果表明，固定化果胶酶在重复使用 8 次后仍能保持 60% 的酶活，经游离果胶酶与固定化果胶酶分别处理后苹果汁出汁率分别达到 90% 和 91%，极大地提高了出汁率。此外，较游离酶相比，固定化酶的温度适应性、pH 值适应性、热稳定性都有较显著的提高。

吴定等（2012）对固定化果胶酶处理苹果浆提高出汁率进行了研究。以戊二醛为交联剂采用化学偶联法制备固定化果胶酶，采用响应面法分析固定化果胶酶提高苹果浆出汁率的最佳条件。研究结果表明，最佳工艺条件为：苹果浆适宜 pH 值为 3.43、固定化果胶酶与苹果浆质量比为 1∶15、酶促反应温度 49.4℃、酶促反应时间 3.5h。固定化果胶酶反复使用 10 次时，苹果浆的出汁率为 62.421%，与对照组（以未加果胶酶为对照组）49.09% 相比仍提高约 13%。

（4）固定化酶用于增强果汁香气及合成果香酯。

①固定化葡萄糖苷酶增强酒类增香　Caldini 等（1994）进行了由黑曲霉提取的葡萄糖苷酶固定化后用于酒类增香的研究。该酶制剂来自于一种包含了含 β-葡萄糖苷酶，α-阿拉伯糖苷酶和 α-鼠李糖苷酶 3 种酶活的黑曲霉，3 种酶活按照适于增强酿酒香气的比率配制，由戊二醛固定到一个硅烷化过的膨润土固相载体上，用以达到酒类连续增香的工艺目的。

②固定化脂肪酶催化合成果香酯。水果风味酯（也称果香酯）属于萜烯短链脂肪酸酯类化合物，因该类化合物易挥发并产生不同的水果香气而得名。主要包括乙酸正丁酯、乙酸正丙酯、乙酸正己酯、乙酸香茅酯等多种类型。这些酯是香精香料的通用成分，广泛用于食品、饮料、化妆品和制药等行业。这些风味化合物天然存在于各种水果中，如苹果、草莓、梨、柑橘等，工业生产中只有少量可从天然植物中分离提取，一般通过化学方法合成。但由于化学合成方法中涉及的有机溶剂往往有微毒，且反应条件剧烈容易产生其他副反应或分解反应，从而影响香味酯的质量。目前正逐渐被酶催化合成方法取代，该方法克服了化学合成方法的缺点，反应条件温和，转化率高，产物质量高。

Paramita Mahapatra 等（2009）对固定化脂肪酶催化合成乙酸正丁酯和乙酸正丙酯两种果香酯做了研究。用于酶催化合成的脂肪酶（EC 3.1.1.3）可水解酯键，对可逆反应—酯化作用/酯交换反应具有催化作用。该脂肪酶提取自寡孢根霉菌 NRRL 5905，通过交联法固定在硅凝胶 60 上制成固定化脂肪酶。以乙酸乙烯酯作为酰基基质，分别与正丁醇和正丙醇在固定化脂肪酶催化作用下发生酯交换反应，生成正丁醇和正丙醇的互变异构体乙酸正丁酯的和乙酸正丙酯，从而得到上述两种果香酯。并基于三阶响应面分析法（RSM）和四变量中心复合设计（CCD）法，对酶催化反应的最优工艺参数（包括）进行了研究，结果表明：在酶浓度 27.5%，振动速度 215r/min，反应时间 28h，温度 26.5℃时，乙酸正丁酯的摩尔转化率为 54.6%；在酶浓度 29.8%，振动速度 101r/min，反应时间 28h，温度 28.2℃时，乙酸正丙酯的摩尔转化率 56.5%。同时，用于催化作用的固定化脂肪酶在重复使用 3 次后，仍保留了几乎 100% 的摩尔转化率。

唐功（2011）以脂肪酸为印迹模板，对脂肪酶进行生物印迹，然后利用印迹脂肪酶催化合成乙酸薄荷酯，并对印迹后酶的性能和影响酶促反应条件进行了讨论。研究结果表明，以正己烷为反应介质、反应温度 40℃、加水量 100μl、醇酸摩尔比 1∶2、正辛酸为印迹模板等工艺参数下，酯合成转化率达最大值。

侯丽云（2013）分别采用溶胶—凝胶包埋法（硅源为摩尔比 1∶1 的 r-甲基丙烯酰氧丙基三甲氧基硅烷和四甲氧基硅烷）和吸附法及共价结合法（以邻苯二胺为单体制备的聚苯胺空心粒子和实心粒子载体）制备固定化脂肪酶，研究两种方法制备的固定化脂肪酶在不同工艺条件下对催化合成乙酸香茅酯的影响。结果表明，溶胶—凝胶包埋法固定化酶催化合成乙酸香茅酯的优化条件为：固定化酶的用量为 0.1g/ml，反应温度为 40℃，反应过程中摇床转速为 200r/min；共价结合法固定化酶催化合成乙酸香茅酯的优化条件为：固定化酶的用量为 0.1 g/ml，反应温度为 50℃，反应过程中摇床转速为 200r/min。

杨本宏等（2006）对用海藻酸钠固定化的脂肪酶在有机溶剂中，乙酸与正己醇之间催化合成乙酸正己酯的酯化反应及其最佳工艺参数进行了研究。研究结果显示，溶剂为正庚烷、醇酸摩尔比为 1∶1、底物浓度为 0.15mol/L、温度 70℃、pH 值为 7.5、酶湿度为 8.9%、吸水剂用量为 0.20g/ml，反应 5h 后，乙酸正己酯的转化率达 88%。

参考文献

［1］李小冬，吴嘉，贾东晨，等．固定化酶的研究方法概述［J］．中国酿造，2011（11）：5-6.

［2］仇农学．现代果汁加工技术与设备［M］．北京：化学工业出版社，2006.

［3］刘苏苏，吕长鑫，李萌萌，等．酶制剂在果蔬汁澄清及加工中的应用研究进展［J］．
2014，5（10）：3 278－3 280．

［4］王丽莉．纤维素及半纤维素水解技术的探索［D］．青岛：中国海洋大学，2012．

［5］陈清华，冯钦龙，周辉．纤维素酶生产的研究进展［J］．酶制剂在饲料工业中的
应用，2005：204－285．

［6］胡学智，王俊．蛋白酶生产和应用的进展［J］．工业微生物，2008，38（4）：
49－50．

［7］赵允麟，顾宇峰．果蔬加工用软化酶的研究［D］．无锡：江南大学，2004．

［8］刘莹，王璋，许时婴．复合酶制剂在浑浊苹果汁加工中的应用［J］．食品与发酵
工业，2007，33（9）：165－167．

［9］陈娟，阚健全，杜木英，等．果胶酶制剂及其在果浆出汁和果汁澄清方面的应用
［J］．中国食品添加剂，2006（03）：119－121．

［10］王鸿飞，李和生，马海乐，等．果胶酶对草葛果汁澄清效果的研究［J］．农业
工程学报，2003，19（3）：161－162．

［11］任俊，曹飞．果胶酶澄清猕猴桃汁最佳工艺条件研究［J］．中国食物与营养，
2008（8）：45．

［12］曹雪丹，方修贵，周伟东．澄清工艺对蓝梅果汁品质的影响［J］．浙江农业学
报，2014，26（4）：1042．

［13］刘波．果胶酶对蓝梅果汁澄清效果的研究［J］．北方园艺，2014（3）：127．

［14］刘崑，杨玲辉，闫迎春．果胶酶澄清葡萄汁的工艺研究．中国农学通报［J］．
2011，27（05）：447．

［15］唐小俊，池建伟，张名位，等．果胶酶和纤维素酶澄清荔枝提取液研究［J］．
食品工业，2007（2）：11．

［16］钟琳．橙汁浑浊稳定性研究［D］．重庆：西南大学，2010：1－5．

［17］康效宁，戴萍，吉建邦，等．成熟度对香蕉出汁率的影响及其酶解工艺优化［J］．
食品工业科技，2014（4）：182．

［18］姚石，周如金，朱广文．不同条件下榨取的荔枝汁在贮藏中的变化［J］．安徽
农业科学，2011，39（1）：255－256．

［19］谌国莲，陈穗，孙远明，等．混合酶在澄清荔枝汁中的应用研究［J］．食品工
业科技，2001，22（2）：32．

［20］席美丽，李志西，王小铁，等．酶法提取红枣汁工艺研究［J］．2002，11（4）：
52～54．

［21］杨辉，陈永康，张智锋，等．果胶酶提高苹果出汁率工艺条件的优化［J］．食
品科技，2006（5）：77－78．

［22］黄国清，肖仔君，梁小颖，等．西番莲果汁加工工艺研究［J］．食品科学，
2006，27（8）：187．

[23] 李长春，王捷，张久红，等．复合酶对沙棘果汁出汁率的影响 [J]．国际沙棘研究与开发，2006，4（4）：8．

[24] 刘兴艳，张树林．果胶酶对樱桃提汁效果的研究 [J]．农产品加工学刊，2008（8）：35-36．

[25] 徐斐，华泽钊，王璋，等．酶法全橙汁生产工艺的研究 [J]．食品工业，2002（2）：4．

[26] 雷昌贵，蔡花真，孟宇竹，等．果胶酶在果汁生产中的应用 [J]．2008 年河南省食品学会征文：30-31．

[27] 马清河，胡常英，刘丽娜，等．葡萄糖氧化酶在果汁保鲜中的应用 [J]．中国食品添加剂，2005（1）：77．

[28] 蓝航莲、吴厚玖、孙志高．甜橙全果去皮技术的研究 [J]．食品工业科技，2003（5）：54-55．

[29] 单杨，李高阳，张菊华．柑橘酶法全果去皮技术研究 [J]．中国食品学报，2009-9（1）：108．

[30] 王素雅，酶法液化制备澄清型香蕉汁 [D]．无锡：江南大学，2004：45-47．

[31] 万楚筠，周坚．酶法制取甜柿浑浊果汁的工艺研究 [J]．食品与发酵工业，2006，32（2）：136．

[32] 陈穗，何松．酶技术在果蔬汁加工中的最新应用．四川食品与发酵．2000（4）：43-44．

[33] 单杨，李高阳，张菊华，等．柑橘酶法全果去皮技术研究 [J]．2009，9（1）：107．

[34] 单杨．柑橘全果制汁及果粒饮料的产业化开发 [J]．中国食品学报，2012，12（10）：5-7．

[35] 王卫东，孙月娥．果胶酶及其在果蔬汁加工中的应用 [J]．食品研究与开发，2006，27（11）：223-224．

[36] 李彦锋，李军荣，伏莲娣．固定化酶的制备及应用 [J]．高分子通报，2001（2）：13-14．

[37] 党辉，张宝善．固定化酶的制备及其在食品工业的应用 [J]．食品研究与开发，2004，25（3）．

[38] 李小冬，吴嘉，贾东晨，等．固定化酶的研究方法概述 [J]．中国酿造，2011（11）：5-6．

[39] 鹿波．固定化酶的制备与酪蛋白合成类蛋白的研究 [D]．哈尔滨：东北农业大学，2007：1-3．

[40] 罗丽萍，熊绍员．固定化酶及其在食品工业中的应用 [J]．江西食品工业，2003（3）：10-11．

[41] 陈冬梅．固定化酶及其在食品工业中的应用 [J]．食品科学，2010（19）：

330 -331.

［42］陈建龙，祁建城，曹仪植，等．固定化酶研究进展［J］．化学与生物工程，2006，23（2）：7 - 8.

［43］毕淑娴．固定化酶载体的制备及其性能研究［D］．西安：陕西师范大学，2007：1 - 4.

［44］王坤．固定化酶在工业中的应用［J］．山东理工大学学报（自然科学版），2006，20（5）：107 - 108.

［45］张超，高虹，李冀新．固定化酶在食品工业中的应用［J］．中国食品添加剂，2006：136.

［46］孙嘉文．果胶酶的化学修饰、固定化及其应用研究［D］．南京：南京财经大学，2012：6 - 7.

［47］王亚辉．果胶酶固定化载体的制备及固定化工艺、酶学特性研究［D］．西安：陕西师范大学．2010：6 - 7.

［48］高振红，岳田利，袁亚宏，等．果胶酶在果品加工中的应用及其固定化研究［J］．农产品加工学刊，2007（3）：31 - 33.

［49］韩志萍，叶剑芝，罗荣琼．固定化酶的方法及其在食品中的应用研究进展［J］．保鲜与加工，2012，12（5）：48 - 49.

［50］孙嘉文．果胶酶的化学修饰、固定化及其应用研究［D］．南京：南京财经大学，2012：6 - 7.

［51］Y. -H. Percival Zhang, Suwan Myung, Chun You, et al. Toward low-cost biomanufacturing through in vitro synthetic biology：bottom-up design［J］. Mater. Chem. , 2011, 21.

［52］包怡红，李雪龙．木聚糖酶在食品中的应用及其发展趋势［J］．食品与机械，2006，22（4）：132.

［53］Munish Puri, Aneet Kaur, R. S. Singh, et al. One-step purification and immobilization of His-tagged rhamnosidase for naringin hydrolysis［J］. Process Biochemistry, 2010, 45：451 - 456.

［54］Pich A, Bhattacharva S, Adler H1, et al. Composite magnetic particles as carriers for laccase from f rametes versicolor［J］. M acromol Biosci, 2006, 6（4）：301 - 310.

［55］Munish Puri, Uttam Chand Banerjee. Production, purification, and characterization of the debittering enzyme naringinase［J］. Biotechnology Advances, 2000, 18：207 - 217.

［56］ThaísMilena de Souza Bezerra, Juliana Cristina Bassan, Victor Tabosa de Oliveira Santos et al.

［57］Covalent immobilization of laccase in green coconut fiber and use in clarification of apple juice. ［J］. Process Biochemistry, 2015, 50：417 - 423.

［58］BaoweiWang, Fansheng Cheng, Yanyan Lu, et al. Immobilization of pectinase from

Penicillium oxalicum F67 onto magnetic cornstarch microspheres：characterization and application in juice production ［J］. Journal of Molecular Catalysis B：Enzymatic, 2013, 97：137－143.

［59］吴定, 孙嘉文, 黄卉卉, 等. 固定化果胶酶提高苹果出汁率的研究 ［J］. 食品科学, 2012, 33（16）：40－44

［60］王岁楼, 王琼波. 漆酶在食品工业中的应用及其产生菌的研究 ［J］. 食品科学, 2005, 26（2）：260－261.

［61］刘家扬, 蔡宇杰, 廖祥儒, 等. 漆酶高产菌的筛选及产酶优化 ［J］. 食品与机械, 2010, 26（7）：10.

［62］林建城, 梁杰, 苏渊红. 球形交联壳聚糖固定化果胶酶在枇杷果汁澄清中的应用 ［J］. 食品与发酵工业, 2012, 38（11）：84.

［63］林建城, 陈炎侦, 林金明, 等. 球形交联壳聚糖固定化果胶酶的制备及特性研究 ［J］. 四川农业大学学报, 2009, 27（1）：73.

［64］兰欣, 徐哲, 于璐, 等. 壳聚糖固定化果胶酶对苹果汁的澄清效果研究 ［J］. 食品工程, 2012（3）：99.

［65］张海生. 壳聚糖固定化果胶酶用于澄清菠萝汁的研究 ［J］. 食品工程, 2012（2）：113

［66］徐涓, 张弘, 孙彦琳, 等. 响应面法优化壳聚糖固定化果胶酶对玛咖汁澄清的效果 ［J］. 食品科学, 2013, 34（16）：34.

［67］夏文水, 谭丽. 壳聚糖固定化酶研究进展 ［J］. 食品与机械, 2007, 23（6）：7－8.

［68］纵伟, 刘艳芳, 赵光远. 磁性壳聚糖微球固定化脂肪酶的研究 ［J］. 食品与机械, 2008, 24（1）：13.

［69］钱婷婷, 杨瑞金, 华霄, 等. 改性磁性壳聚糖微球固定化乳糖酶 ［J］. 食品与机械, 2011, 27（1）：7.

［70］Paramita Mahapatra, Annapurna Kumari, Vijay Kumar Garlapati, et al. Enzymatic synthesis of fruit flavor esters by immobilized lipase from Rhizopus oligosporus optimized with response surface methodology ［J］. Journal of Molecular Catalysis B：Enzymatic, 2009, 60：57－63.

［71］杨本宏, 蔡敬民, 吴克, 等. 非水相中脂肪酶催化合成乙酸正己酯 ［J］. 食品工业科技, 2006（6）：144.

［72］唐功. 印迹脂肪酶催化合成乙酸薄荷酯研究 ［J］. 粮食与油脂, 2011（4）：25.

［73］虞英. 脂肪酶固定化及其应用研究 ［D］. 无锡：江南大学, 2007：7－8.

［74］侯丽云. 脂肪酶固定化及其在催化合成乙酸香茅酯中的应用研究 ［D］. 扬州：扬州大学, 2013：1－3.

［75］钟琳. 橙汁浑浊稳定性研究 ［D］. 重庆：西南大学, 2010：1－5.

［76］王慧超，陈今朝，韩宗先. α-淀粉酶的研究与应用［J］. 重庆工商大学学报（自然科学版），2010，27（4）：370-371.

［77］文蓉，黎继烈，崔培梧，等. 柑橘类果汁的酶法脱苦研究进展［J］. 北方园艺，2009（3）：131-132

［78］梁多，黄敏，王一凡. 果胶酶处理对草莓浆流变特性的影响［J］. 食品研究与开发，2013，34（24）：45.

［79］王鸿飞，李和生，马海乐，等. 果胶酶对草莓果汁澄清效果的研究［J］. 农业工程学报，2003，19（3）：164.

［80］缪少霞，励建荣，蒋跃明. 果汁稳定性及其澄清技术的研究进展［J］. 食品研究与开发，2006，27（11）：173-175.

［81］李欠盛. 果胶酶在胡萝卜、草莓制汁中的应用与效应［D］. 南京：南京农业大学，2006：6-8.

［82］薛长湖，张永勤，李兆杰，等. 果胶及果胶酶研究进展［J］. 食品与生物技术学报，2005，24（6）：94-96.

［83］唐小俊，池建伟，张名位，等. 果胶酶和纤维素酶澄清荔枝提取液研究［J］. 食品工业，2007（2）：11-13.

［84］张海生. 壳聚糖固定化果胶酶用于澄清菠萝汁的研究［J］. 食品工程，2012（2）：113-114.

［85］韩玉杰，李志西，杜双奎. 红枣酶解法提汁工艺研究［J］. 食品科学，2003，24（4）：85.

［86］韩玉杰. 红枣酶解法提汁工艺优化研究［D］. 杨凌：西北农林科技大学，2003：50.

［87］邬钧屹. 酶在果汁加工中的应用研究进展［J］. 广西轻工业，2010（1）：9-10.

［88］乔德亮，胡冰，曾晓雄. 酶固定化及其在食品工业中应用新进展［J］. 食品工业科技，2008，29（1）：304-306.

［89］肖玫，陈连勇. 酶在食品工业中的应用与前景［J］. 食品科学，2006，27（12）：

［90］蒯月娣，孙月娥，王卫东. 酶技术在红枣汁提取中的应用研究［J］. 食品工业，2012（1）：31.

［91］李静燕，杨玉玲，李春阳，等. 酶法提高草莓出汁率的工艺优化［J］. 江西农业学报，2011，23（9）：158.

［92］王登良，严玉琴，王盈峰，等. 酶法浸提枸杞的研究［J］. 食品与生物技术学报，2006，25（1）：87.

［93］张慧. 银杏浊汁的酶法制备及其稳定机理研究［D］. 无锡：江南大学，2008：7-10.

［94］张倩. 新型果蔬加工用酶粥化酶的研究［D］. 无锡：江南大学，2004：3-4.

［95］徐涓，张弘，孙彦琳，等．响应面法优化壳聚糖固定化果胶酶对玛咖汁澄清的效果［J］．

［96］游金坤，余旭亚，赵鹏．吸附法固定化酶的研究进展［J］．化学工程，2012，40（4）：1－3.

［97］吴丹莉．微生物酶制剂在食品生产中的应用［J］．应用技术，2010（16）：79－80.

［98］胡斌杰，曹红霞，陈金峰．热水法与酶解法浸提红枣取汁最佳工艺比较［J］．食品研究与开发，2011（1）：46－48.

第5章 果汁分离及辅助设备

作为得到细胞液的工艺过程，压榨工序是水果浓缩清汁加工最重要的工艺环节。压榨工序的作业效果不仅决定着整个水果浓缩清汁加工过程的经济效果，而且制约着浓缩清汁的品质效果。因此，应充分重视压榨工序的作业效果，以维持高而稳定的生产能力和始终如一的高品质产品。

果汁加工中破碎压榨工艺广泛适用于仁果、核果、浆果及部分蔬菜的汁液分离作业，涉及的物料种类广、总量大、产值高，破碎压榨工艺是果汁分离中的主要和典型的工艺过程，物料破碎、压榨设备也相应成为重点关注的设备门类。本章主要介绍果汁分离的设备及其工作原理。

5.1 破碎物料机械

果汁加工中使用的破碎机或磨碎机，有辊式、锤击式和打浆机等。不同果实选择不同类型的处理机械。例如葡萄采用专用的破碎机分离果实与果梗，或先通过去梗机去除果梗后再破碎，苹果、梨、杏、番石榴等采用破碎机将果实进行破碎，橘子和番茄等带肉果汁和带果肉鲜果汁可使用打浆机来破碎和取汁。

5.1.1 打浆机

打浆机主要用于浆果、番茄等原料的打浆、去果皮、去果核等，使果肉、果汁等与其他部分分离，便于果汁的浓缩和其他后续工序的完成。打浆机分单道打浆机和多道打浆机，后者也称为打浆机组。有单道打浆机，二道打浆机，甚至多道打浆机组，但它们的原理都是主轴带动叶轮高速旋转，物料被叶轮带动与筛网摩擦挤压，使得水果原料的果肉、汁与皮、籽分离，果肉和汁通过筛网上的小孔由出料口排出，废品由排渣口排出；如果是双道打浆或者多道打浆，就是第一道的产品进入第二道继续打浆，以此类推。

（1）单道打浆机。单道打浆机的基本结构如图 5 – 1 所示。主要包括圆筒筛、破碎桨叶、打浆刮板、轴、机架及传动系统，还有进料斗、出料口等构成，破碎桨叶和擦碎物料用的刮板依次安装在由传动系统驱动的轴上，轴支撑在轴承上。有的去核打浆机还配有螺旋推进器和出渣口。

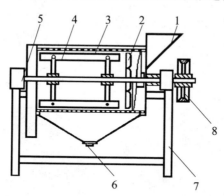

图 5 – 1　单道打浆机结构原理简图
1. 进料斗；2. 破碎桨叶；3. 圆筒筛；4. 刮板；
5. 轴；6. 出料口；7. 机架；8. 带轮

①圆筒筛。圆筒筛是一个两端开口的渣汁分离装置，如图 5 – 2 所示，通常水平安装在机壳内并固定在机架上。筒身用 0.35 ~ 1mm 厚不锈钢板（在其上面冲有孔眼，孔径范围在 0.4 ~ 1.5mm，开孔率约为 50%。）弯曲成圆厚焊接而成，并在其两边焊上加强圈以增加其强度。但也有用两个半圆体由螺钉连接而成筒体。圆筒筛一般在对物料要求较精细的打浆机中都有安装。

②破碎桨叶。破碎桨叶在整个工作过程中起着初步粉碎果实的作用，如图 5 – 3 所示。当果实由进料口进入，经螺旋传输进入滚筒，首先要通过破碎桨叶的破碎作用再进入滚筒打浆，破碎桨叶通过轴套焊接安装在转轴上，一端通过轴肩固定，另一端可通过开口销固定。

③打浆刮板。打浆刮板实际上是长方形的不锈钢板，它由夹持器固定在轴上，一般刮板数为 3 块（此时在圆筒的径向夹角呈 120°），也有 4 块的，外形结构如图 5 – 4 所示，每一刮板与轴线之间有一个被称为导程角的夹角，范围在 5°左右。用螺栓安装在轴上的夹持器上，与轴同步转动，通过调整螺栓可以调整刮板与圆筒筛内壁之间的距离，其为了保护圆筒筛不被刮板碰破，有时还在刮板上装有无毒耐酸橡胶板。

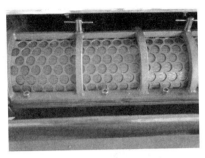

图 5-2 圆筒筛外形　　　　　图 5-3 破碎桨叶外形

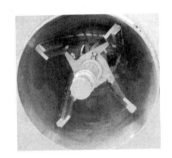

图 5-4 打浆刮板外形图

单道打浆机的整个固液分离作业过程如下：物料进入筛筒后，电动机通过传动系统带动主轴及与其固连的打浆刮板转动，由于打浆刮板的回转作用和导程角的存在，使物料在刮板和筛筒之间沿着筒壁向出口端移动，移动轨迹为一条螺旋线。物料就在打浆刮板与筛筒之间的移动过程中受离心力作用而被摩擦破碎，汁液和肉质（已成浆状）从圆筒筛的孔眼中流出，在收集料斗的下端流入贮液桶。皮和籽等则从圆筒另一侧出渣口卸下，以此达到分离的目的。图 5-5、图 5-6 为不同型号的单道打浆机。

图 5-5 DJ-1 型打浆机外形图

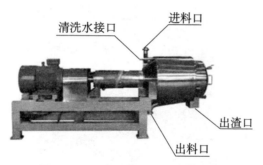

清洗水接口　进料口

出渣口

出料口

图 5 - 6　MDJ 型去核打浆机外形图

（2）多道打浆机。上面介绍的是单机操作的打浆机。在很多场合中，如番茄酱生产流水线中，是把 2~3 台打浆机串联起来使用的，根据数目的不同划分为双道打浆机和三道打浆机，它们安装在同一个机架上，由一台电动机带动，称为打浆机的联动。打浆机联动时，各台打浆机的筛筒孔眼大小不同，前道筛孔比后道筛孔孔眼大，即一道比一道打得细。

①双道打浆机。双道打浆机工作原理：上道工序来的水果原料进入头道物料桶内，主轴带动叶轮高速旋转，物料被叶轮带动与筛网摩擦挤压，使得果肉、汁与皮、籽分离，肉和汁通过筛网上的小孔进入二道物料桶内，皮和籽则向轴端推进经过排渣口排出，二道物料桶结构与头道相同，只是二道筛网网眼直径更小，主轴转速更高。图 5 - 7、图 5 - 8 为不同型号的双道打浆机。

图 5 - 7　DJ - 2 型双道打浆机

②三道打浆机。如图 5 - 9 为 DJ - 3 型三道打浆机，其工作原理与单道打浆机不同，没有破碎原料用的浆叶，破碎专门由破碎机进行。破碎后的果浆用螺杆泵（浓浆泵）送到第 1 道打浆机打浆，第 1 道打浆机离地面有

图 5 - 8　GDJ 型高速双道打浆机

一定高度，必须在操作台上进行操作和管理，汁液汇集于底部，经管道进入第 2 道打浆机中。同第 1 道打浆机一样，汁液是由其本身的重力经管道流入第 3 道打浆机中继续打浆。因此，打浆机联动时，由第 1 至第 3 道打浆机是自上而下排列的。

图 5 - 9　DJ - 3 型三道打浆机

（3）五味子打浆机。五味子是我国的传统中药，富含多种营养成分，药理作用广泛，保健作用确实，是一种开发前景良好的药食兼用植物。随着五味子药用价值被人们广泛地接受，五味子的种植面积快速增加，同时一系列的以五味子为添加成分的药物、保健饮料、酒水等产品快速发展起来，而五味子必须以浆汁的形式被应用。吉林省通化市农机工程研究设计院的田忠静等人（2013）设计了一种针对五味子去核、去梗并打浆的五味子专用打浆机械。如图 5 - 10 所示，五味子打浆机主要由机架、梗粒分离机构、打浆机构和传动部分组成。

①梗粒分离机构。梗粒分离机构的主要部件是钉齿轮，其结构如图 5-11 所示，细长的钉齿焊接在轮轴上，钉齿与轮轴呈 10° 的倾斜角，在轮轴表面螺旋分布，当果穗经进料口投入，钉齿插入果梗与果粒之间的空隙，使果穗附着在轮轴表面，同轮轴一同做圆周运动，由于离心力的作用，果粒脱离果梗，经筛网进入打浆机构。而果梗由于果粒的脱离，不再附着在轮轴表面，落到筛网上，因为钉齿的排布是螺旋的，所以，轮轴在旋转的同时，会使果梗产生轴向的运动分量，向排梗口运动，最终排出机体。

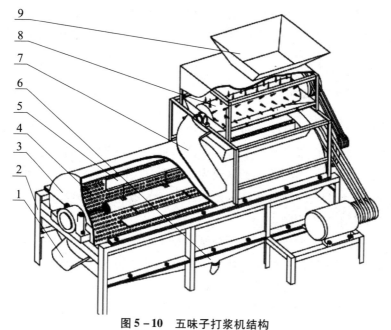

图 5-10　五味子打浆机结构

1. 排料口；2. 机架；3. 外壳；4. 筛网；5. 打浆板；
6. 集浆槽；7. 排梗口；8. 钉齿轮；9. 进料口

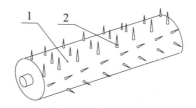

图 5-11　钉齿轮机构

1. 轮轴；2. 钉齿

②打浆机构。打浆机构的主要部件是打浆板，打浆板由主轴和刮板组成，3块刮板呈120°夹角安装在主轴上，刮板与主轴轴向夹角为8°，当主轴旋转时，籽粒与刮板碰撞，使果粒破碎，果浆经筛网流入集浆槽。由于刮板与主轴轴向呈一定角度，刮板表面的物料会产生轴向的运动分量，因此果核及果皮在刮板的作用下，向排料口运动，最终排出机体。

③工作原理。五味子由投料口投入梗粒分离机构，在旋转的钉齿轮作用下，果粒与果梗分离，果粒通过筛孔进入打浆机构，果梗由排梗口排出机体。进入打浆机构的果粒经旋转的打浆板击打成果浆，通过筛网的过滤进入集浆槽，筛网上的果核及果皮经排料口排出机外。其中，梗粒分离机构及打浆机构可分开作业，只需单独配备电机就可作为单独的机体对五味子进行梗粒分离作业或打浆作业。

5.1.2　水果破碎机

破碎机械设备的发展是和人类的生存、生活和生产技术的相应进步分不开的。水果破碎机是制造果酒、果酱、果汁饮料等的加工企业必不可少的设备之一。最原始的破碎工具应为石器时代的石槌、石臼、石碾和石磨等。由于物料的物理性质和结构差异很大。为适应各种物料的要求，对破碎机的要求也各不相同。

水果破碎机主要用来获取不规则的果蔬碎块，即水果的榨前破碎。根据榨汁作业对于破碎料的榨汁特性的需要，所使用的水果破碎料粒度需要在适当的范围内。根据原料破碎后的粒径不同，破碎机可分为普通破碎机、微破碎机和超微破碎机等类型，果汁加工主要用普通破碎机，近年对微破碎机及超微破碎机的研究也日渐增多。目前，果汁加工中常用的破碎机主要有锤片式破碎机、辊式破碎机、齿刀式（也称鼠笼式或锯齿碟片式）破碎机和鱼鳞孔刀式破碎机等。

（1）锤片式破碎机。锤片式破碎机的应用十分广泛，其一般构成如图5-12所示。该型机适用于浆果类果蔬（西红柿、猕猴桃、胡萝卜、桑葚、番木瓜等）的破碎。同时，也能对经预煮软化过的仁果类的果蔬（苹果、梨等）进行破碎，破碎粒度为4~5mm。

其中，常见的锤片形状如图5-13所示，有矩形、阶梯形、尖角形、多尖角形、环形等形状，以及采用特殊材料包角的如焊耐磨合金制造的锤片。

物料接触部件均为不锈钢制造。视物料不同，出料斗有斗式和管式两

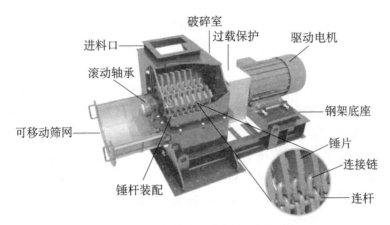

图 5 – 12 锤片式破碎机的一般构成

图 5 – 13 常见的锤片形状

种形式。按照物料喂入粉碎室的方向不同进行分类，锤片式破碎机主要分为 3 种，如图 5 – 14 所示，其中，对于处理量较大场合，多采用径向喂入式破碎机。

(a) 径向喂入式   (b) 切向喂入式   (c) 轴向喂入式

图 5 – 14 锤式破碎机的类型

锤片式破碎机的破碎方式为锤碎筛分方式，主要利用锤片高速打击水
果原料，使其碎裂，并通过筛网孔径控制果糜中颗粒的粒度。其作业过程
如图5-15所示：物料从进料口进入粉碎室后，便受到随转子高速回转的
锤片的打击，进而飞向固定在机体上的筛板（或筛网）而发生碰撞。筛网
材料通常为冷轧钢板。筛网对转子的包角α随进料方式不同而异，切向喂
入式粉碎机的包角α≤180°，轴向喂入式的α=360°，径向喂入式的α<
360°，物料粉碎的粒度取决于筛网孔径的大小。落入筛面与锤片、之间的
物料则受到强烈的冲击、挤压和摩擦作用，逐渐被粉碎。当粉粒体的粒径
小于筛孔直径时便被排出粉碎室，较大碎粒继续粉碎，直至全部排出
机外。

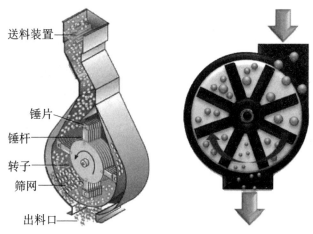

送料装置

锤片

锤杆

转子

筛网

出料口

图5-15　锤碎筛分原理图

锤片迎击面对物料能够产生强烈的挤压作用，使受冲击区域里一定深
度的细胞产生了广泛的破坏。由于锤击破碎属无支撑破碎，对硬脆性物料
第一次打击产生粒度分布很宽的多种碎块，很多碎块并未承受锤片的直接
打击，这些碎块除表面细胞部分破裂外心部细胞几乎全部完整，并且很多
这样的碎块不经第二次及以后的打击直接通过筛孔筛出。因此，锤碎筛分
尽管能够有效控制果糜中的颗粒粒度，但破碎后物料的细胞的破碎率不
高，压榨后的果渣中可见细胞完整的果肉颗粒。

图5-16为目前国内外不同厂家生产的锤片式水果破碎机。

（2）辊式破碎机。辊式破碎机的破碎原理为齿辊压搓的破碎方式，利
用相向转动的两个齿辊（单组或双组），夹持挤压或剪切和撕扯物料获得
细碎果糜，如图5-17所示。由于夹持物料的需要，辊面上的齿高不能太

(a) 福尔喜锤片式水果破碎机
(图片来源，福尔喜公司)

(b) 德国奔马（Bellmer）BAC系列锤片式水果破碎机
(图片来源，奔马公司)

(c) 国内其他厂家生产的锤片式水果破碎机

图 5-16　国内外不同厂家生产的锤片式水果破碎机

小，从而形成相对尺寸较大的齿槽，破碎时产生的碎块中的细胞由于不能受到有效地挤压而多数保持完整。通过齿形的变化可用于挤压、碾碎或剪切，即便强纤维性物料也可处理。

①分类。辊式破碎机一般分为无齿辊式破碎机和含齿辊式破碎机两类，无齿辊式以挤压为主，如设计差速运行，则可有揉搓之功能，无齿辊式破碎机按照辊轮的数目又可分为双辊或三辊式粉碎机，如图 5-18 所示，一般应用较多的是双辊式，不含齿的双辊式破碎机多用于挤压而完成破碎

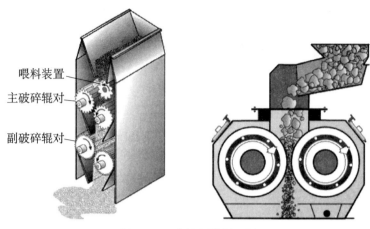

图 5-17　齿辊压搓原理图

或粉碎任务，在应对硬质脆性或粉性物料时，其可以迅速完成任务。三辊式破碎机可用于较细粒度的破碎，由于三辊之中的一支辊轴为公用辊，另外两支分别配合它完成粗碎与粉碎任务，在此结构之中，物料可以一次完成从较大颗粒到粉末的过程，简化生产流程，破碎粒度可以达到20~150目的细度。

(a) 双辊式

(b) 三辊式

图 5-18　辊式破碎机形式

　　含齿的双辊式破碎机其最大作用在于剪切和撕扯，含齿辊的剪切和撕扯力主要来源于齿间差速，此类型破碎机对物料的适应性强，高强度的辊齿可以满足多种要求。

　　②破碎辊齿形。含齿辊式破碎机破碎辊的齿形可以有十余种变化，图 5 - 19 为几种常见的齿形。

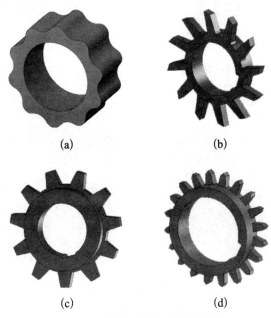

(a) (b)

(c) (d)

图 5 - 19　辊式破碎机破碎辊齿形

　　不同的齿形可以适应不同的物料需求，图 5 - 19 中：（a）齿形为花瓣形，用于葡萄、蓝莓等浆果类水果的预处理破碎，可防止破碎时撕碎果皮、压破种子和碾碎果梗；（b）齿形有利于刺破表面硬脆的物料，如苹果、梨等；（c）齿形适于挤压粉性物料；（d）齿形有利于剪切，可用于纤维性物料的破碎。也可以将两种刀片结合到一台设备上，从而达到更广泛的适应性。调整两破碎辊间的中心距，以满足不同破碎率的要求。

　　③破碎辊材料。破碎辊材料有多种选择，如图 5 - 20 所示。除不锈钢材料外，主要为食品级橡胶材料，也有高纯度陶瓷辊，适用于高纯度物料要求，在双辊、三辊甚至多辊式之中均可应用。

　　最为简单的一种辊式水果破碎机是手摇式水果破碎机，如图 5 - 21 所示。其用来破碎硬水果（苹果、梨）也能用来破碎草莓和土豆，它利用螺旋滚上装有的不锈钢钉起到破碎作用。

（a）不锈钢破碎辊　　　　　　　　　　　（b）陶瓷破碎辊

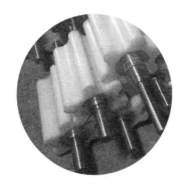 

（c）橡胶破碎辊

图 5 − 20　破碎辊材料

图 5 − 21　手摇式水果破碎机

图 5 − 22 为目前国内外不同厂家生产的双辊式水果破碎机。

图 5 − 22 中（a）、（b）、（c）适于中小规模水果加工厂的水果原料的

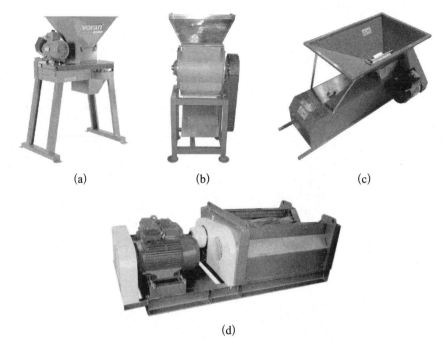

(a)　　　　　　　　(b)　　　　　　　　(c)

(d)

图 5 - 22　国内外不同型号双辊式水果破碎机

破碎，根据物料的特性选择齿形及材料合适的破碎辊，（d）适于较大规模水果加工厂的水果原料的破碎。

（3）鼠笼式破碎机。鼠笼式水果破碎机也称齿刀式破碎机，常见为卧式结构，如图 5 - 23 所示，主要由筛圈、齿刀、喂料螺旋、打板、破碎室活门等构成。

筛圈设置于机壳内部，不锈钢铸造而成，筛圈壁的下 270°开有轴向排料长孔和固定刀片的长槽；筛圈内为破碎室。齿形刀片为厚不锈钢板制成，整体呈矩形结构，其两侧长边顺序开有三角形刀齿，刀齿规格依碎块粒度要术选用，刀片插入筛圈壁的长槽内固定，由长槽限制刀片的周向移动，端面限制刀片的轴向移动；刀片为对称结构，磨损后可翻转使用（计 4 次），提高了刀片的材料利用率。喂料螺旋与打板安装与同一转轴上，其前端位于进料口，后端伸入到破碎室。打板固定于螺旋轴的末端，强制驱动物料沿筛圈内壁表面周向移动。破碎室活门用于方便打开破碎室，进行检修、更换刀片。物料由料斗进入喂入口后，在喂料螺旋的强制推动下进入破碎室，在螺旋及打板的驱动下压紧在筛圈内壁上做圆周运动，因受到其内壁上固定的齿条刀的刮剥、折断作用而形成碎块，所得到的碎块随后由筛筒上的长孔排出破碎室外，经机壳收集到下方的料斗内。这种破碎机的齿条刀片齿形一致，所得碎块均匀，齿条刀片刚度好，耐冲击，寿命长；采用强制喂入，破碎、排料能力强，生产率高。适于大型果汁厂使用。

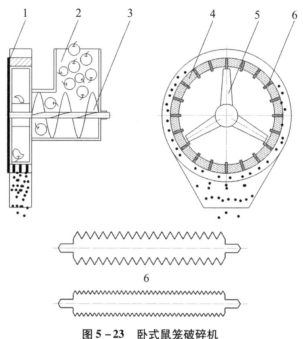

图 5 – 23　卧式鼠笼破碎机

1. 破碎室活门；2. 进料斗；3. 喂料螺旋；4. 筛圈；5. 打板 6. 齿刀

鼠笼式破碎机适用于各种果蔬的破碎（核果类除外），特别适合物料较大、肉质比较坚硬、纤维含量高、要求破碎粒度细的物料，如苹果、梨、浆果类水果及蔬菜（胡萝卜、芦荟、仙人掌、生姜等）等果蔬进行破碎，如图 5 – 24 为国产 CPS 系列鼠笼式破碎机。

国外此类破碎机的代表为瑞士布赫·贵尔（Bucher）食品技术有限公司研制的 Grinding Mill C 系列破碎机，其结构简图如图 5 – 25 所示。

图 5 – 26 为布赫 Grinding Mill C25 鼠笼破碎机，也被称为锯齿碟片式破碎机，该机整体尺寸：1 522mm × 733mm × 576mm（长 × 宽 × 高），重量：

图 5 – 24　国产 CPS 系列鼠笼式果蔬破碎机

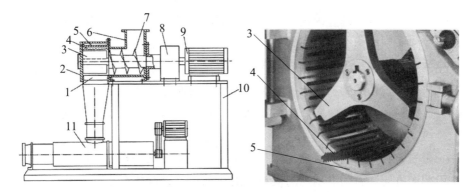

图 5－25　布赫（Bucher）Grinding Mill C 系列破碎机结构图

1. 出料口；2. 机盖；3. 三叶旋桨破碎器；4. 粉碎刀；5. 鼠笼筛筒；

6. 进料口；7. 螺旋输送器；8. 传动装置；9. 电机；10. 机架；11. 出料泵

430kg；处理能力：20t/h（苹果），配用功率11kW。Grinding Mill C25 破碎机主要由矩形容料仓和卸料漏斗、横向螺旋输送器、高速旋转转子和带有双面锯齿形破碎刀具的鼠笼磨料筛筒等组成（图 5－27，图 5－28）。

图 5－26　布赫 Grinding Mill C25 破碎机

（图片来源，布赫·贵尔 Bucher 公司）

图 5－27　C25 破碎机横向螺旋输送器

图 5－28　C25 破碎机鼠笼磨料筛筒

工作时，在破碎腔内由于三叶破碎器的旋转作用产生的切向分力将物料抛向定子筛筒内壁。由于叶片与鼠笼筛筒内安装的破碎刀的相对运动而产生的撞击及切割作用将物料破碎至所需尺寸。小于筛筒槽孔的物料通过其孔，大于槽孔的物料继续破碎。该破碎机对水果破碎较佳，可获得较优的榨汁浆料。其结构坚固，全由不锈钢制造，是果汁生产中应用较理想的破碎机。

鼠笼磨料筛筒为圆筒结构，相当于普通破碎机的筛板，不同之处是其上沿圆周方向开有间隔均匀的供料浆通过的槽孔，两槽孔之间安装有双面有齿的破碎刀，螺杆泵输出转子和螺旋输送器安装在同一根轴上，由异步电动机提供动力。工作时电机经一对联轴器驱动主轴旋转，由前道工序升运上来的物料自由落入进料斗中，物料先通过进料斗进入螺旋输送段，物料一边沿轴向推进，转子上的筋板带动物料高速旋转将物料加速，由于高径向速度和离心力的作用物料被抛送进鼠笼筛筒锉磨段，定子上的刀排将物料进行破碎剪切（刀排可两面使用），物料破碎粒度在 1~5mm，最终通过破碎刀间的槽孔流入卸料槽后落入下道工序至出料口排出果浆。通过改变锯齿尺寸和切削速度可调整果糜中颗粒尺寸。鼠笼筛筒拆卸方便，易于清洗和维护。

与锤片式破碎机相比，布赫 Grinding Mill C 系列鼠笼式破碎机具有以下优点：

①破碎原理：锯齿碟片式破碎机是通过高速旋转的刀片对果蔬产品进行切削达到破碎的效果。刀片上锯齿的锋利程度对切削效率及颗粒度大小有一定影响。为保证破碎机能够有良好的破碎效果，刀片在磨损到一定程度后必须更换。锤片式破碎机是通过高速旋转的锤片不断的敲击果蔬产品，直到达到满足需求的颗粒度。

②颗粒度的控制方式：锯齿碟片式破碎机通过机械可调装置来控制破碎粒度，与锤片式破碎机通过更换不同目数的筛网来控制颗粒度的方式相比，结构简单巧妙，不增加额外成本。

③进料方式：锤片式破碎机的进料口与进料斗直接相连，中间其他装置，当一次进料量过大时，机器可能出现堵塞现象。锯齿碟片式破碎机多一个螺旋送料机构。送料螺旋输送连续、稳定的物料到破碎区域，保证破碎机能够发挥最大工作效率，同时，送料螺旋也起到了隔离进料斗与破碎区域的作用，避免了因上道工序进料量突然增大而产生的破碎机构工作负

荷的直线上升，保证破碎机构总是在比较稳定的负荷下工作，对主电机的平稳运行起到一定的保护作用。

④排渣方式：锯齿碟片式破碎机破碎的果浆在很大的离心力作用下，沿着径向排渣槽，被甩出破碎区域；锤片式破碎机由于内部结构的特殊性，只有机器下半平面有筛网，从上半平面甩出的果浆不会在离心力的作用下穿过筛网，部分果浆不能完全及时排出。

⑤密封效果：锯齿碟片式破碎机的整个机壳为焊接整体，主电机法兰基本不会受到轴向力的冲击，因此整机较容易实现密封。锤式破碎机的旋转盖板会受到被锤片甩出的果浆的径向冲击力作用，要实现良好的密封有一定难度。

⑥主轴平衡：锯齿碟片式破碎机主轴部分主要是刀盘，刀盘为盘类零件，只要保证刀盘的静平衡则主轴的动平衡就基本能够满足。锤片式破碎机锤片的固定方式决定了主轴需要在没有安装锤片的情况下作动平衡。当锤片安装上去以后，由于锤片的质心与主轴轴线距离不能保证一致，会产生新的不平衡量，转子的动平衡比较难满足要求。

（4）鱼鳞孔刀式水果破碎机。鱼鳞孔刀式水果破碎机整体呈立式桶形结构，通常称为立式水果破碎机。如图 5-29 所示，主要由进料斗 1、破碎刀筒 2、驱动叶轮 3、排料口 5 和机罩 4 构成。破碎刀筒为薄不锈钢板制成，筒壁上冲制有鱼鳞孔，形成孔刀，筒内为破碎室，驱动圆盘的上表面设有辐射状凸起，其主轴为铅垂方向布置，一般由电机直接驱动。

物料由上部喂入口进入破碎室后，在驱动圆盘的驱动下做圆周运动，因离心力作用而压紧于固定的刀筒内壁上，形成切割并折断而破碎。破碎后的物料随之穿过鱼鳞刀处所形成的孔眼，在刀筒外侧通过排料口排出。孔刀均匀一致，故所得碎块粒度均匀；为便于冲制，刀筒为薄壁型结构，易变形，不耐冲击，寿命短，排料有死角，生产能力低，适于小型加工厂使用。一般用于苹果、梨的破碎，不适于过硬物料（如红薯、土豆），在使用时需要注意清理物料，以免硬杂进入破碎室而造成刀筒损坏。

（5）果蔬冲击破碎机。中国农业大学张绍英教授（2007）在分析总结已有技术并进行大量试验后，提出了一种新的用于果蔬破碎的理念和方法——果蔬冲击破碎方法，并基于此方法研制了一种新型果蔬冲击破碎机（专利号：ZL200310100269.9，证书号：271539），该方法已经成功应用于一种基于通用型榨汁机（液力筒式榨汁机）的背压注料压榨新工艺（水果蔬

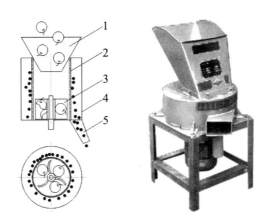

图 5 – 29　鱼鳞孔刀式水果破碎机结构简图及外形图

1. 进料斗；2. 破碎刀筒；3. 驱动叶轮；4. 机罩；5. 排料口

菜加工技术，发明专利号：200410080346.3）的高效预处理技术中，该工艺采用该冲击破碎机对物料进行预处理，采用通用榨汁机对破碎后的物料通过进行压榨，新工业采用背压注料，将注料过程和压榨过程合并，缩短压榨循环所用时间，提高了单机处理能力，生产率较相同机型提高 30% ~ 50%；采用绝氧压榨方法隔绝压榨过程物料与空气的接触，降低了产品的氧化和微生物污染程度，改善了产品品质。

　　冲击破碎的核心是利用冲量使被碎物料的细胞瞬间承受普遍、深度打击，造成绝大多数细胞碎裂，细胞液充分游离。另外，在使细胞破碎的同时，尽量多地保持细胞间的连接，使破碎后的果糜中的固形物呈疏松的絮状结构。

　　①冲击破碎机结构。果蔬冲击破碎机如图 5 – 30 所示。破碎机的主要工作部件包括带有预切刀、强制喂入拨叶及环状布置柱销的动盘和中部设有矩形喂料口及环状布置柱销的定盘。动、定盘的环状柱销在径向交错布置，且自内而外，相邻两圈柱销间的间隙由大到小；且自内而外，不同圆周上的相邻两柱销间的间隙也由大到小。

图 5 – 30　冲击粉碎机结构

②技术原理。高效前处理工艺首先对物料进行预切碎,以保证后续冲击破碎的喂入性,并且预切碎还可控制果糜中絮状固形物尺寸的范围,以使输送顺畅。预切碎后,物料被强制喂入交错布置的动、定柱销间,利用高速运动的柱销高速靠近瞬间对物料的钝面夹挤、擂锤,使物料多次承受全面的高速挤压,导致细胞破碎、细胞之间原有的立体结构被压溃。由于破碎细胞的力主要为钝面挤压产生的冲击压力,液泡状细胞形成的立体结构在细胞被挤破、压扁的同时其连接仍然维持。压榨时,在滤网的支撑下,絮状细胞残片作为骨架垒叠成疏松的滤层,可以维持汁液的持续透过,使破碎后游离的细胞液充分分离。由于冲击破碎后细胞液充分游离,压榨过程的任务仅是缩减固形物空隙率,并不再破碎细胞,使压榨强度降低。另外,由于破碎后的果糜中的固形物呈疏松的絮状结构,使压缩固形物空间体积、缩减固形物空隙率变得容易,而最重要的是果渣疏松的絮状结构压榨时能够形成利于细胞液通过的渣饼,既保证整个压榨过程细胞液持续透过,还可阻留细碎的果肉碎屑来降低果汁中不可溶固形物的含量。

(6)布赫破碎机。布赫·贵尔(Bucher)食品技术有限公司研制的CM50 碾磨碟状破碎机(Grinding disk millCM50)是该公司在 Anuga FoodT-ec 2000 展览会上推出的,其后引入我国。该机其独创的破碎新概念,成功地把各种传统破碎机的优势集于一体,得到果汁饮料加工企业的认可。在正常条件下,加工软质水果原料,可增加的果汁出汁率在 1% ~3%;加工硬质水果原料,则可提高 2% ~4%。该机基本结构如图 5 – 31 所示。

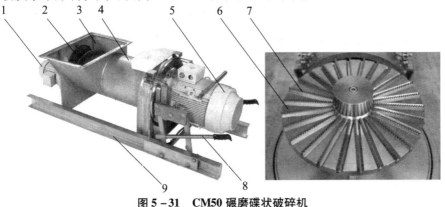

图 5 – 31　CM50 碾磨碟状破碎机

1. 送料螺杆电机;2. 送料螺杆;3. 进料口;4. 外壳;5. 碾磨刀盘电机;

6. 碾磨刀盘;7. 锯齿刀片;8. 换位连杆机构;9. 支撑框架

(图片来源,布赫·贵尔 Bucher 公司)

①CM50 破碎机结构。布赫 CM50 碾磨碟状破碎机结构简捷、紧凑，外型尺寸为 2 150mm × 804mm × 660mm（长 × 宽 × 高），重量 700 kg，安装功率 25 kW，生产能力 ≤50 t/h（新收获的苹果）。主要由以下几个部分组成：外壳与支撑框架：外壳全不锈钢制造，进料口位于外壳的顶部，由一个呈正方向的连接法兰构成，已破碎的浆料则通过机壳底部的一个较小的法兰排出。

原料推进装置：由送料推进螺杆及相应的进料驱动装置组成，送料螺旋将进料斗内的待破碎产品输送到破碎区域，并提供一个恒定的轴向挤压力，实现破碎形式，提高破碎效率。动力采用变频减速电机，可根据需要调节进料速度，满足生产需求，同时也对主电机起到保护作用。

转动碾磨器装置：这是破碎机的核心部件，主要功能部件包括装有可拆卸锯齿刀片的呈星状布设的刀片旋转刀盘和机械可调装置及相应的驱动装置构成。原料在螺旋送料机构的挤压下，与高速旋转的锯齿形刀片产生剪切作用，直到粒度小于排出口尺寸，沿着排渣槽被甩出破碎区域。刀片与刀盘独特的斜插槽安装方式，便于刀片的安装固定及拆卸清洗。刀片采用对称结构设计，可调换方位使用，提高了刀片利用率；机械调节装置通过调节刀盘与机壳之间的间隙来控制破碎粒度，可调量为 0~10mm，满足不同类型及同种类型不同品质产品的需要，使破碎机具有更广泛的适用范围。

连杆机构：主要实现破碎机在工作和非工作状态时，破碎机构位置的转换。方便更换刀片及日常的清洗维护。在设计中，特别考虑到碾磨器的运行必须快速、安全，整个碾磨装置不需借助其他器具，可在 25s 内转动 90°。当碾磨器处于水平位置时，可方便地进行任何维护工作，清除加工过程中可能出现的各种杂质；电气保护装置通过行程开关和阴插开关的控制，规范操作，保护电机，降低事故发生率。

②CM50 碾磨碟状破碎机运行过程及工作原理。采用 2 个独立的驱动装置，工作时物料随着进料驱动装置的缓慢旋转，进料推进螺杆产生压力慢慢地将物料顶在碾磨盘上实施破碎，物料破碎的效率取决于碾磨器的 3 个主要参数：碾磨器的旋转速度、卸料间隙的宽度、刀片的尺寸，如图 5 - 32 所示。

CM50 破碎机的运行有 3 个步骤，见图 5 - 33。首先，待破碎的物料经料斗从进料口进入进料螺杆的喂入段，推进螺杆将物料送至升压段，到达碾磨器的前端；然后，受压的物料被顶在碾磨盘上，随着碾磨盘的高速旋

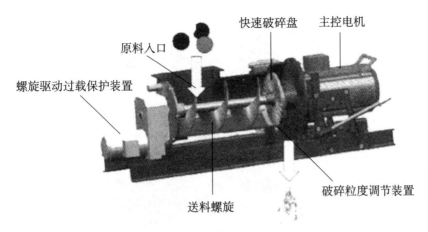

图 5 - 32　CM50 碾磨碟状破碎机工作原理

转，物料被分离破碎成小颗粒并加速；最后，破碎后的物料在离心力的作用下，通过卸料间隙进入排放区，经底部的出口排出机外。

③CM50 碾磨碟状破碎机优点。

此破碎机的优点是：在不影响运行的情况下。可不断调整浆料结构；高处理量以及良好的破碎效果带来的高出汁率；碾磨器更换简单、迅速；当碾磨器处于水平位置时，可方便地进行任何维护工作，清除加工过程中可能出现的各种杂质；整体维护及清洗方便；能耗低，产量可达 50t/h，安装功率 25kW。

传统的破碎机工作时所需要的压紧和切割力均来自于同一个驱动装置。待破碎的物料在转子的作用下向圆周方向加速，并在离心力的作用下，压向圆周的分离刀片。由于颗粒在碾磨区域快速转动导致失衡，从而产生剧烈的振动，发出很大的噪音。而且，由于物料的不断运动，每一次物料的切割而都可能改变，导致破碎后的果浆不均匀。而 CM50 破碎机的独特之处在于，它拥有两个独立的驱动装置。随着进料驱动装置的缓慢旋转，进料推进螺杆产生压力慢慢地将物料顶在碾磨盘上。相对于高速旋转的碾磨器，物料始终保持一个既定的位置。进入压力的大片物料被强力旋转刀片切断，而切割而基本不变。因而，在多数情况下，物料不需要进行任何前期预分离处理。被加工物料慢速、直线地运行及碾磨器的平衡，确保了破碎机的低振动、低噪音运行。高速旋转的刀片产生的切割力，完全可以切断各种物料的纤维，而且碾磨的残渣能够不断地从碾磨器中排出。所以，CM50 破碎机同样可以用于加工含纤维质及具有黏性的物料。

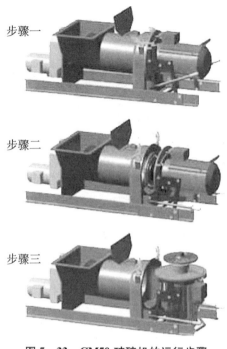

步骤一

步骤二

步骤三

图 5 – 33　CM50 破碎机的运行步骤

（7）JOLLY – 100M/V 葡萄除梗破碎机。美国 JOLLY 公司研制的 JOLLY – 100M/V 葡萄除梗破碎机，是一种用于破碎葡萄等带有果梗的浆果类水果的专用破碎机，该机结构如图 5 – 34 所示，此破碎机装有去梗装置，也可作为去梗机械，具有破碎效率高、拆洗方便等优点。

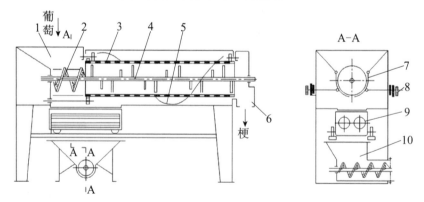

图 5 – 34　葡萄除梗破碎机结构简图

1. 料斗；2. 进料螺旋；3. 筛筒；4. 除梗拨叉；5. 筛筒螺旋；

6. 果梗出口；7. 活门；8 调速手轮；9. 破碎装置；10 排料装置

　　葡萄除梗破碎机由料斗、进料螺旋、筛筒、除梗拨叉、筛筒螺旋、果梗出口、活门、调速手轮、破碎装置和排料装置等部分组成，其外形结构如图 5 – 35 所示。

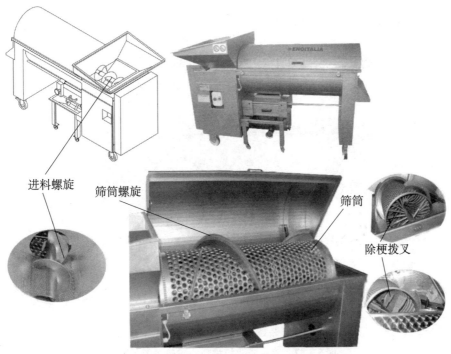

图 5 – 35　JOLLY – 100M/V 葡萄除梗破碎机外形

（图片来源：JOLLY 公司）

　　①除梗装置。除梗装置是此类破碎机的核心部件，如图 5 – 36 所示，除梗装置主要由筛筒和除梗拨叉等组成，除梗拨叉叶片与轴均用不锈钢制造并焊接而成。

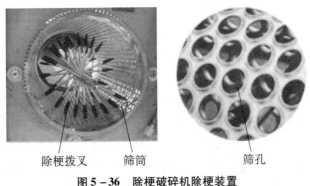

图 5 – 36　除梗破碎机除梗装置

②排料装置。排料装置实际上是一排料螺杆泵,如图5-37(a)所示。

③破碎装置。破碎装置由一对(一组)破碎辊组成。如图5-37(b)所示。

(a)排料装置   (b)破碎装置

图5-37 除梗破碎机排料与破碎装置外形

④破碎率的调节方法。I. 破碎装置移动 破碎装置下部设有4个轮子,可使装置沿纵向移动。当工艺要求完全不破碎时,可将装置推向右边,使经过或未经过除梗的葡萄直接由螺旋排料装置排出。II. 破碎辊间轴间距调节 通过调节破碎辊间轴间距,可得到不同的破碎率要求。

⑤工作过程。此破碎机处理能力达11t/h,采用无级变速,物料在离心力作用下,随转子上刮板旋转,由于定子上置有刀排。物料在此过程中得到破碎,达到一定粒度,从定子上的腰形或圆形出料孔出料,由另配的单螺杆泵泵入下道工序。底部出料口还装有螺旋输送装置以便于物料及时排出。当葡萄从料斗投入后,在螺旋的推动下向右进入筛筒进行除梗,梗在除梗螺旋的作用下被摘除并从果梗出口排出,浆果从筛孔中排出,并在焊在筛筒外壁上的螺旋片的推动下向左移动的过程中落入破碎装置中,由下部的排料螺杆泵排出。活门的开度大小可通过手轮调节,以满足不同除梗率要求。当工艺要求为完全不除梗时,活门可全部打开,葡萄可直接进

入破碎装置进行破碎,此时除梗装置停止运转。

图 5 - 38　不同规格的除梗破碎机

总之,针对破碎物料的不同,破碎机构的要求也有所不同。其性能的好坏主要取决于破碎过程中细胞的破碎程度或细胞液游离程度,及是否便于清洗和维护。

5.2　榨汁机械与设备

压榨工序作为整个果汁加工生产线中最关键的工艺环节,其作业效果直接影响产品质量、加工成本和生产效率。榨汁机承担着将果浆中游离态的果汁分离出来的任务。为了获得较高的果汁收率,一般需将水果进行破碎和酶解,使细胞壁碎裂、细胞液游离。随后的压榨过程是通过消减固形颗粒间的孔隙,使果汁透过滤网及果渣层分离出来。榨汁机的作业效果主要表现为处理能力、果汁收率、处理能耗和产品品质等方面。因而,榨汁机的作业效果至关重要。

5.2.1　榨汁机评价指标

5.2.1.1　果蔬的原料特点及对榨汁机的要求

(1)压榨过程平缓、连续,保证其汁液能够缓慢、均匀流出,避免瞬间施压造成的在过滤介质表面形成致密的阻隔层,保证汁液的充分排出。

(2)压榨过程能够形成接触过滤介质物料的交替换位,使汁液排出通道长度尽量缩短,减小排汁阻力,降低压榨压力及压榨能耗。

(3)过滤介质孔隙率高,且微孔细密,既可以提供汁液透过速率,又可以防止柔韧的果肉组织填塞于孔隙之中,堵塞过滤通道。

（4）具有较高的压榨强度，以适应渣饼由于肉质软韧及果胶含量较高造成孔隙率低、透过阻力大、排汁困难的特点。

（5）压榨过程充分与环境隔离，减少微生物对原料的污染，降低杀菌强度及强热处理对产品品质的劣化，减轻因物料曝气导致的营养、风味物质的损失。

（6）具有较高的生产效率，以满足原料成熟期集中、采收季节短、贮藏性能差，需要突击性、大规模处理的加工特点及要求。

5.2.1.2　榨汁机性能指标

榨汁机的性能指标主要包括生产能力、出汁率、产品质量和能量消耗。其中，出汁率是榨汁机的最重要的性能指标。

（1）出汁率。出汁率是压榨得到果汁与入榨原料的质量百分比。定义为：

$$R = \frac{W}{W_0} \tag{5-1}$$

式中：R——出汁率，%；

　　　　W——榨出汁液量，kg；

　　　　W_0——压榨物料量，kg。

出汁率是榨汁机的重要性能指标之一。在果汁生产中，水果原料的消耗占了生产成本的70%～80%以上，生产规模越大，原料消耗在在产品成本中所占的比重也愈大。以一个日处理1 000t 水果的果汁加工企业为例，水果出汁率每提高1%，每个榨季就可多产出1 500 余吨水果原汁，相当于每个榨季节省原料近万吨。提高水果的出汁率，即提高果品原料的利用率，是增加企业经济效益的直接因素之一。

水果的出汁率与诸多因素有关。原料自身的特性（如原料的品种、含水率等）、入榨前处理方式（如破碎率、酶解、储存方式等）均与水果的出汁率有关。榨汁机对水果出汁率的影响也非常显著，主要体现在榨汁机的压榨力、压榨时间、布料方式等方面。

（2）生产能力。生产能力指榨汁机单位时间加工的物料量，工业生产中一般用t/h 计。由于水果的成熟、采收期相对集中，大量、长期储存原料费用很高，而且原料腐烂会直接增加生产成本。因此，目前工业生产中普遍采用大规模、集约化生产方式进行果汁加工，相应的要求榨汁设备生产能力大。因此，榨汁机的生产能力成为衡量榨汁机性能的主要性能指标。目前，实际生产中应用的生产能力最大的带式榨汁机的处理能力可达 30t/h。

（3）原汁质量。果汁产品的质量是一个综合考量指标，品质参数多达 200 余项。由于压榨工序为果汁加工的中间工序，这些品质参数并不直接取决于榨汁机的作业效果，但压榨得到的水果原汁的品质可影响最终产品品质以及压榨工序后的其他工序的作业效果和成本。

压榨得到原汁品质指标主要包括果汁不可溶固形物含量、果汁营养损失、果汁褐变程度等。

①果汁不可溶固形物含量一般指可通过介质截留的单位体积果汁中的固态杂质量，如果胶、蛋白质、多酚等相互作用形成的聚合物的含量。

②果汁不可溶固形物含量过高将增加随后精滤工序的负荷。

③果汁营养损失主要是指维生素等成分压榨过程中的氧化损失，果汁营养损失将导致果汁品质的下降和商品价值的降低。

④果汁褐变程度主要是指在多酚氧化酶作用下导致的果汁色值的增加。果汁褐变程度过高将直接降低成品果汁的透光度和后期吸附工序的负荷。

（4）能量消耗。榨汁机的能量消耗是指处理单位质量的原料的电能耗用量。水果压榨作业过程是通过破碎果肉细胞使细胞液游离和压缩入榨固态原料间的孔隙率使留存期间的果汁分离出来的过程，榨汁机的能量耗用应主要用于细胞的破碎和孔隙率的消减过程，并且，压榨作用形式应以入榨物料的结构力学特性为基础，使能量的施加效果最大化。

综上所述，一台性能良好的榨汁机需要同时兼顾高生产率、高出汁率、高出汁品质和低能量消耗综合性能。其综合性能指标概括起来就是要"榨得快、榨得净、品质好、能效高"。

最早的榨汁机可以追溯到罗马时代，那就是用于葡萄酒压榨的老式垂直压榨机，或者叫框栏式压榨机，由于其非连续，排渣麻烦而逐渐淘汰，但是由于其简单易用，目前仍然有传统行业在使用。阿基米德螺旋线的发现，逐渐演变出有螺旋输送机，再就发展出有螺旋压榨机。螺旋压榨机一般分为几类：一种是无筛网的，比如带有加热筒的注塑机（螺旋挤压机），一种有筛网的；又分为用于分离游离水与纤维物料的螺旋压榨机，以及用于大豆、花生、葵花籽、油菜籽等油料种子，通过物理压榨，把脂肪转换为液体油料的榨油机，这种压榨机需要极高的压力。而用来分离游离水与纤维物料的及果蔬螺旋压榨机五花八门，有单螺旋的，有双螺旋的（串联或并联）；有直螺旋的，有变径螺旋等，但都是局限于某一种或几种物料的压缩或者压榨。

目前，国内外果汁加工过程采用的榨汁机种类繁多，主要有用于破碎后原料压榨的榨汁机和对水果整体或部分整体压榨的榨汁机两类产品，前者包括带式榨汁机、筒式榨汁机、螺旋榨汁机、裹包榨汁机、气囊榨汁机和锥盘式榨汁机，这类榨汁机主要用于水果清汁的生产；后者包括杯式柑橘整果榨汁机、分切旋压式柑橘榨汁机，这类榨汁机主要用于水果浊汁生产。

5.2.2　带式榨汁机

带式榨汁机有很多型式，但其工作原理基本相同。带式压榨机一般可分为3个工作区：

重力渗滤或粗滤区，用于渗滤自由果汁液体；低压榨区，在此区域压榨力逐渐提高，用于压榨固体颗粒表面和颗粒之间孔隙水分；高压榨区，除了保持低压榨区的作用外，还进一步使多孔体内部水或结合水分离。

带式榨汁机是依据水果榨汁要求对通用性带式压滤机改造后的一种连续式压滤设备，带式榨汁机具有结构简单、生产过程连续、生产率高、压榨时间较短，压榨过程一般可在几十秒内完成，通用性好、造价适中等特点，可制造带宽2m以上，处理能力20t/h以上的超大型榨汁机。带式榨汁机对果糊产生的最大压榨力为0.3 MPa左右，压榨料层薄，汁液透过距离短，出汁率较高，采用普通的带压工艺压榨新鲜国光苹果不加浸提时大约78%～82%，配合浸提使用时，总出汁率约为85%～91%。因此，带式榨汁机是大型果汁加工厂常采用的榨汁设备，目前是国内外果汁加工中最常见的机型之一。

带式榨汁机的主要缺点是由于榨汁作业开放进行，果汁易氧化褐变，卫生条件差，对车间环境卫生要求较严；整个受压过程物料相对网带静止，排汁不畅；网带为聚酯单丝编织带，张紧时孔隙度较大，果汁中的果肉含量较高；网带孔隙易堵，需随时用高压水冲洗；果胶含量高及流动性强的物料易造成侧漏，布料宽度较窄，生产率下降；浸提压榨工艺得到的产品固形物含量下降，后期浓缩负担加重。

目前，应用较多的带式榨汁机是德国福乐伟（FLOTTWEG）公司的机型，德国贝尔玛（也称奔马或拜玛）（BELLMER）公司的机型，及我国扬州的福尔喜果蔬汁机械有限公司的机型。

5.2.2.1　福乐伟带式榨汁机

福乐伟带式榨汁机的结构及榨汁基本原理　如图 5 - 39 所示，该榨汁机主要由喂料盒、上滤带、下滤带、一组压辊、两套高压滤带冲洗装置、两套滤带导向辊、张紧辊、汁液收集槽、机架、传动部分以及控制部分等组成。主要工作部件是两条同向、同速回转运动的环状压榨带及驱动辊、张紧辊、压榨辊。压榨带通常用聚酯纤维制成，本身就是过滤介质。

工作时，经破碎的物料从喂料盒中连续均匀地送入上下滤带之间，被滤带夹着向前移动，经过下弯的楔形区域大量的汁液被缓缓压出，物料变干，形成可压榨的滤饼。压榨区域由一组压辊组成，压辊直径递减。滤饼进入的压榨区后，所受表面压力与剪切力递增，汁液被进一步压出。榨汁后的滤饼由耐磨塑料刮板刮下从右端的出渣口排出。压榨过程中，会有一定量的果渣进入网带空隙，为了保证排汁通道畅通，设置了两套高压滤带冲洗装置对上下滤带进行连续冲洗。

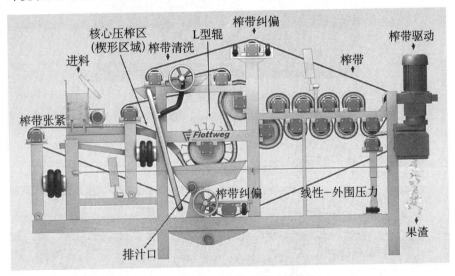

图 5 - 39　福乐伟带式榨汁机结构

福乐伟榨带式汁机的榨带宽度有 6 种规格，最小的 500mm，其生产能力为 1 ~ 2t/h，最大的为 2 500mm，生产能力为 14 ~ 22t/h，其外形结构见图 5 - 40 至图 5 - 43。

图 5 - 40　福乐伟带式榨汁机外形

（图片来源：flottweg 公司）

图 5 - 41　进入核心压榨区前的果浆状态

（图片来源：flottweg 公司）

图 5 - 42　福乐伟带式果蔬压榨系统

（图片来源：flottweg 公司）

图 5 - 43　福乐伟苹果汁带式压榨车间

（图片来源：flottweg 公司）

5.2.2.2 福尔喜（Flourish）带式榨汁机

福尔喜带式榨汁机如图5–44、图5–45所示，主要有福尔喜518和福尔喜618两种规格。其基本原理与福乐伟带式榨汁机类似，主要由上下两条回转的合成纤维编织滤布带、转筒和多个压辊组成。榨汁时，经破碎后的苹果浆进入两层带之间，由驱动轮带动纤维布带运动，在挤压楔形区两层纤维合在一起，果浆泥被挤压，果汁流至筛滤装置。在排渣区，两层纤维布带分开，榨汁带上的渣饼被塑料刮板刮下排走，纤维布分开后经高压水清洗，运转至初始状态。

不锈钢机架　　　　　排料机构　　　　　布料辊

L型主压辊　　　　　清洗装置　　　　　纠偏装置

图5–44　福尔喜（Flourish）518系列带式榨汁机

（图片来源：Flourish公司）

福尔喜（Flourish）618系列带式榨汁机与518系列相比，新增了提高出汁率的装置，在518系列原有的一组"S"形排列的压榨辊后端增加了两根

图 5 - 45　福尔喜（Flourish）618 系列带式榨汁机

增压辊，向上压时正好在两压榨辊之间，有利于出汁率的提高（图 5 - 46）。同时采用了全新的福尔喜专有均匀喂料结构设计，便于供料时均匀喂料，保证了滤带之间的料层致密度均匀，有利于提高出汁率（图 5 - 47）。

图 5 - 46　福尔喜 618 新增两根增压辊　　图 5 - 47　福尔喜 618 专有均匀喂料结构

5.2.2.3　德国奔马 WPX（Bellmer WinklePress）带式榨汁机

奔马（BELLMER）榨汁机的榨带宽度有 4 种规格，最小 800mm 的生产能力为 5 ~ 9t/h，最大 2 200mm 的生产能力为 15 ~ 30t/h。其结构简图如图 5 - 48 所示。

（1）第一段预提取段（水平段）。为带有可调果浆喷嘴的水平装置，进行充分的果汁预提取和完成果浆的均匀分布。包括了可调挡边板、榨带支撑和传感器。果汁靠重力析出。

（2）预脱汁区（垂直楔型区）。此区域的垂直装置（楔形区域）可将上下榨带引导靠近，通过调整楔形区的夹角增减压力，还包括依据果浆层厚度的调整装置和边沿密封板，此区域完成对果浆的有效和细致地压榨（果汁从果浆层的两面析出）。

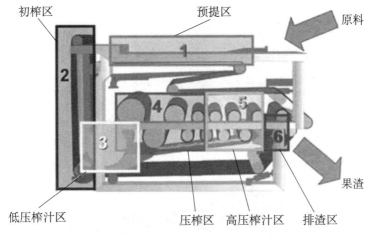

图 5 - 48　Bellmer WinklePress 带式榨汁机结构简图

（3）低压压榨区。此区域的作业由特大直径的有孔辊完成，压榨力平稳柔和。经"浓缩后"的果浆在此区域形成了最佳的压榨结构，为进一步压榨做好准备。

（4）压榨区。由特别设计的榨辊组成，果浆在上下榨带间的榨辊上形成 S 形。榨汁辊的直径逐渐减小，不断提高榨汁压力。榨辊的优化组合使果渣最终干度提高，从而提高出汁率。

（5）高压压榨区（可选）。为了达到更高的出汁率，可以再增加 4 个榨辊。

（6）对压压榨区（可选）。通过应用于造纸行业的双辊对榨技术，果汁提取可以达到更好的效果。对压压力可以调节，从而保证了最高的出汁率。

奔马带式果汁榨汁机主要有 WPX 型（图 5 - 49）和迷你型（图 5 - 50），其中，WPX 型机架全部都是不锈钢材质，结构设计便于清洗，方便维修。辊子采用特殊涂层包覆，这个特殊塑料涂层比不锈钢材质更容易清洗。和其他带式榨机比较，奔马 WPX 型带式果汁榨汁机不同之处在于采用独有的六段压榨工艺，保证了更高的出汁率。

奔马迷你型压榨机是一款非常经济的单网滤机。专门用于中小型企业或者作为大型生产线的备用机。迷你型压榨机采用 3 种不同尺寸的 5 个轧辊的排列设计，5 个榨辊逐渐递增压力，占地面积小，机体只有 3m 长。处理量可达 3t/h，出汁率 80% 以上。

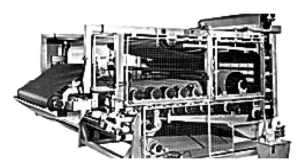

图 5 – 49　德国奔马 WPX（Bellmer WinklePress）带式榨汁机

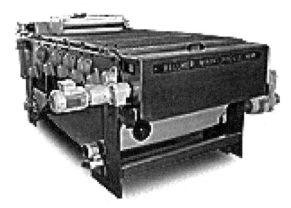

图 5 – 50　德国奔马迷你型（Bellmer mini）榨汁机

（图片来源：奔马公司）

5.2.3　液力筒式榨汁机

　　液力筒式榨汁机（也称滚筒式或活塞式榨汁机）是一种专门设计用于水果榨汁作业的专用设备，可用于苹果、梨、李、杏、葡萄、草莓、芹菜、洋葱、胡萝卜等仁果、核果、浆果及蔬菜破碎后的汁液分离作业，是瑞士布赫·贵尔（Bucher·Guyer）在 20 世纪 60 年代专门针对果汁加工开发的压滤设备，为适应果汁原料压榨分离过程边界层效应突出、其他类型榨汁机比透过面积较低、分离不彻底等问题，提出了全新的预埋柔性分离元件的筒式压榨分离模式。经历了近 50 年的技术发展和改造，集机—电—液及智能—程控为一身的 HPX5005i 系列筒式榨汁机代表了果汁加工当今顶尖水平，适应性广，其出汁率及机械自动化程度优于其他榨汁机，故又被称为通用型榨汁机或万能榨汁机。是企业广为接受的一种先进和首选压榨设备。

5.2.3.1　筒式榨汁机国内外技术发展现状

1876 年，BUCHER 公司第一次研制了木质榨汁设备，这是欧洲最早的苹果榨汁机。1965 年 BUCHER 公司首次采用埋入式滤排汁分离技术，研制了第一台专门用于果汁压榨的 HP 型筒式榨汁机。

在 HP 型筒式榨汁机问世的 50 年里，其核心技术——埋入式滤排汁分离技术，无论从分离原理及结构形式均未发生实质性改变，尽管存在诸多不尽如人意之处，但至今没有优于埋入式滤排汁分离的技术方案。

BUCHER 公司在 50 年中对其 HP 系列筒式榨汁机经历了 3 次重大技术改造。主要体现在：

（1）利用自控技术和元器件制造技术的进步对控制技术进行了升级，将最初的以继电器为基础元件构成的控制系统升级为以 PLC 为核心元件的控制系统，改善了调控性。

（2）利用计算机技术发展，实现了程控化运行和多机联控。为适应不同加工要求，在控制程序中增加了自优化控制系统（self-optimizing control system），力图提升筒式榨汁机的通用性和智能化程度。

（3）为提升动力和测控性能，将定量泵系统升级为伺服变量泵系统，优化了筒式榨汁机的动力效率。增加了活塞行程的精确测控装置，使运行过程及阶段转接更精准、合理。

BUCHER 公司在 50 年中研发的代表性机型见图 5 - 51。

国际上筒式榨汁机的研究起步晚于其他类型榨汁机，截至 20 世纪末，世界上仅有瑞士的 BUCHER 公司独家生产。

为了解决中国高端榨汁机完全依赖进口的问题，21 世纪初，我国开始引进瑞士 BUCHER 公司 HP5005i 压榨系统关键制造技术，中国农业大学张绍英、魏文军等人成功研制 6TZ 系列通用型榨汁机，2004 年研制了 6TZ - 3 型筒式榨汁机。在 6TZ - 3 中集中了 6 项具有我国自主知识产权的专利技术，该机型在系统配套技术、压榨原理、机器结构、技术性能、能耗效率、控制方法等方面均有独到之处。其中，背压注料压榨工艺（发明专利号：200410080346.3）、空心滤汁芯导汁系统（发明专利号：200410004509.X）有效提升了压榨工艺效果、简化了滤汁单元的结构。为其配套的技术——冲击破碎方法（发明专利号：200310100269.9）大大提高了细胞破碎率和果汁游离率，可大幅度提高鲜榨出汁率。研究的压榨工艺扩展技术——一种用于筒式榨汁机的无氧呼吸系统（发明专利号：200710064170.6）可压榨过

1965-HP5000

1994-HPX5005i

2004-HPX5005iP

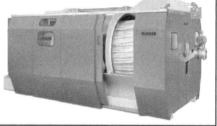
2012-HPX7507

图 5 – 51　BUCHER 代表性筒式榨汁机

程的无氧环境，提高鲜榨汁的品质。至今已形成了 1～12t/h 产能的产品系列。机器的生产能力最高达到 15t/h；最高压榨力达到 0.6MPa；对于国光苹果，出汁率达到 82%，配合酶解及浸提技术，出汁率达 92%；如增加无氧呼吸进出料系统，还可实现在惰性气体保护下的绝氧压榨，得到高品质果汁产品。国产筒式榨汁机代表性产品如图 5 – 52 所示。

6TZ-1

6TZ-5

6TZ-12

图 5 – 52　国产 6TZ 系列液力筒式榨汁机

5.2.3.2　筒式榨汁机结构

筒式榨汁机结构如图 5 – 53 所示：筒式榨汁机以缸筒——活塞压缩结构为基本结构，在压榨活塞和端盖之间平行安装了多组柔性过滤组件是筒式榨汁机最具代表性的构造形式和独到原理。主要包括机体、进料系统、压榨系统、排汁系统、驱动系统、控制系统及辅助系统。

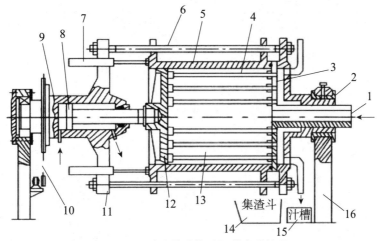

图 5 - 53　液力筒式榨汁机基本结构图

1. 进料口；2. 轴承；3. 端盖；4. 过滤组件；5. 压榨缸筒；

6. 导柱；7. 锁紧油缸；8. 压榨油缸活塞；9. 压榨油缸；10. 旋转驱动装置

11. 支架；12. 压榨活塞；13. 压榨腔；14. 集渣斗；15. 汁槽；16. 机架

榨汁机底座及其上的两个支架为机体部分，机架上安装有组成压榨系统的卧式旋转压榨组件，压榨组件主要由前端盖、榨汁缸筒、后端盖、活塞、导柱、支架、底架等部件组成。

经破碎机破碎的原料加入料斗后，由进料系统送入榨汁缸筒中榨汁，进料系统包括设在榨汁机前端中央的进料管和进料阀。在压榨活塞和端盖之间平行安装了多组柔性过滤组件，筒式榨汁机根据处理能力不同一般配置多组过滤组件，6TZ－12 及 HPX5005IP 配置的过滤组件多达 300 组，以形成尽量大的透过面积，加快果汁的分离进程。过滤组件是可获得低浑浊天然纯果汁的尼龙滤绳组合体，由柔性滤芯、编织滤网及滤芯端部的两个安装套组成，柔性滤芯由强度很高且柔性很强的多股尼龙线复捻而成，沿其长度方向有许多贯通的沟槽。两个安装套分别固定在端盖和活塞集汁腔板上的固定座内（图 5－54）。

前、后集汁腔由一伸缩连通管导通，并连同至榨汁机前端的出料口，以上结构构成了筒式榨汁机的排汁系统。锁紧油缸驱动缸筒往复移动，可实现缸筒与端盖的接合和脱离，从而封闭和打开压榨腔。压榨油缸兼做压榨筒的转轴，旋转驱动装置驱动压榨油缸并带动压榨系统整体旋转。驱动

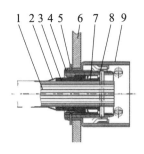

图5-54 过滤组件安装图

1. 滤芯；2. 滤网；3. 胶套；4. 固定套；

5. 卡圈；6. 集汁腔板；7. 紧定套；8. 定位销；9. 安装座

系统为一液压站，可为锁紧油缸和压榨油缸的往复移动提供油源。

压榨活塞压缩缸筒内的果浆时，由于过滤组件埋于果浆内，果汁可以透过滤网进入柔性滤芯的径向导汁沟槽内，并以不同的流向分别进入端盖和活塞的集汁腔内压榨活塞前推压缩缸筒内的果浆时，埋于果浆内的过滤组件可产生弯曲变形；压榨活塞后退时，过滤组件又被拉直，同时破坏滤渣的密实整体结构，促使果渣与滤网脱离，与缸筒的旋转配合实现松渣，并为随后的压缩过程的滤网与物料的位置更替作准备（图5-55）。

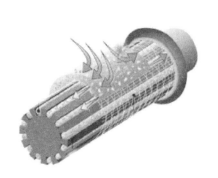

图5-55 筒式榨汁机柔性过滤单元工作原理图

5.2.3.3 筒式榨汁机作业过程及特点

（1）筒式榨汁机的压榨过程。筒式榨汁机的压榨过程是在一个以缸筒（缸筒内预埋柔性过滤组件）—活塞为基本结构的压榨腔内完成的。整个压榨过程根据作业要求和目标分为预压进料、松渣压榨、浸提、浸提压榨、开筒卸渣5个基本工序及后期清洗工序，如图5-56所示。压榨过程按预先编制好的控制程序控制进程。

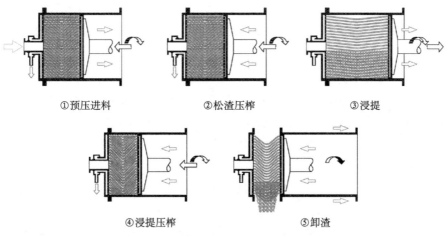

①预压进料　　　　　　②松渣压榨　　　　　　③浸提

④浸提压榨　　　　　　⑤卸渣

图 5 - 56　HP5005i 型榨汁机压榨过程

①预压进料。预压进料阶段开始时，缸筒与端盖结合，压榨腔封闭。缸筒—活塞结构的压榨腔开始转动，螺杆泵将果浆由进料口注入压榨腔，活塞以较低的压力连续进行往复移动对注入的果浆进行挤压，重复进行弯曲、伸直的柔性滤芯可使其接触不同区域的果浆，果汁在压力下穿过滤网进入滤芯的导汁槽中，并沿导汁槽分别进入位于活塞与端盖的集汁腔中，两集汁腔中的果汁由伸缩连通管汇集到端盖中央的出汁管排出，实现了注料过程大部分果汁的分离和果渣的积累。为了提高预压效率及受榨汁机结构、运动条件的限制，注料预压过程常分为几个阶段进行，即每个阶段为包含一次连续注料过程和注料过程中以及注料结束后的若干次压榨过程，当压榨室内积累的果渣量（体积）大于压榨腔容积后即可结束注料。

②松渣压榨。在压榨腔内积累足够的果渣量后松渣压榨开始，活塞将以不同的状态参数重复进行往复运动，即开始压榨—深床压滤过程。在此过程中，通过两次压榨间的松渣，利用活塞后退使滤芯由弯变直使黏附在滤网周围的密实果渣层与滤网脱离；利用缸筒的转动在压榨腔内跌落，使果渣由密实的块状变成松散粒状。在随后的活塞前推过程，利用缸筒的旋转保证果渣均有分布，并形成果渣与滤网间新的相对位置关系。经过多次松渣—压榨过程后，将果渣中的绝大部分果汁分离出去。松渣压榨结束时，由于压力与果渣变形及透过阻力已处于平衡，果渣残存空隙中尚有一定的果汁。

③浸提。为了进一步分离出果渣残存空隙中的果汁，一般采取浸提方

法，即通过向压榨腔内注入一定量的浸提水，利用这部分水溶解、稀释果汁，提高果渣中的液体组分，并利用随后进行的多次松渣—压榨动作，获得稀释果汁，从而降低果渣中可溶性物质，提高整个压榨循环的果汁收率。

④浸提压榨。浸提压榨开始时，浸提水被注入压榨腔，随着缸筒的转动和活塞的往复运动浸提水与果渣被混合均匀，果渣空隙中的果汁被浸提水溶解，随后与松渣压榨运动相同的压榨动作可将果渣中的稀释果汁分离出来，当果汁收率达到作业要求时浸提压榨结束。根据对果汁收率的要求，浸提压榨可进行几次。

⑤卸渣。浸提压榨结束后，即可开筒卸渣。卸渣时，首先将活塞后退，缸筒转动产生的跌落效应使果渣松散，随后打开缸筒，在缸筒旋转及活塞前推的共同作用下，压榨腔内的果渣排出。至此完成一个完整工作循环。

⑥清洗。在经过多次榨汁循环后可采用就地清洗（CIP）方式对榨汁机清洗，以保持系统卫生，避免微生物的污染。

筒式榨汁机以活塞运动提供动力，以滤网为截留介质，以滤饼为辅助介质，通过施压方式使大部分游离果汁透过滤网和果渣分离出去；通过施压使果渣变形，并压实果渣，消减果渣的孔隙率，使容留其间的果汁分离出去，完成固液分离过程。

（2）筒式榨汁机主要特点。筒式榨汁机主要特点体现在以下方面。

①压榨充分、出汁率高、能耗低。为适应果汁渗透分离缓慢的加工特点，筒式榨汁机压榨过程柔和缓慢，长达 $60 \sim 90 min$，压榨过程可进行多次松渣，施压次数多达 20 次以上排汁彻底；且采用梯度、平缓升压，可有效减轻滤网表面致密阻流层的形成；由于每次压缩后的松渣及压榨过程中榨筒的旋转，造成了原料松散和位置更叠，增加了原料接触滤网的几率，保证果渣残汁最低。充分的压榨获得了最高的果汁收率，压榨新鲜国光苹果时采用常规压榨工艺即可使出汁滤达到 80% 以上，如对原料进行酶解，国光苹果出汁率可达 92%，如图 5 - 57 所示。高出汁率使采用筒式榨汁机每吨浓缩汁的料耗比（生产每吨浓缩汁的原料消耗量）明显下降，据部分企业统计，相对采用其他压榨系统，采用筒式榨汁机生产每吨苹果浓缩清汁时原料可节省 $400 \sim 700 kg$。对于原料成本高达 80% 的苹果浓缩清汁的生产过程，高出汁率成为筒式榨汁机的突出优势，并在很大程度上弱化了其

初置成本高的劣势，从而受到大规模生产企业的广泛认可。

图 5 - 57　HPX5005i 型筒式榨汁机常规/酶解工艺及一、二次松渣压榨苹果出汁率比较

②压榨力高、果渣残汁率低。筒式榨汁机为液力驱动，施加到果浆原料的压榨力可达 0.5~1.0MPa，且压力恒稳，保证了将果浆中的游离态液体充分压出。在筒式榨汁机上可得到含水率 <70% 的干、散果渣。

③果菜兼容、适应性广。筒式榨汁机可用于仁果、核果、浆果及蔬菜等几乎所有可用于制作清汁或（半）浊汁原料的破碎后压榨，所榨果汁中果肉（纤维低）的含量低，不需要配置粗过滤装置；即使对于高流动、高黏性、低纤维的肉质软韧原料，同样可施加稳定的压榨压力，筒式榨汁机几乎称得上是"万能"榨汁机。

④密闭压榨、可实现绝氧作业。筒式榨汁机的压榨过程可与环境隔离，减少环境微生物对原料的污染，降低杀菌强度及热害。同时，物料曝气、氧化程度低，营养风味物质损失少。配备惰性气体呼吸系统后，筒式榨汁机还可实现压榨过程的无氧作业，得到营养物质保留率最高的果汁产品，从而使该榨机可以加工浅色的浑浊果汁和敏感性产品；对果糊产生的最大压榨力为 1.0 MPa。

⑤滤网细密汁中渣少。筒式榨汁机的滤网为多股丝编织制成，孔隙细密，孔隙率高，既可以提供汁液透过速率，又可以防止柔韧的果肉组织填塞于孔隙之中，堵塞过滤通道。并且，压榨过程网孔不易变稀疏，对细果渣截留好，果汁中果渣含量少，汁液澄清度高。

⑥全程程控作业，人工介入程度低。筒式榨汁机配置了机电液一体化的驱动系统和全自动可视化的操控界面，驱动系统可实现闭环控制；电子测距、测速装置能够精准控制压榨过程；PLC 和工控机联控，可实现进料、压榨、排渣、排汁、滤汁、清洗过程联控和过程数据记录。机器可自己调节加工参数，以适应于原料和可榨性的变化，提高榨汁能力。自动化程度高，适合大型企业生产使用。

⑦可靠性好，使用寿命长。据国外资料表明：1965 年交付使用的第一台 HP5000 型布赫 榨面至今还在运行。在我国，山东中鲁集团 1983 年进口的同型号榨机至今也在正常生产运转。

⑧由于不采用"加水浸提"也能取得较高的出汁率。因此，对蒸发浓缩工序可以不产生需要蒸发的浸提水。另外，清洗用水也比带式榨机少。

采用筒式榨汁机与采用其他榨汁机的压榨系统的技术经济指标的差异，可在图 5-58 中明显体现。

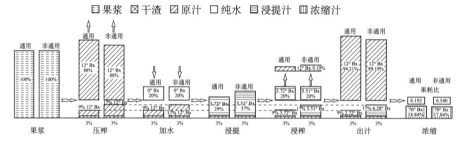

图 5-58　筒式榨汁机系统与其他榨汁机系统技术经济指标比较

5.2.3.4　筒式榨汁机控制系统

筒式榨汁机还配置一套复杂的程控、检测系统，可检测压榨活塞的位置、压榨筒内料压、压榨筒旋转相位、进料阀状态、轴承温度以及液压站油温、油压等多种参数，同时控制榨汁机作业过程的进程。

筒式榨汁机由自身配置的液压系统提供榨筒旋转（BUCHER 公司 HP 系列产品为减速电机驱动）、活塞进退的所有动力，为了提高能力利用效率和装备的可控性，液压站主泵为伺服变量泵。各压榨工序及工序内各阶段的动作由若干电磁阀组成的阀组控制。

为了提高装备的过程控制精度和可靠性，筒式榨汁机广泛配置了流出料流量传感、活塞位置传感、缸筒内压力传感、果汁贮罐液位传感、进料阀门姿态传感、排汁口位置传感等控制系统。另外，压榨过程包括注料预

压、松渣压榨、浸提压榨等多个工序，每个工序又包括多个压力、速度不
尽相同的压榨阶段，单个压榨循环包含的运动状态多达数十种，时长达 1h
以上。并且，筒式榨汁机在运行压榨循环各级动作过程中还需要供料、出
料等辅助系统的协同，而这些辅助系统的动作在时序及状态上应与筒式榨
汁机同步、协调。此外，筒式榨汁机的加工原料为物性多变的杂果、残次
果，前期预处理工艺效果极难均衡，为适应上述特点和加工要求，筒式榨
汁机的测量、控制系统配置要求较高，构成复杂。

　　为适应以上要求，目前筒式榨汁机在单机上普遍采用了以可编程逻辑
控制器（PLC）为核心的程序控制系统，在压榨过程的不同进程，由 PLC
按既定动作顺序和执行参数输出指令信号控制阀组液压油流向，使筒式榨
汁机由预置程序自动完成整个压榨循环。预置程序为框架结构，为适应不
同的工艺配置和物料状态留有状态参数调整窗口，通过在各参数窗口中赋
值，满足不同加工要求对程序的人工、实时修订。对于一些小批量原料的
特殊加工，筒式榨汁机控制程序还设有手动操控模式，可实时依据物料状
态和作业效果的变化，由人工进行参数调整和阶段切换来完成整个压榨
过程。

　　为提高筒式榨汁机的智能化程度，减少人为因素对作业效果的影响，
在筒式榨汁机的控制程序中增加了自学习功能，通过确定运行目标，在对
运行过程参数的统计、分析基础上，修订原有程序的控制参数，实时改变
运行状态。

5.2.3.5　以筒式榨汁机为主机的果汁分离系统

　　在浓缩果汁生产线中，筒式榨汁机承担的任务是将经过预处理的果浆
中的果汁分离出来以为后期的精滤、浓缩、杀菌及灌装提供原料，其面对
的原料为果浆，产品为原汁。为完成上述任务，需以榨汁机为核心构成果
汁分离系统，以保证压榨过程的原料供给、产品输出、副产物输出以及该
过程中各过程节点转换所需数据的采集。果汁分离系统除榨汁机外，还包
括输送果浆的螺杆泵、果浆流量计、果浆输送管、果浆阀、果汁收集罐、
果汁输送泵和果渣输送器等（图 5-59）。

　　螺杆泵负责将果浆以一定的压力和流量送入压榨腔，一个压榨循环中
常多次注料，每次注料的启停和注料量依据压榨过程的要求由榨汁机的程
控系统控制。

　　果浆流量计可实时检测螺杆泵的注料量，并将流量参数传输到程控系

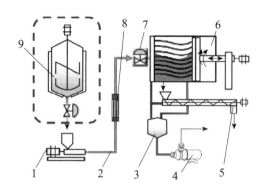

图 5-59　以筒式榨汁机为主机的果汁分离系统

1. 螺杆泵；2. 果浆输送管；3. 果汁收集罐；4. 果汁输送泵；5. 果渣输送器
6. 筒式榨汁机；7. 果浆阀；8. 果浆流量计；9. 酶解罐（果汁分离系统不含）

统，为过程参数的计算、判断，以及生产线的加工量统计提供原料数据。

果浆输送管、阀可为果浆提供输送通道和通断控制，果浆输送阀接受程控系统的控制，根据压榨进程开通（注料）或关闭（封闭压榨腔与螺杆泵的连接）。果浆输送阀常配置位置检测装置，并为程控系统实时提供阀门的状态信号。

果汁收集输送组件由果汁收集罐、排汁泵及阀组构成。可将压榨腔排出的果汁汇集（到一定量后）输送到贮汁罐。果汁收集输送组件一般还承担浸提压榨工序的低浓度浸提汁的回送（压榨腔）以及压榨结束后清洗液的收集、循环任务，配置的管阀系统、测压及测温装置控制关系复杂。

果渣输送装置主要为一大直径螺旋输送器，在压榨结束后将压榨腔排出的果渣汇集并输送出车间。

液力筒式榨汁机工作压力大，对果糊的最大压力可达 1.0MPa。出汁率高，不加浸提时大约为 87%，配合浸提 91%~95%。工作平稳，可自动化生产。压榨过程密闭性较好，卫生条件好，还可以在筒内充入氮气，果汁氧化程度低。由于排汁滤绳外套的针织滤网较厚密，果汁中果肉含量低，可达 0.5%~1.5%。目前液力筒式榨汁机是公认的比较先进的榨汁设备。

但是液力榨汁机的一个工作循环时间很长，达 60min 以上，故生产能力相比带式榨汁机并不高，一般为 10~15t/h。此外由于设备的成本也非常高，小型企业难以承受。

筒式压榨作业机理：筒式榨汁机的供料、控制及运行参数采集、统计均能方便地组成网络系统，特别适合由多台机组成机群进行高效的大规模生产。目前，大型通用榨汁机的处理能力可达 10～15t/h，可用于组建大型或超大型压榨系统。为了增加处理能力，在车间常采用 4～8 台以上的机群式配置，组成多机压榨单元，参见图 5-60。除在每台单机上保留控制自身运行的 PLC，使单台机能够自主控制完成整个压榨过程外，对每台机的控制以及多台机的运行协调，则由中控室内的上位工控机完成。为了优化系统配置、节省投资成本，筒式榨汁机的外围辅助系统——供料、排汁、出渣系统也面对多机压榨单元的需要进行统筹规划，构成统一服务多机压榨单元的独立系统。

图 5-60　配置 8 台筒式榨汁机机群的生产线

5.2.3.6　影响技术经济指标的因素分析

　　筒式榨汁机的作业效果主要体现在处理能力、果汁收率、处理能耗和产品品质等方面。理想的榨汁机应该具备出汁率高、处理能力大、能耗低、果汁曝气程度低、汁中固形物含量低等特点。筒式榨汁机的上述作业效果及性能特点可用相对具体的技术经济指标表现，其中与压榨过程直接相关的技术经济指标主要有出汁率、生产能力。

　　（1）出汁率。通常水果出汁率为：苹果 77%～86%，梨 78%～82%，葡萄 76～85%，草莓 70%～80%，柑橘类 40%～50%，其他浆果类约为 70%～90%，番茄汁 75%～80%。筒式榨汁机鲜榨出汁率达到 80%，加酶后达到 90% 以上，经过贮藏的苹果加酶处理、增加浸提工序可以使出汁率提高 3%～15%。对于生产厂商，果汁收益关系着企业利润的高低，提高原料利用率、降低原料费用是增强产品市场竞争力的有效措施。

　　出汁率取决于原料的物性和加工特性、榨汁机结构配置、压榨工艺及参数等多种因素。从一定意义上说，它既反映果蔬自身的加工性状，也体现加工工艺、设备技术水平。

　　除原料物性及榨前预处理（破碎、酶解）外，影响筒式榨汁机出汁率的主要因素还有以下几个方面。

　　①压榨压力。在一定的压力范围内，出汁率与压榨压力成正比，增大压榨压力可以提高出汁率。但根据筒式压榨原理和加工物料的特点，压榨压力也是有上限的。压榨力的提高可为果渣孔隙率的降低和克服透过阻力提供较大的动力；若压榨力过高，则会造成果渣孔隙率降低、边界层效应增加和果汁透过滤网阻力的提高，反而不利于汁液从细胞中分离出。因此，筒式榨汁机一般使用的最大压榨力不大于 1.0MPa。无论如何，作为压滤分离的动力来源，压榨压力是影响出汁率的关键因素。

　　②压榨时间。压榨时间包含每次压榨过程的维持时间及压榨过程的次数。由于果汁具有一定黏度、果渣层及滤网的孔隙流动阻力较大，果汁透过滤层的路程相对较长，对于单次果汁分离须有足够的时间保障。而多次压榨过程可通过果渣和滤网间的位置调整，实现干湿果渣位置更替，消除边界层影响，促进果汁的彻底分离。压榨时间是影响出汁率的重要因素。

　　③浸提水量。当松渣压榨后期压榨力与果渣变形阻力及果汁透过阻力平衡后，很难将果渣中残留的果汁分离出来。由于果汁中的有效成分主要为水溶性成分，此时，浸提水的加入可溶出果渣中的残留果汁、增加果渣中总的液体组分体积，并在随后的压榨中轻松获得（稀）果汁，达到减低果渣中果汁残留量、提高果汁收率的目的。如在浸提压榨结束与松渣压榨结束具有相同体积和相同液态组分含量的果渣，（实际上，浸提压榨可较快地达到松渣压榨结束时的果渣体积），浸提水量越多则有效成分含量越低，意味着压榨结束后残留果渣中的有效成分量越少，果汁收率越高[i]。浸提水量的增加导致（稀）果汁浓度越低、后期浓缩负荷和能耗成本越高。因此，浸提水量的确定应兼顾出汁率及后序成本。可见，浸提水量可直接影响出汁率。

　　④其他因素。出汁率除与以上 3 个主要设备因素有关外，还与筒式榨汁机的作业参数配置、配套工艺安排有关。

　　松渣行程及时间：松渣行程及时间直接影响密实果渣脱离滤网以及形成果渣与滤网间新的位置关系，因此，注料量的确定应保证有足够的松渣行程；松渣及随后消除无效行程的时间也应保证压榨腔内的果渣有足够的松散过程。

浸提水混合时间：浸提水混合时间直接影响果渣中残汁的扩散效果和溶出率，应对浸提水的加入速度及加入后水渣混合效果进行控制，以通过提高浸提压榨过程的作业效果并带动出汁率的提高。

（2）生产能力。筒式榨汁机的生产能力又称生产效率或生产效能，定义为达到规定出汁率前提下单位时间处理物料的能力，是筒式榨汁机中一项重要的技术参数，单位记为 t/h。通常情况下，筒式榨汁机出厂时会标定在特定生产条件下的生产能力，如型号为 HPX-5005IP 的生产能力为 7~10t/h，出汁率可达 82%~93%。

对于果蔬加工企业，生产能力直接决定了其生产量。果蔬加工的季节性非常明显，收获季节时原料成本较低，压榨性好；而储藏原料收购成本高，原料品质差，加工特性不好。因此，企业希望在原料收获旺季尽量多的安排收购和加工，这样就需要尽可能地提高设备的生产能力。

筒式榨汁机为间歇式加工过程，一个压榨循环周期通常包括预压注料、松渣压榨、浸提压榨、排渣四个工序，所以计算其压榨周期可以如下表示：

$$\tau = (\tau_F + \tau_P + \tau_D)/60 \qquad (5-2)$$

式中：τ——单个生产加工循环的操作总时间，h；

τ_F——预压注料时间，min；

τ_P——压榨时间，包括松渣压榨和浸提压榨时间，min；

τ_D——排渣时间，min。

筒式榨汁机的生产能力的计算式可表示为：

$$C_p = \frac{M}{\tau} = \frac{M}{\tau_F + \tau_P + \tau_D} \qquad (5-3)$$

式中：M——单工作循环注料总量，即压榨前果浆总质量，t；

C_p——生产能力，t/h。

上述公式（5-3）可以看出，在设备结构参数一定时，提高生产能力的最直接的措施是缩短压榨周期。在一个压榨循环中排渣时间基本是恒定的，所以只能从注料时间和压榨时间入手，即在保证出汁率的前提下，用尽可能短的注料时间和压榨时间完成压榨工艺。

注料时间由注料总量和注料工艺决定。

注料总量是综合考虑物料特性及筒式榨汁机特殊的运行要求后确定

的。根据筒式榨汁机的构造特性及工作原理可知，整个压榨循环内的注料总量的确定原则是，最小的注料量应保证在压榨结束时压榨腔残留果渣的体积要大于死腔的体积，即压榨结束时活塞位置位于前止点之后；而最大注料量应保证在最后一次注料及随后的压缩过程结束时，活塞拥有一定的松渣行程，即在注料预压结束后活塞位置与后止点间仍有足够距离。因此，对于筒式榨汁机而言，注料量是一个只能在较小范围波动的相对固定值。

筒式榨汁机注料工艺过程并非一简单的填充物料过程，在某种意义上讲，注料工艺过程更应理解为快速积累完成运行一个压榨循环所需的果汁量的过程，即注料工艺过程兼有填充和分离的两种目的。而筒式榨汁机加工原料多是含水率高达80%~90%的多汁物料，并且由于筒式榨汁机的特有结构一般不易拥有较大的轴向富余行程，故一次性进行单纯填充时压榨腔内的注料量常低于最小的注料量。因此，需在注料的同时进行分离。

由以上分析，缩短筒式榨汁机的注料过程实质上是填充一定量果渣的过程，缩短注料时间并非是简单选用一台大输送量的果浆泵，而是在尽量短的时间内注入大于完成压榨循环所需的最小果渣量；同时分离出尽量多的果汁，以充分减少注料预压阶段剩余的果渣体积，形成后期松渣压榨所需的最低松渣行程，统筹规划注料速率和分离效果诸多因素的复杂过程。

缩短注料预压时间须以配置大输送量果浆泵为前提，以尽量快地输出填充物料的体积流量。同时，以尽量短的时间分离出满足运行要求所需的果汁量。快速分离果汁的影响因素主要包括：

①压榨压力。压榨压力对快速分离的影响与对出汁率的作用原理相近。压榨力可为缩减果渣孔隙率、提高果汁透过速率提供动力，压榨压力的提高可以加快分离进程，因此，压榨压力在合适的范围内与生产能力正相关。

②比透过面积。比透过面积是指压榨腔内单位体积物料所拥有分离介质的面积。对于筒式榨汁机而言，比透过面积越大理论上果浆接触滤网的机会越多，果汁分离经历的路径越短、透过阻力越低，比透过面积越高相应的分离效率越高、分离速度越快。

筒式榨汁机提高比透过面积的措施主要是增加过滤组件的数量。如BUCHER公司的HPX5005IP及6TZ-12过滤组件的数量可达300组以上。但是，过滤组件过多时，一是会占用压榨腔的有效容积，减少注料量；二是降低活塞后退松渣过程中的跌落松散效果；三是造成活塞接近前止点时过滤组件间的叠合挤压摩擦，加剧滤网的磨损，并可能影响死腔容积的不可控性。

另外，比透过面积可定义为压榨腔内单位体积物料所拥有分离介质的面积，实际上对果汁分离起关键作用的是分离介质的通透面积，即理论开孔率或称通透性。为了提高分离介质的通透性，过滤组件所用滤网采用并股单丝编织而成，这样滤网不仅宏观具有孔洞，微观上每根单丝间的微缝隙同样具有通透性，且扩展的通透面积更大、微小颗粒的截留能力更强。

③其他因素。在结构参数一定的前提下，生产能力除与压榨压力、比透过面积相关外，其他一些辅助因素及过程参数的配置也在一定程度上对生产能力造成影响。

过程参数：其他结构、物料参数相同的前提下，压榨行程所配置的动力及速度参数将影响每次压榨的分离效率，进而改变压榨次数，并最终影响整个压榨循环时间和生产能力。

无效行程时间占用：压榨过程的时间主要消耗在多达几十次的活塞的进、退过程中，其中，物料无压的活塞属于不直接产生分离效果的无效行程。无效行程并非无用行程，无效行程中需完成跌落松渣、均有布料、混合浸提等一系列压榨分离的辅助过程。在一个压榨循环中无效行程时间常占用压榨循环50%以上的时间，因此，优化辅助过程效果，减少无效行程时间占用，对生产能力关系很大。

辅助时间：由于压榨系统工作尚需辅助系统的协助，辅助系统的效能也将对生产能力产生影响。果渣输送系统配置时需考虑其输送能力，避免卸渣过程主机的变相等待，以使卸渣过程占用时间最短。浸提水加注由外配水泵完成，水泵注水尽快完成有利于随后的混合，在可能的前提下，应尽量选配大流量水泵。进料阀门的开闭时间一般与注料、压榨等动作不交叉，进料阀门的快速换位有利于缩减辅助时间。

（3）出汁率与生产能力的匹配关系。出汁率和生产能力是衡量榨汁机技术经济性能的2个主要性能指标。在一般情况下，如榨汁机的配置一定时，出汁率和生产能力具有一定矛盾关系，且通常成反比的关系，即其中之一的提升往往以另一个的降低为前提，据统计，当要求筒式榨汁机出汁率大于86%时，生产能力会急剧下降，表明出汁率和生产能力之间的相互制约非常大。

对于特定榨汁机，特定的加工物料，其出汁率和生产能力通常成反比的关系。

此外，为增加压榨过程出汁率和生产能力，还可以通过采取一些预处理或者改进其他加工工艺等措施。例如，许多生产商多采取果浆酶解法，特别是高原产苹果核储藏后的苹果，果胶含量高，须要进行果浆酶解进行酶解处理可以显著减少果汁黏性，有利于压榨出汁；减少果汁的质量和压榨能力变化系数。如为了改善果浆的组织结构，提高出汁率或缩短榨汁时间，使用一些榨汁助剂如稻糠、硅藻土、珠光岩、人造纤维和木纤维等。以压榨苹果为例，添加量为 0.5% ~ 2%，即可提高出汁率 6% ~ 20%。使用榨汁助剂时，必须均匀地分布于果浆中。

考核筒式榨汁机的作业效果不仅考察产品收益率，同时还要考察设备生产能力。协调好两者的关系是提升企业投资效率和整体经济效益的关键。因此，在实际生产中，出汁率和生产能力的确定需要综合考虑原料收购成本、实时产品售价等诸多因素，通过对机器配置和运行参数的调整，寻求经济效益与生产能力的最佳匹配，找到出汁率与生产能力的经济效益平衡点，实现经济效益最大化。

5.2.4　螺旋连续榨汁机

螺旋榨汁机是利用一个或两个合并为一体的机筒内旋转的变螺距螺杆来输送果糊，通过螺距、槽深变化和出口阻力调整，使机筒内的果糊在输送过程中受压，使得果汁通过机筒四周的细孔筛网排出来完成榨汁作业的。螺旋榨汁机在榨汁过程中对果糊有剪切、搓擦作用，可进一步对果糊起到破碎作用。

螺旋连续榨汁机是果汁工业化传统加工设备，是一种使用广泛的中小型榨汁机，也是最早投入使用的连续工作的榨汁设备。螺旋既有输送螺旋和压榨螺旋做反向旋转的双螺旋，也有带有强力进料装置和止退装置的单螺旋（分进料螺旋、压榨螺旋、挤压螺旋三部分），也有螺距、轴径和筛筒直径有变化的单螺旋，更有并联的左右相互交叉作反向旋转的双螺旋，根据不同物料和产量来选择不同的螺旋形式。螺旋榨汁机可对果糊产生很高的压榨力，可对果糊产生很高的压榨力，一般用于纤维含量高或出汁容易的果蔬品种或带肉果汁的生产，如苹果、梨、菠萝、石榴、猕猴桃、沙棘、桑葚及葡萄等浆果。螺旋榨汁机压榨时间短，压榨腔内始终充满物料，汁液曝气、污染程度低，结构简单，故障率低，体积小，价格低廉。但由于压榨室内单位体积的果浆所拥有的有效透过面积小，且果汁排出的路径长，故出汁率较低，一般仅为 40% ~ 60%；受到滤筒和榨螺结构限制，螺旋连续榨汁机生产能力不高；以冲孔筛片为过滤网，过汁孔径较大，榨出的汁液中果肉含量多，浑浊物大于 3%。

5.2.4.1　单螺旋连续榨汁机

（1）单螺旋连续榨汁机结构。单螺旋连续榨汁机结构如图 5 - 61 所示，主要由压榨螺杆、圆筒筛、离合器、压力调整机构、传动装置、汁液收集斗和机架组成。

①传动装置。皮带轮安装在与离合手柄相连接的摩擦套环上，用离合手柄控制摩擦套环与皮带轮的离合，就可达到随时停车的目的。

②压榨螺杆。是螺旋连续榨汁机的核心，其由两端的轴承支承在机架上，传动系统使螺杆在圆筒筛内作旋转运动。与压榨螺杆的压榨效率密切相关的参数是压榨比和螺距。

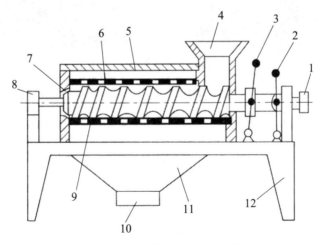

图 5 - 61　单螺旋榨汁机结构简图

1. 传动转置；2. 离合手柄；3. 压力调整手柄；4. 料斗；5. 机盖；6. 圆筒筛；
7. 环形出渣口；8. 轴承盒；9. 压榨螺杆；10. 出汁口；11. 汁液收集斗；12. 机架

③压缩比。为了使物料进入榨汁机后尽快受到压榨，螺杆的结构在长度方向（从进料口向出料口）随着螺杆内径增大而螺距减小。螺杆的这种结构特点，使得螺旋槽容积逐渐缩小，其缩小程度用压缩比来表示。压缩

比是指进料端第一个螺旋槽的容积与最后一个螺旋槽容积之比。如国产 GT6GS 螺旋连续榨汁机的压缩比为 1:20。

④螺距。改变螺杆的螺距大小对一定直径的螺旋来说就是改变螺旋升角大小。螺距小则物料受到的轴向分力增加，径向分力减小，有利于物料的推进。

⑤圆筒筛。圆筒筛一般由钻孔后的不锈钢板（图 5 - 62）卷成，为了便于清洗及维修，通常做成上、下两半，用螺钉连接安装在机壳上。圆筛孔径一般为 0.3 ~ 0.8mm，开孔率既要考虑榨汁的要求，又要考虑筛体强度。螺杆挤压产生的压力可达 1.2MPa 以上，筛筒的强度应能承受这个压力。

图 5 - 62　圆筒筛

⑥压力调整机构。具有一定压缩比的螺旋压榨机，虽对物料能产生一定的挤压力，但往往达不到压榨要求，通常采用调压装置来调整榨汁压力。一般通过调整出渣口环形间隙大小来控制最终压榨力和出汁率。间隙大，出渣阻力小，压力减小；反之，压力增大。调压头沿轴向的移动可调整空隙的大小。扳动压力调整手柄使压榨螺杆沿轴向左右移动，环形间隙即可改变。用于顺时针纵设备的出渣槽向进料斗一端看转动手轮轴承座时，调压头向左，空隙即缩小、反之则空隙变大。

图 5 - 63 为不同型号的单螺旋连续榨汁机，其中，图 5 - 63（a）所示为小型螺旋榨汁机，生产能力 0.1 ~ 5t/h，该机适用于苹果、菠萝等经破碎后的仁果类的榨汁；图 5 - 63（b）所示为中型螺旋榨汁机，生产能力 5 ~ 10t/h，主要用于压榨番茄、菠萝、苹果、柑橘以及经过榨汁或打浆后的汁液精制过滤挤压；图 5 - 63（c）所示为大型螺旋榨汁机，生产能力一般 > 10t/h。

（a）小型单螺旋连续榨汁机

（b）中型单螺旋连续榨汁机

（c）大型单螺旋连续榨汁机

图 5 - 63 不同生产能力的单螺旋连续榨汁机

（2）螺旋榨汁机的工作过程。操作时，先将出渣口环形间隙调至最大，以减小负荷。启动正常后加料，物料就在螺旋推力作用下沿轴向向出渣口移动，由于螺距渐小，螺旋内径渐大，对物料产生预压力。然后逐渐调整出渣口环形间隙，以达到榨汁工艺要求的压力。

工作过程：破碎后的果肉、汁、皮通过进料斗进入螺旋榨汁机，由于螺旋沿着料渣出口方向底径逐渐加大而螺距逐渐减少，当物料被螺旋推进时，因螺旋腔体积缩小，形成对物料的压榨。螺旋主轴的转动方向从进料斗向渣槽方向看去，为顺时针方向。原料加入进料斗中，在螺旋的推进下受压，其压榨的汁液通过过滤网流入底部的盛汁器，而废料则通过螺旋及调压的锥形部分之间形成的环状空隙排出，从而达到汁与渣自动分离的目的。空隙的大小用调整装置使螺杆沿着轴线方向移动进行调整（从设备的出渣槽向进料斗端看转动手轮轴承座时，调压头向左，空隙即缩小、反之则空隙变大。），即调整排渣的阻力，即可改变出渣率。由于空隙的改变，则改变了螺旋对物料施加的压力，压力改变了，出汁率亦改变，空隙小则出汁液增加，但如果空隙过小，在强力挤压下，部分渣的颗粒会和汁一起通过过滤网被挤出，尽管出汁增加，但可能得到的汁液质量不良，空隙大了则出汁率低。因此，空隙的大小应视用户具体工艺要求而定，使用此设备时应根据物料性质和工艺要求，调整恰当的空隙后才正式投产。但在开动机器时，为了减少启动负荷，空隙先调到最大，然后才逐步减小到正常。

5.2.4.2 双螺旋连续榨汁机

卧式双螺旋榨汁机（压榨机）的结构如图5－64所示，基本结构与单螺旋连续榨汁机相似，主要由电机、减速装置、传递齿轮组、进料口、筛筒、压榨螺旋、机架、调节手轮和压力调整装置组成。不同之处在于双螺旋结构中一螺旋为压榨螺旋，一螺旋为物料输送螺旋。

卧式双螺旋连续式榨汁机属于大中型榨汁设备，生产能力一般5～20t/h或更高，其外形如图5－65所示，由机架、传动系统、进料部分、榨汁部分、液压系统和护罩以及电器控制部分等组成。减速机带动齿轮传动系统和主轴。同一主轴上带有进料螺旋与压榨螺旋，压榨螺旋由键与主轴相连接，输送螺旋套在主轴上与压榨螺旋作相反的旋转。进入进料箱的物料被输送螺旋推向压榨螺旋，由于旋向相反，物料在输送螺旋与压榨螺旋结合区域被挤压脱汁。由于压榨螺旋的长度及螺距小于输送螺旋，物料最终被推向压榨螺旋。压榨螺旋轴芯直径逐步增大，物料在筛网壁和出料口端锥形体们的阻力作用下，所含的水分进一步被挤压出，筛网将固液分离开，汁液集中在接料斗内。在压榨螺旋的主轴尾部装有小筛网（无螺旋输送区域物料再次被挤压），最后挤出的汁液经小筛网流入锥形体的出汁管而排出。压榨后的物料在筛网末端与锥形体之间的空隙排出机外。排渣口锥形体门由液压系统控制，液压系统由柱塞式油泵提供压力油，通过压力可调式溢流阀控制液压系统压力的高低；两个油缸固定于尾部支承座，通过控制活塞杆伸出量控制物料出口的大小，从而调节排渣锥形体对物料的施压力度，进而控制物料排渣的压干湿度。

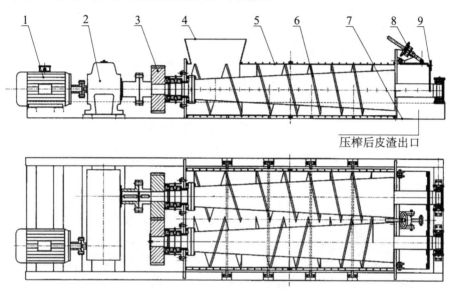

压榨后皮渣出口

图 5 - 64　双螺旋榨汁机结构简图

1. 电机；2. 减速装置；3. 传动齿轮组；4. 进料口；
5. 筛筒；6. 压榨螺旋；7. 机架；8. 调节手轮；9. 压力调整装置

5.2.4.3　多段式螺旋连续榨汁机

螺旋也有做成双段或多段的，各段为串联布置。第一段称为喂料螺旋，第二段称为压榨螺旋。两段螺旋间螺旋叶片是断开的，转速相同而旋转方向相反。经第一段螺旋初步预挤压后发生松散，松散后的物料进入第二段螺旋，由于转向相反使物料翻了个身，同时由于第二段螺旋结构为单螺旋，给物料施加了更大的挤压力，提高了出汁率。三段式螺旋榨汁机第一段和第三段螺旋旋转方向相同，第二段螺旋旋转方向与之相反。有研究表明，果实原料采用经过三段式螺旋连续榨汁机多次螺旋挤压，出汁率可达 55% ~ 70% 。

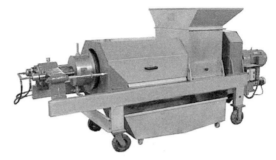

榨汁部分　　　　　　　　进料部分　　　　　　　尾部出渣口

图 5 - 65　卧式双螺旋连续式压榨机

图 5 - 66 为双段式螺旋榨汁机，图 5 - 67 为三段式螺旋榨汁机。

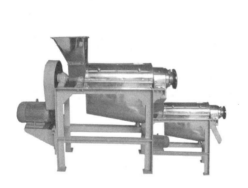

图 5 - 66　双段式螺旋榨汁机　　　**图 5 - 67　三段式螺旋榨汁机**

5.2.4.4　破碎—榨汁机组

螺旋榨汁机与打浆机或破碎机串联，共同构成小型破碎—榨汁机组，如图 5 - 68 所示。果汁处理能力为 0.3 ~ 1.5t/h，过滤网间隙：0.3 ~ 0.8mm，工作时破碎机和榨汁机同时启动后，应将榨汁机手轮及螺母出渣间隙达到最大，其后根据出渣情况，间隙逐渐减小，达到工艺要求后，再固定好手轮及螺母。进入正常工作时，物料在破碎机高速旋转的刀片的作用下被破碎成果糊，重力作用下直接进入螺旋榨汁机进料腔进行压榨工序。在运行过程中，若出现破碎机不下料，用清渣拉杆清洁。

图 5 - 68　破碎—榨汁机组

5.2.5　裹包榨汁机

裹包榨汁机是早期传统的榨汁机。图 5 - 69 为层叠式裹包榨汁机结构原理及外形。

其榨汁机理是将破碎后的果浆用合成纤维挤压滤布包裹起来，并多包叠摞，每层果浆厚度为 3 ~ 15cm，层层整齐堆码成垛，然后对其施加机械压力（液力、气力、机械力）进行压榨，通过液压力加压压榨力可高达 2.5 ~ 3.0MPa，使游离细胞液排出，同时，压裂部分细胞使细胞液排出从而达到榨汁目的。

裹包榨汁机是历史最悠久的榨汁机，有层叠式、木桶式、单工位、多工位等多种形式。由于裹包榨汁机对果浆的压榨力高达 2.5 ~ 3.0MPa，可用于出汁困难的水果和蔬菜，如苹果、梨、生姜、芹菜等多纤维果蔬品种的榨汁作业。裹包榨汁机适用性广，由于裹包榨汁机料层较薄，汁液流出通道短，单位体积物料所对应的过滤面积较大，因而压榨过程耗时短，出汁率高，其出汁率在各种榨汁机中是最高的。裹包榨汁机结构简单、工作可靠、操作简便灵活，购置费用低，一般作为小型加工厂榨汁设备及实验室用设备，生产能力 < 3 t/h。图 5 - 70 为裹包式榨汁机与辊式破碎机联合作业情景。

但裹包榨汁机为批式作业，工作不连续，装料、卸料都为人工作业，生产率较低。尽管有双工位、三工位机型，但由于各工位仍为手工作业，装料与卸料过程都需要人工操作，费时费工，效率低，劳动强度大，生产率很难提高。此外压榨暴露在空气中进行，卫生条件差，果浆及果汁氧化严重。

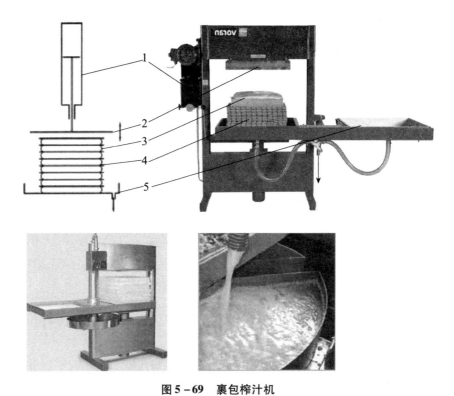

图 5 - 69　裹包榨汁机

1. 液压缸；2. 加压板；3. 裹包布；4. 分隔板；5. 果汁收集盘

图 5 - 70　裹包式榨汁机与辊式破碎机联合作业

（图片来源：宣传资料）

5.2.6　气囊榨汁机

气囊（力）式通用榨汁机一般是专门用于浆果类（葡萄等）果汁的压榨专用设备。目前，主要的型号及生产厂家包括意大利迪艾姆（Diemme）公司生产的气囊压榨机、法国布赫·瓦斯林（Bucher Vaslin）公司生产的气囊压榨机、德国威廉姆斯（Willmes）公司生产的气囊榨汁机。3 个厂家生产的气囊榨汁机的核心部件构成基本相同，都是由一个带滤布衬里的圆筒集汁罐和圆筒集汁罐中的气囊组成。榨汁原理也基本相同，如图 5 – 71 所示。

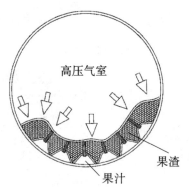

图 5 – 71　气囊榨汁机及作业原理

将果浆通过气囊入口或轴向进料螺杆泵注入进封闭圆筒内，通过给圆筒内的气囊充入压缩空气，气囊充气膨胀后挤压果浆，果汁液在压力作用下通过不同的排汁通道排出筒外进入集汁盘。榨汁结束后打开气囊入口清除果渣残留物并使用高压冲洗装置对气囊内部进行冲洗。但 3 个厂家的产品又都有其各自的特点。

（1）意大利迪艾姆（Diemme）公司生产的气囊压榨机。按照旋转罐是否完全封闭分为全封闭式和半封闭式两种机型，如图 5 – 72 所示。

该公司的卧式气囊压榨机由罐体、气囊、螺旋导板、配气盘、支架、集汁槽、汽缸、活塞、入孔盖、电控柜等组成，全不锈钢制造。其作业原理与图 5 – 71 所示相同，这种类型的压榨机采用了侧面的气囊，破碎后的葡萄或其他水果，经螺杆泵输送至压榨室，通过 PLC 控制，自动设置程序，压榨时采用弹性材料对物料挤压作用柔和，不会压碎果梗和果籽，果汁质量高，平均能够在一次充料阶段分离出自行流出果汁达 50%，在充料和第一次低压压榨阶段可以提取总量为 68% ~73% 的果汁，通过接下来的

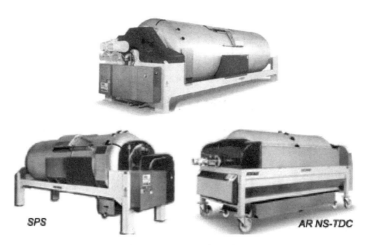

（a）全封闭的气囊压榨机

（b）全封闭的半封闭气囊压榨机

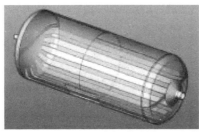

（c）旋转罐及内部排汁通道

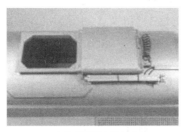

（d）喂料和排汁门　　　　　（e）压缩机和真空泵

图5－72　意大利迪艾姆（Diemme）公司生产的气囊压榨机

（图片来源：上海孚达工贸有限公司）

压榨阶段压力为 0. 2 ~ 1. 8 bar，达到多阶段压榨，通过及时的松渣挤压过程，再提取果汁的 8% ~ 10%，能在较低的压力下获得较高的出汁率，这样总的产量为 76% ~ 83%。排汁通道位于圆筒内壁上，内装吹风机，空压机，带宽大的门而且易于清理。

（2）法国布赫·瓦斯林生产的气囊压榨机。该公司的气囊式压榨机的作业原理也与图 5 - 71 所示相同，排汁通道主要除圆筒内壁上的以外，还有埋于果糊中的排汁滤绳也可将果汁排出筒外。主要机型如图 5 - 73 所示。图 5 - 74 为气囊式榨汁机内部结构及集汁罐排汁口。

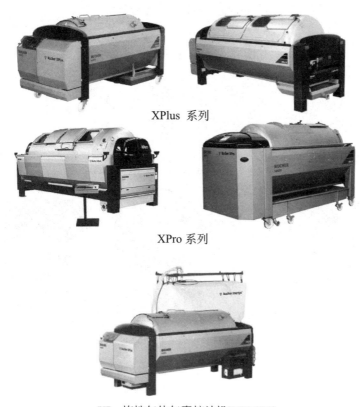

XPlus 系列

XPro 系列

XPro惰性气体气囊榨汁机INERTYS

图 5 - 73　Bucher Vaslin 系列气囊榨汁机

（3）德国威廉姆斯（Willmes）公司生产的气囊压榨机。1999 年，威廉姆斯公司开发出了新一代的 PP 系列气囊压榨机，将压榨技术提高到了一个新的高度（图 5 - 75）。

图 5 – 74　气囊式榨汁机内部结构及集汁罐排汁口

（图片来源：Bucher Vaslin 公司）

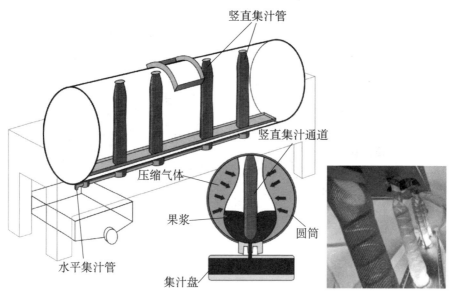

图 5 – 75　威廉姆斯（Willmes）公司的 Sigma 气囊压榨机作业原理

　　竖直集汁通道为表面开有网眼的导管，过滤面积大，垂直位于罐体中央，气囊位于罐体两侧，压榨从机器的两侧向中央进行，果汁进入竖直集汁通道后流入罐体下部的水平集汁通道或集汁槽，果渣及果皮等被留在罐体内，果渣的流出速度快。果汁导管与缸体分开，跨越缸体的长与宽，确保果汁通过最短的路径流出。其具备以下优点。

　　由于在压榨中施加的压力小，旋转少，果汁在皮渣中穿行的路径短，所以能得到含较少浊浆的较高品质的果汁；密封以防止液汁流出，果汁排出口由控制柜控制的压缩空气开启，果汁收集槽位于箱体外；不会有未受控制的氧化发生；浸渍与发酵不会有汁液的损失；快速入料同时可压榨；较少的旋转，可从外面轻松、卫生地清洗，没有复杂的导管系统需要拆卸，没有必要加装自动清洗系统（CIP），主要有两种机型，如图 5 - 76、图 5 - 77 所示。

图 5 - 76　Willmes - Sigma 气囊压榨机
（图片来源：威廉姆斯（Willmes）公司）

图 5 - 77　Willmes - Merlin 气囊压榨机
（图片来源：威廉姆斯（Willmes）公司）

5.2.7　框栏（筐篮）式榨汁机

框栏式榨汁机是酿造冰葡萄酒的专用设备之一。采用液压全自动控制，接汁盘带动车轮，手动限压升降，操作轻便。框栏为两个半圆组成。有木条结构和不锈钢板冲孔两种结构形式，如图 5 - 78 所示。木条结构为欧洲酿造冰葡萄酒的传统古老工艺。快开式锁紧装置，操作方便，快捷。液压油自动控制油温，与葡萄接触部分用不锈钢制造。采用静态压榨，出汁率极高。可适应任何不含大形果核水果榨取汁液和蔬菜加工，也适合其他浆果的榨汁。

工作原理：框栏式榨汁机主要由机架、液压系统、活动压板、移动式接汁盘、对开式框栏组成。接汁盘装在带有车轮的车架上，框栏放在接汁盘上，装料后将小车推入机架的活动压盘下，物料在由液压系统提供动力的活动压盘的挤压下榨出汁液。为了提高皮渣芯部的出汁率，在物料之间放有导流盘。汁液由接汁盘收集后经出汁管排出。

5.2.8　锥盘榨汁机

锥盘榨汁机利用两个相对同向旋转、局部啮合的锥形圆盘进行榨汁。锥盘在旋转过程间隙逐渐减小，在啮合区域挤压物料，产生很高的压榨力，使汁液从锥盘表面的滤孔排出完成压榨作业。锥盘式榨汁机主要由料

 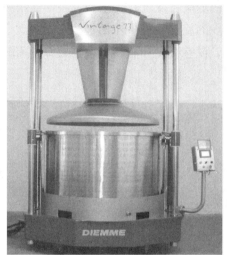

（a）木条结构框栏式榨汁机　　　　　（b）不锈钢板冲孔框栏榨汁机

图5－78　液压框栏式榨汁机

斗、机座、大小锥套、锥盘、刮渣装置、传动系统及无级变速装置等组成。如图5－79所示。

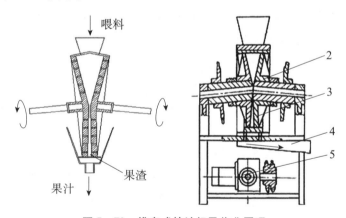

图5－79　锥盘式榨汁机及作业原理

1. 料斗；2. 压榨比调节螺帽；3. 锥盘；4. 出汁盘；5. 调速手轮

锥盘榨汁机的榨汁机理是利用两个母线重合的伞状锥体的啮合滚动，使进入啮合区域的果糊受压，果汁通过伞状锥体表面的滤孔排出。

当锥盘式榨汁机工作时，支承在两根相交轴上的锥盘绕各自的轴同向转动。由于锥盘和两相交轴与水平位置间存在一个夹角，使得两锥盘间的容积从大到小，再从小到大不断变化，物料在两锥盘间受到挤压，果汁从锥盘上的滤网和出汁孔流出，收集在贮汁槽中。压榨完毕后，果渣由刮渣装置刮下，经出渣口排出机外。其外形如图 5 – 80 所示。

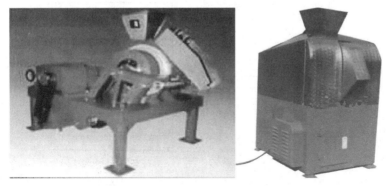

图 5 – 80　锥盘榨汁机外形

锥盘式压榨机的压榨力大，压榨时间短。机器布局紧凑，结构简单，维修清洗都方便。但锥盘式榨汁机对浆状物料的夹持性能差。施压及排汁面积相对较小，排汁孔大，因此应用场合较少，仅适用于高纤维、质硬原料的榨汁。

5.2.9　柑橘榨汁机

柑橘制汁的工艺如图 5 – 81 所示。

其中，榨汁环节目前常用的柑橘榨汁机有 3 种，即美国 FMC 公司的整果榨汁机、布朗（Brown）榨汁机、英德利卡多（Indelicato）榨汁机。由于榨汁机的各个榨汁器（榨汁单元）分别只适合于加工某尺寸（大小）的果实，为了得到最佳出汁率和良好的原汁质量，在榨汁前需要对果实按尺寸大小进行分级。如果进入榨汁器的果实的尺寸不符合榨汁器的要求，不仅出汁率会下降，而且汁液中的果皮油含量还会增加。此外，果实的输送速度以尽可能地使榨汁机的全部榨汁器满负荷工作。

（1）FMC 爪杯式柑橘全果榨汁机。爪杯式柑橘榨汁机是一种专用榨汁机，专门用于柑、橘、橙的榨汁作业。压榨方式与上述几种榨汁机有很大的差别，属于整体压榨，原料不破碎，压榨对象为各个原料单体，压榨一般与果汁以外成分的回收同步进行。

每台 FMC 榨汁机上有 6 ~ 8 个榨汁器，如图 5 – 82 左图所示。榨汁器的主体是由硬金属制成的形状相互吻合的上、下多指形爪形钵组成。固定在共用横杆上的上爪形钵靠凸轮驱动，可上下往复运动，下爪形钵固定不

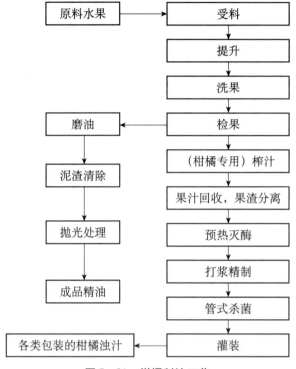

图 5 - 81　柑橘制汁工艺

动。两个多指形爪形钵在压榨过程中能相互啮合，可托护住柑橘的外部以防止破裂。工作时，果实经输送带进入下钵，上刀片和上钵向下运动，上、下圆刀片分别在果实的上部和下部各切下一个直径为 2.5cm 的果皮片。上钵继续向下运动，把汁液、果肉、果实中轴和果核如同"瓶塞"压进粗滤筛管中，粗滤筛管内部的通孔管向上移动，对预过滤管内的组分施加压力，迫使果肉中的果汁通过预过滤管壁上的许多小孔进入果汁收集器。与此同时，那些大于粗滤筛管壁上小孔的颗粒，如籽粒、橘络及残渣等自通孔管下口排出。并同时向果实喷水（每1kg 果实约喷1L 水），使从果皮中流出来的果皮油乳状液从榨汁器的后方被冲走。通孔管上升至极限位置时，一个榨汁周期即告完成。果皮破为两半，先被推向榨汁器的上方，然后再从榨汁器前方被推出。下一个果实进入榨汁器，重复此过程。先进筛管的"瓶塞"不仅受后进筛管的"瓶塞"的压力，而且还受到在筛管内从下向上运动的空心管的压力，因而前一个"瓶塞"中的汁液和少量果肉经筛管的筛孔（直径约为1mm）流出，经集液管流至粗滤机。每个果实在榨汁器中都形成四部分产品，一是经筛管筛孔流出的汁液和少量果肉，二是从空心管底部排出榨汁器的果核、果肉纤维和果实中心轴，三是从榨汁器后方排出的果皮油和果皮微粒，四是从榨汁器前方排出的果皮。

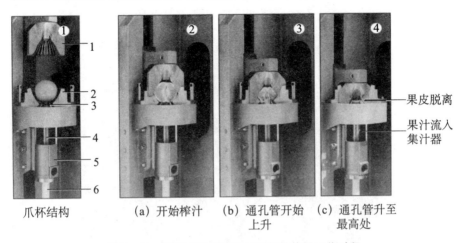

爪杯结构　　（a）开始榨汁　（b）通孔管开始　（c）通孔管升至
　　　　　　　　　　　　　　　　上升　　　　　　最高处

图 5 - 82　爪杯式柑橘榨汁机爪杯结构及工作过程

1. 上压杯；2. 下压杯；3. 下切割器；4. 预过滤管；5. 果汁收集器；6. 通孔管

　　改变粗滤筛管壁上的孔径或通孔管在粗滤筛管内的上升高度，均能改变果汁产量和清浊程度。由于两杯指形条的相互啮合，被挤出的果皮油顺环绕榨汁杯的倾斜板上流出机外。由于果汁与果皮能够瞬时分开，果皮油很少混入果汁中，制取的柑橘汁品质较高。图 5 - 83 为其整机外形。

粗滤筛管

图 5 - 83　FMC 爪杯式柑橘榨汁机外形

（图片来源：FMC 公司）

由于这种榨汁器对于柑橘尺寸要求较高，单机每小时可以处理 2~7t 柑橘果实，工业生产一般需配置多台连成一条生产线（图 5 -84），分别安装适于不同规格尺寸柑橘的榨汁器，并且在榨汁之前进行尺寸分级。一个大型加工厂拥有多条生产线，年加工能力可达 100 万 t 以上。

图 5 -84   FMC 爪杯式柑橘榨汁机生产线

（图片来源：FMC 公司）

这种榨汁机很好地适应了柑橘类水果的特点，使得几乎所有的柑橘类果实，如紧皮橘、甜橙、酸橙、柠檬和柚等都可用这种榨汁机榨汁。该榨汁机同时分离出果汁、果皮和皮精油，榨出的果汁质量优良，由于是瞬间榨汁，各组分分离比较彻底，果汁中的皮油、皮渣、橙皮苷、囊衣、种子碎屑等残渣异物被减少到最低限度。从果汁中再分离出的果肉浆苦味少，质量好，果汁回出汁率高于其他类型榨汁机。

柑橘榨汁机经过几十年的发展、完善，已基本确立了 FMC 机型的霸主地位。由于很好地选定了柑、橘、橙的榨汁作业原理，开发研制了可靠的工作部件，使这种榨汁机的工作性能近于完美。

（2）柑橘半果榨汁机。国内也有不少人对柑橘榨汁机有过研究，并推出了一些新机型。其中几种机型采用切半后压榨的分切旋压式柑橘榨汁机，中国农业机械化科学研究院谢时军等 2013 年设计了 BGZJ-7 型柑橘半果榨汁机（图 5 -85）。

BGZJ -7 型柑橘半果榨汁机主要由左（右）传动系统、输送切半系统、（左右两组）多头旋转榨汁系统和机架组成。其中，多头旋转榨汁系

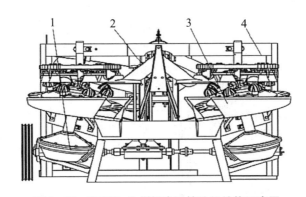

图 5 - 85　BGZJ - 7 柑橘半果榨汁机结构示意图

1. 左传动系统；2. 输送切半系统；3. 右多头旋转榨汁系统；4. 机架

（图片来源：参考文献 28）

统是该榨汁机的核心。多头旋转榨汁系统由内外轴传动齿轮、榨锥传动齿轮、榨锥盘、榨杯盘、万向联轴器、凸轮机构、榨锥和榨杯等组成，如图 5 - 86 所示。

动力通过内轴传动齿轮和榨锥传动齿轮减速，传递到榨锥和榨锥盘上；位于下面的榨锥盘和上面的榨杯盘各分别设置有 7 组均布的榨锥和榨杯，且一一对应，榨锥盘和榨杯盘通过万向联轴器连接在一起，同转速转动。榨杯盘转动一周，榨杯完成从开启闭合再到开启的动作。榨锥随榨锥盘公转的同时，做反向高速自转，榨锥盘以一定角度倾斜放置，使榨锥在移动和转动的过程中，榨锥与榨杯完成啮合与分离动作。汁液顺榨锥沟槽由分离盘分离流入果汁收集盘，榨完汁的橘皮在离心力作用下脱落榨杯被甩出榨汁系统落入收集槽。在这个分切旋压式柑橘榨汁机过程中完成柑橘的连续榨汁。

榨杯、榨锥采用仿形设计，榨锥头上设有榨锥沟槽方便果汁流出。在榨锥对半果柑橘挤榨时，果皮会贴附在榨杯内侧，榨杯内侧设有放气沟槽，以方便果皮脱落。榨杯、榨锥尺寸根据柑橘分级后的尺寸大小确定（图 5 - 87）。

图 5 - 88 为其实际外形。

有的采用凹凸球辊压榨（图 5 - 89），但是在出汁率及果汁质量上尚不如美国 FMC 的产品。

（3）布朗柑橘榨汁机。布朗柑橘榨汁机通常用于加工柠檬和酸橙。有时也用于加工小橙子、葡萄柚或柑橘。布朗榨汁机有如下两种类型：

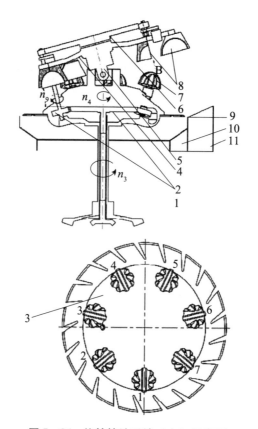

图 5 - 86　旋转榨汁系统（左）示意图

1. 内外轴传动齿轮；2. 榨锥传动齿轮；3. 榨锥盘；4. 榨杯盘；5. 万向联轴器；
6. 凸轮机构；7. 榨锥；8. 榨杯；9. 果汁分离盘；10. 果汁收集斗；11. 果汁收集器

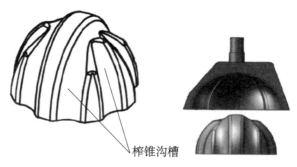

榨锥沟槽

图 5 - 87　榨杯及榨锥示意图

①布朗（Brown）720（520、620、570）型榨汁机。果实按尺寸大小分别进入相应的榨汁器单元的料斗中，经输送轮到达输送带（图 5 - 90）。

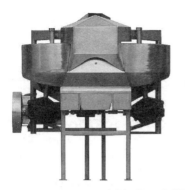

图 5 - 88　BZJ 型分切旋压式柑橘榨汁机及其旋压部件

图 5 - 89　凹凸球辊柑橘榨汁机

每个果实被输送带上的一对固定器固定，并在输送过程中被切果刀一剖为二。榨汁时，两个旋转榨汁头分别同时压向各半个果实榨出汁液。汁液和果肉流至打浆机，果皮则松动后离开输送带（图 5 - 91 至图 5 - 93）。

②布朗 1100 型柑橘榨汁机。布朗 1100 型柑橘榨汁机如图 5 - 94 所示。

工作过程：所有事先按大小预分级的健康柑橘果实被送入 2000 型喂料器传送带。喂料器上有 3 个供水果进入的进料通道，传送带上的水果经其中一个进料通道被水平送入与之对应的榨汁机 3 个进料口之一。每个进料口都装有一把可将柑橘果实一分为二的横向切半刀，果实被切半后进入榨汁机，切半果实被刀盘上的凹槽拖拽进刀盘与筛网之间，筛网的顶部同样装有数把盘式切刀，随着刀盘与筛网之间空隙的不断变小，切半果实在榨汁机内持续向前移动被挤压切碎，果汁和部分果肉即通过筛网上的筛孔排

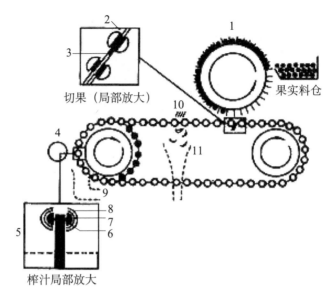

图 5 - 90　布朗榨汁机工作原理

1. 果实输送轮；2. 在输送带上固定果实；3. 切果刀将果实一剖为二；4. 榨汁；

5. 榨汁（局部放大）；6. 旋转榨汁头；7. 果实钵；8. 固定钵；9. 汁液流出；

10. 果皮松动，与输送带分离；11. 推出果皮

（a）果实输送带

（b）切半刀

（c）旋转榨汁
头与固定钵

（d）榨后果皮

图 5 - 91　布朗（Brown）720（520、620、570）型榨汁机主要工作部件

图 5 – 92　布朗（Brown）720（520、620、570）榨汁机外形

图 5 – 93　布朗（Brown）720（520、620、570）榨汁机生产线

图 5 – 94　布朗 1100 柑橘榨汁机

出，果皮和其余果肉则留在筛面上。果皮油只能在榨汁前或榨汁后制取。果实在布朗榨汁机中分为两个部分：一为汁液、果肉、果肉纤维和果核，二为果皮、残留果肉和附在果皮上的纤维。减少旋转榨汁头和固定钵之间的距离或提高固定钵抵抗旋转榨汁头的气体压力，都可以提高出汁率。

布朗 1100 型榨汁机是安装在柑橘生产线上来提取的柠檬和酸橙的专用设备（图 5 – 95），并经过特殊配置可适应每个单个水果的尺寸，可用来处理直径在 1 – 1/4″到 4 – 1/4″之间大小不等的水果。依水果种类的不同，处理量可以接近 12t/h。该榨汁机机壳上有两个 4″排汁口。一个用于排出前机壳内前部的果汁和果肉，一个用来排机壳后部的果汁和果肉。机壳内前部的果汁和果肉包括首先经筛网压榨出的那部分果汁和果肉。如果需要，机壳可被制作成分别收集前部和后部的果汁和果肉的形式。前部果汁和果肉的量大约占提取总汁液和果肉的 75%，剩余的约 25% 是后部的果汁和果肉，这一比例通常可以通过在榨汁机上安装分离器而加以调整，一般情况下前部果汁中的果皮油和果肉含量较低，通常后部果汁中果皮油及果肉含量更高。如果水果已被预先提油工艺处理过，则果皮油含量会更低。被压扁的皮渣（多数带有皮膜）经喂料侧旁的出渣口排出。

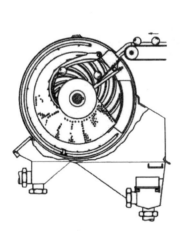

图 5 – 95　布朗 1100 型柑橘榨汁机生产线

（图片来源：Brown 公司）

（4）英德利卡多（Indelicato）榨汁机。有两种榨汁方法，一种是将果实剖为两半后用旋转榨汁头制汁，如图 5 – 96、图 5 – 97 所示；另一种是先制果皮油，再将果实剖为两半，用挤压辊把果实压向格栅筛制汁，如

图 5 - 98 所示。

图 5 - 96　IndelicatoPOLYFRUIT
型榨汁机
（图片来源：Indelicato 公司）

图 5 - 97　IndelicatoPOLYFRUIT ZX2
型榨汁机
（图片来源：Indelicato 公司）

图 5 - 98　IndelicatoPL2 型榨汁机
（图片来源：Indelicato 公司）

5.2.10　压板式榨汁机

压板式榨汁机如图 5 - 99 所示，配置一个工作时旋转的圆柱形机筒，机筒的柱面上开有长缝用于汁液透过，机筒轴心装有一双向丝杠，丝杠上的转动带动机筒两端的圆形压板相向移动。压榨时物料用泵充入机筒内，压板由两端向中间移动挤压机筒内的物料，汁液通过机筒壁上的长缝排出，压榨结束渣从机筒中部的开口排出。

压板式榨汁机的压榨力较小，汁液的透过面积较低。因此，压板式榨汁机仅可作为经过充分破碎的多汁、低果胶含量物料的压榨，生产中用于干红葡萄酒生产中带皮发酵后的皮酒分离。

图 5－99　压板式榨汁机

5.3　果汁离心分离机械与设备

在果蔬汁生产的工艺中，固液分离是一项重要的技术，用以分离悬浮在果汁中的固体粒了。离心分离技术属于机械分离方法，不发生相变，最大限度地保持了果汁的营养成分。常用的离心分离设备包括卧式螺旋卸料沉降式离心机和碟片式离心分离机。

5.3.1　离心分离原理

利用混合液中具有不同密度且互不相溶的液相和固相，在离心力场或重力场中获得不同的沉降速度的原理，达到使液体中固体颗粒沉降的目的。

混合液在重力场或离心力场中，对具有不同密度且互不相溶的液相和固相，分别获得不同的沉降速度，从而分离分层，在重力场中称为重力分离，在离心力场中称为离心分离。

5.3.1.1　重力分离

如图 5－100，混合液体在沉淀池内，密度大的固体颗粒在地球引力的作用下缓慢地下沉，最终液体会变得清澈，且密度小的液体在最上层。重力分离需要很长时间，占用很多面积，特别当密度差很小、黏度较大时，分离难以实现。

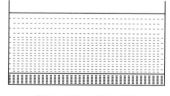

图 5－100　重力分离

由于混合物的比重不同，容器中的悬浮液经过沉降一段时间后将逐渐分层。悬浮液的重相下沉到容器底部，而轻相则浮在上部，轻重相之间形成某种的分界面。分层的速度受到组成悬浮液轻重相密度差的影响，密度差越大，分层的速度越快。

5.3.1.2　离心分离

如图 5 - 101，当装有混合液的容器围绕自己的轴线旋转时，由于组成悬浮液的比重不同，所以它们受到的离心力也不同。悬浮液中的重相受到最大的离心力将向外沉降到容器内壁，轻相则附在重相的表面。

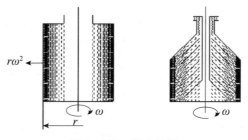

图 5 - 101　离心分离

混合液在高速旋转的转鼓内，具有不同密度的多组分在离心力的作用下成圆环状，密度最大的固体颗粒向外运动积聚在转鼓的周壁，密度小的液体在最内层，由于转鼓高速旋转产生的离心力远远大于重力，因此离心分离只需较短的时间即能获得重力沉降的效果。

5.3.2　卧式螺旋卸料沉降离心机

卧式螺旋卸料沉降离心机是一种利用离心沉降原理，对含有密度差的悬浮液进行连续分离的机械设备。在果汁加工中，卧螺离心机可以将果汁中的果渣提取出来，对果汁达到澄清的作用，根据不同的要求，可分为清汁和浑汁。清汁：如苹果汁、葡萄汁等；浑汁：如果粒橙等。

5.3.2.1　卧式螺旋卸料沉降离心机基本结构与工作原理

一般情况下，卧式螺旋沉降离心机的结构如图 5 - 102 所示，卧式螺旋卸料沉降离心机主机由柱—锥转鼓、螺旋卸料器、差速系统、轴承座、机座、罩壳、主副电机及电器系统构成。主电机带动转鼓，副电机带动行星齿轮差速器，产生转鼓与螺旋差速，离心机在高速旋转而产生的强大离心力作用下，进行不间断地连续分离。

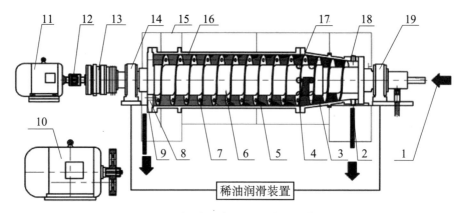

图5-102 卧式螺旋卸料沉降离心机基本结构

1. 进料口；2. 出渣口；3. 锥段脱水区；4. 镶焊硬质合金片；5. 直段沉降区；6. 螺旋推料器；

7. 清液导流孔；8. 出液口；9. 调节片；10. 主电机；11. 辅电机；12. 弹性联轴器；

13. 三级差速器；14. 轴承座；15. 罩壳；16. 转鼓；17. 出料口耐磨套；

18. 出渣口耐磨套；19. 轴承座

卧螺离心机是一个旋转的转筒（鼓），其两端支承在轴承上并且有一根静置的进料管将物料输送到机内。由于高速旋转和摩擦，物料在机器内部被加速并且形成一个圆柱液环。由于离心力的作用，较重的固相首先沉降到转筒（鼓）的内壁形成沉渣层固体，而液体则通过后端的溢流口流出。在机器的前端，其直径变小，形成一个圆锥，其直径比溢流直径小。圆锥的最小端还有排渣口。这种结构可以保证液体不会从排渣口排出。为了使累积在转筒（鼓）内壁的固体能排出机外，在机内安装一台螺旋输料器。螺旋输送器的筒体与转鼓同心地装在轴承上，螺旋输送器边缘所形成的回转外廓通常同转鼓的形状相同，即有单锥、筒锥、双锥等形式。为了输送沉降在转鼓内表面的物料，螺旋与转鼓以相同的方向旋转，但转速不同，此转速差是由行星差速器来实现的。

转鼓与螺旋以一定的差速高速旋转，螺旋输料器会使澄清液从原来沿轴向方向的流动变成螺旋流动。这种螺旋流动会使液体的流通能力增强，同时也会产生搅动效应。螺旋推料器将沉积的固相物连续不断地推至转鼓锥端，经干燥区干燥后由排渣口排出机外，较轻的液相则形成内层液环，由转鼓大端溢流口连续溢出转鼓，经出液口排出机外。在福乐伟Z系列螺旋离心机出液口处装有流量调整手柄，通过改变出液口离心泵叶片直径从而改变出液口间隙进而影响流量。

转鼓的形状有圆筒形、圆锥形和筒锥结合形。圆筒形有利于固相脱水，圆锥形有利于液相澄清，筒锥结合形兼有两者特点。为了减少筒壁的磨损和防止沉渣打滑，在转鼓内表面通常焊有筋条或锉上沟槽。转鼓的锥角对物料的输送有很大的影响，对愈难输送的沉渣，转鼓的锥角也就愈小，以避免产生回流现象，顺利排渣。但是，转鼓的锥角越小，卧螺离心机的沉降面积也越小，使用效率也就越低。所以，必须选择合适的转鼓锥角。

5.3.2.2　差速结构原理

卧螺离心机进行物料分离的核心技术，即转鼓与螺旋输料器之间的差速机构。为了使很小粒径的固体颗粒得到快速沉降，离心机必须造成足够的离心力场将微颗粒强迫沉降，而所需的离心力则依靠离心转鼓的高转速产生，因此，转鼓的高转速，仅仅标志着对悬浮液分离难度的有效性，离心机更重要的性能要求是，把沉降下来的固相物料有效的收集，在分离过程中使超细颗粒不能被澄清液带走，而且使收集的固相物料含湿量尽可能的低，这就要求卸料装置（螺旋输料器）的转速要与转鼓合理配置。这些技术问题，都有赖于其差速机构装置合理设计，而对于不同的驱动方式，其差速原理也各有不同。

在卧螺离心机中固相沉渣层在转鼓表面的移动全靠差速器产生的螺旋对转鼓的相对运动来实现，由于卧螺离心机的转鼓与螺旋之间速差小而扭矩大，一般差速器采用周转轮系结构，常采用行星摆线针轮、渐开线齿轮差速器。其优点是体积小、重量轻、传动比大、效率高、承载能力大等。

国内及国外离心机所采用的差速器结构形式基本相同，一般多为双级 2K - H、3K、K - H - V 等型式行星渐开线齿轮差速器，或采用行星摆线针轮及渐开线齿轮差速器的组合形式。由于差速器转速高，传递扭矩大，对各零件在组装过程中的间隙调整要求特别高，公差要求非常精密，间隙太大或太小均不利于差速器的运行，离心机生产厂家往往需要专门设计及加工。

在驱动方式上，国内与国外有较大的差异，同时进口设备又有多达 5 ~ 6 种不同的驱动方式。国内离心机驱动方式通常较为单一，采用最多的驱动方式为双电机结构，即一台电机（通常为变频电机）通过皮带直接驱动转鼓产生转动，另一台电机通过减速器（差速器）驱动螺旋。而进口设备中往往可提供除常用的双电机系统驱动方式外，还有多种驱动方式的选择。

（1）单电机差速机构。传统的单电机差速机构中，转鼓和螺旋输料器的转速和速差比不能任意调节，一旦差速器设计完成，转速和速差之间的变化关系就确定了，不能按需要进行调节；而对于不同性质、不同种类、不同浓度的悬浮液，以及对分离精度和效率的不同要求，往往需要调节转鼓转速和转鼓与螺旋输料器的齿轮齿数，从而达到最佳分离效果。

（2）液压马达差速机构。

转鼓驱动：在电机与转鼓之间采用调速型耦合器，利用液力传递功率和扭矩。当电机转速保持不变时，伺服电机控制耦合器勺管的位置，从而可以任意改变转鼓转速实现转鼓无级调速。

螺旋输料器驱动：采用液压马达驱动，液压马达壳体与转鼓相联接，液压马达的转子与螺旋输料器相联接，输油接头控制流量大小，实现螺旋输料器相对于转鼓差转速转动。

利用速度传感器自动监测转鼓的转速和转鼓与螺旋输料器间的差转速，信息反馈到操作系统，根据进料含固率的变化调节转鼓与螺旋输料器的差转速，使排料和分离效果处于最佳状态。

（3）双电机（无差速器）机构。该机构去掉卧螺离心机原有的最复杂的机械差速器，直接由两个变频电机分别带动转鼓与螺旋输料器旋转。达到实现对转差速的无级调速目的。

差速一方面直接影响固体颗粒在机器内部的流量，另一方面增加差速，不仅增加固体流量，而且还增加机器澄清区内的搅动，从而使澄清效率下降，这时就必须将体积流量降低。差速的重要性也可以从另一方面来理解。增加差速会减速少固体颗粒在机器内的停留时间，对可浓缩物料来讲，排出的固体较为松散，也就意味着含湿量又会增加。转筒和螺旋之间的差速应保持稳定，以免固体流量增加时差速降低而导致物料不能及时排出机外而造成离心机堵塞。可以通过差速的无级变化，使排出机外的固体含水率保持恒定。

卧螺离心机双电机差动器驱动，这是目前国内外采用最多的一种驱动方式。该方式采用主电动机通过皮带直接驱动转鼓产生转动，另一台电机通过差速器驱动螺旋输料器，通过变频器无级调节两个电机的转速改变转差率，更好地实现固液分离。

5.3.2.3　果汁加工中使用的卧螺

果汁加工中使用的卧螺采用离心分离与重力沉降方式，分离方式二者兼而有之，此处以德国福乐伟（flottweg）公司的卧螺为例加以说明：其中，C 系列卧螺采用重力沉降分离方式，如图 5 - 103、图 5 - 104；Z 系列采用离心分离方式，如图 5 - 105、图 5 - 106。

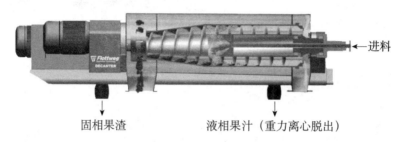

固相果渣　　　　　　　液相果汁（重力离心脱出）

图 5 - 103　福乐伟 C7E 螺旋离心机分离原理图

（图片来源：flottweg 公司）

图 5 - 104　福乐伟 C7E 螺旋离心机

（图片来源：flottweg 公司）

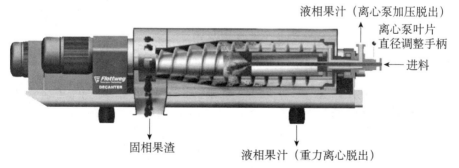

液相果汁（离心泵加压脱出）

离心泵叶片直径调整手柄

进料

固相果渣　　　　　　　液相果汁（重力离心脱出）

图 5 - 105　福乐伟 Z5E 螺旋离心机分离原理图

（图片来源：flottweg 公司）

图 5 – 106　福乐伟 Z5E 螺旋离心机

（图片来源：flottweg 公司）

5.3.3　碟片式分离机种类

碟片式分离机也称为碟式分离机，是一种效率高、产量大、自动化先进的设备。适合含固量较低的悬浮液、比重差较小的互不相溶的液体分离，是制药、食品、化工、生物制品、饮料制品等多个行业必备设备。其原理是依据离心力使不同比重的物料受力不同，从而达到分离的目的。新型先进的自动化控制是碟片分离机优于其他分离设备的特点。

依据碟片分离机的分离方式，碟片分离机可分为三相（液—液—固）分离（即乳浊液的分离，称离心分离操作）碟片分离机（DRY）和二相（液—固）分离（即低浓度悬浮液的分离，称澄清操作）碟片式分离机（DHC）两种；如图 5 – 107 所示，依据排渣方式的不同，可分为手动自动排渣碟片分离机和由 PLC 系统完全控制的全自动排渣碟片分离机，同时在自动排渣式碟片分离机依据碟片分离机内部排渣方式的不同，可分为活塞式排渣碟式分离机与喷嘴式排渣分离机，一般可根据物料的特性来选择排渣方式；依据物料特性的不同又可分为植物油分离机、动物油分离机、矿物油分离机、淀粉分离机、酵母分离机、羊毛脂分离机、制药用碟式分离机、胶乳分离机、果渣分离机等多种类型，其中果渣分离机是用于将果汁中的果渣分离出去的专用设备。

5.3.3.1　原理与结构

碟式分离机是立式离心机，以环阀排渣型为例，如图 5 – 108 所示，转鼓装在空心立轴上端，通过传动装置由电动机驱动而高速旋转。转鼓内有

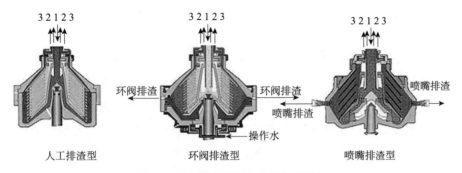

图 5 – 107　不同排渣方式碟片分离机

1. 物料；2. 轻液；3 重液

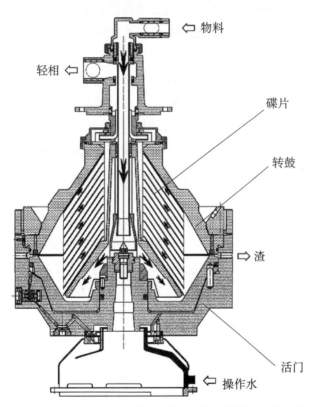

图 5 – 108　环阀排渣式碟片分离机分离悬浮液工作原理图

一组互相套叠在一起的碟形零件—碟片，碟片与碟片之间留有很小的间隙，碟片的作用是缩短固体颗粒（或液滴）的沉降距离、扩大转鼓的沉降面积，转鼓中由于安装了碟片而大大提高了分离机的生产能力。物料（悬浮液或乳浊液）从位于转鼓中心的空心轴进入，通过碟片上的分配孔进入各个碟片间隙。当物料流过碟片之间的间隙时，固体颗粒（或液滴）在离心机作用下沉降到碟片上形成沉渣（或液层）。在离心力的作用下密度小的清液受到的离心力较小，从而向上运动，分离后的液体从出液口排出转鼓；密度大的固体颗粒受到的离心力较大，从而沿着碟片向下运动，沉渣沿碟片表面滑动而脱离碟片并积聚在转鼓内直径最大的部位，通过排渣机构在不停机的情况下从转鼓中排出。

工作时，电机通过热力耦合驱动转鼓绕主轴线做高速回转，料液由上部中心进料管流至转鼓底部，经碟片下座面的分流孔趋向转鼓壁，在离心力场作用下，比液体重的固相物沉向转鼓内壁形成沉渣，轻液向心泵，由轻液出口排出。重液沿碟片内锥面趋向鼓壁，然后向上流经重液向心泵由重液出口排出，从而完成重液与轻液分离。转鼓内腔呈双锥形，可对沉渣起压缩作用，提高沉渣浓度。转鼓周缘有喷出浆状沉渣的喷嘴。喷嘴的数目和孔径根据悬浮液性质、浓缩程度和处理量确定。为提高排渣浓度，这种分离机还有将排出的沉渣部分送回转鼓内再循环的结构。沉渣的固相浓度可比进料的固相浓度提高 5 ~ 20 倍。这种分离机的处理量最大达 30t/h，适用于处理固相颗粒直径为 0.1 ~ 100μm、固相浓度通常小于 10%（最大可至 25%）的悬浮液。

排渣机构工作原理如下：工作时，由转鼓中心加料管加入悬浮液进行分离，活门下面的密封水总压力大于悬浮液作用在活门上面的总压力，活门位置在上，关闭排渣口。排渣时，停止加料并由转鼓底部加入操作水，开启转鼓周边的密封水泄压阀，排出密封水，活门受转鼓内悬浮液压力的作用迅速下降，开启排渣口。排尽转鼓内的沉渣和液体后，停止供给操作水，泄压阀闭合，密封水压升高，活门上升关闭排渣口，完成一次工作循环。

5.3.3.2 果汁加工中使用的碟式分离机

果汁加工中碟式分离机用于果汁的澄清/分离，以福乐伟碟式分离机为例，图 5 - 109 为福乐伟果汁碟式离心分离机的不同分离方式，图 5 - 110 为福乐伟 AC2000 果汁澄清碟式分离机，实际使用时应按照不同的生产工艺，选择适宜的碟式分离机。

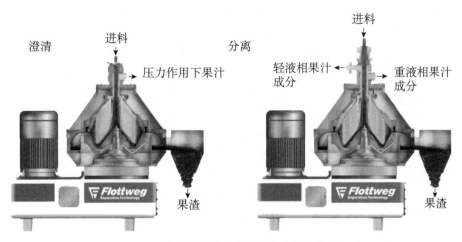

图 5 – 109　福乐伟果汁碟式离心分离机的分离方式

（图片来源：flottweg 公司）

图 5 – 110　福乐伟 AC2000 果汁澄清碟式分离机

（图片来源：flottweg 公司）

参考文献

［1］仇农学. 现代果汁加工技术与设备［M］. 北京：化学工业出版社，2006.

［2］郝静，张凯，赵卫兵. 锤击式破碎机的结构及主要参数设计［J］. 农机化研究，2009，11：165 – 166.

［3］戴林坤，曹念正. 齿爪式粉碎机及在水产饲料行业的应用［J］. 饲料工业，2010，31（17）：2.

[4] 赵龙，张茂龙，赵欢，等. 超细粉碎技术在黑莓全果制浆中的应用 [J]. 江苏农业科学，2014，42（3）：206－207.

[5] 王继焕，刘启觉. LPZ 型蔬菜榨汁机组的工作原理及其设计 [J]. 食品与机械，1995（6）：27－28.

[6] 陈崔龙，卓培忠，张德友，等. LGLY 立式果汁连续压榨过滤机的设计及应用 [J]. 过滤与分离，2002，12（3）：29－30.

[7] 付峥. FDJ400 果蔬打浆机 [J]. 轻工机械，1999（3）：17－18.

[8] 田忠静，王金辉，宋秀芹. 五味子打浆机的设计与研究 [J]. 安徽农学通报，2013，19（1）：128－129.

[9] 孙成林，连钦明，王清发. 2004 年我国超细粉碎机进展 [J]. 硫磷设计与粉体工程，2005（4）：18－22.

[10] 张剑，林庭龙，秦瑛，等. β－淀粉酶研究进展 [J]. 中国酿造，2009（4）：7.

[11] Dieter Pinnow. CM50 碾磨碟状破碎机 Grinding disk mill CM50 [J]. 食品与机械，2000（5）：41.

[12] 张林，芮延年，刘文杰. 带式压榨过滤机的理论与实践 [J]. 给水排水，2000，26（9）：83－84.

[13] 刘宝，宗力，张东兴. 锤片式粉碎机空载运行中锤片的受力及运动状态 [J]. 农业工程学报，2011，27（7）：12.

[14] 谢国芳，刘春梅，谭书明. 刺梨汁澄清工艺的研究进展 [J]. 农产品加工·创新版，2009，10：28－30.

[15] 袁惠新，王飞，付双成，等. 碟式离心机分离性能的研究 [J]. 化工机械，2011，38（2）：157－158.

[16] 张绍英，曹文龙，魏文军. 钝击破碎对苹果压榨效果的影响 [J]. 农业工程报，2008，24（2）：246－247.

[17] 徐飞. 果汁生产新方法：冷冻离心取汁工艺 [J]. 江苏农业科学，2007（1）：182.

[18] 纵伟，张丽华，张沙沙，等. 胶体磨处理对鲜枣浆黏度特性的影响 [J]. 郑州轻工业学院学报（自然科学版），2014，29（6）：25－27.

[19] 张建才，石磊，陈立东，等. 基于 Pro/E 的小型葡萄除梗破碎机的设计 [J]. 农机化研究，2008（8）：97－98.

[20] 秦星，张华方，张伟，等. 酶制剂在果汁生产中的应用研究进展 [J]. 中国农业科技导报，2013，15（5）：39－45.

[21] 张平亮. 新型食品粉碎机及其技术动向 [J]. 食品工业，2009（6）：64－66.

[22] 曾祥奎，吴丽宁，岳欢. 现代分离技术与装备在橙汁加工中的应用 [J]. 饮料工业，2011，14（10）：9－11.

[23] 杨非. 赵磊. 卧式螺旋卸料沉降离心机研究 [J]. 煤矿机械，2014，35（10）：

42 – 43.

[24] 高志惠，黄维菊，张俊青，等．卧螺离心机结构的研究及发展［J］．化工设备与管道，2009，46（6）：38 – 39.

[25] Do. l. Hamatschek. 用于果汁和蔬菜汁生产的分离机和卧螺［J］．饮料工业，1999，2（4）.

[26] 张绍英．水果榨汁机在我国的应用现状及发展趋势［J］．食品与机械，1998，3（02）：8 – 10.

[27] 程顺才，马东辉，刘芳平，等．双通道五味子打浆机三维 CAD 设计与应用［J］．湖南农机，2009，36（6）：19 – 21.

[28] 谢时军，李凤城，赵东林，等．BGZJ – 7 型柑橘半果榨汁机的设计［J］．包装与食品机械，2013，31（4）：29 – 30.

[29] 尚鸿昊．卧螺离心机传动机构改进及其控制系统设计［D］．兰州：兰州理工大学，2009：13.

[30] 袁惠新，王飞，付双成，等．碟式离心机分离性能的研究［J］．化工机械，2011，38（2）：157 – 158.

[31] 杜朋．果蔬汁饮料工艺学［M］．北京：农业出版社，1992.

[32] 胡小松．现代果蔬汁加工工艺学．北京：中国轻工业出版社，1995.

[33] Zeki Berk. Food Process Engineering and Technology Second Edition. London. Academic Press is an imprint of Elsevier，2013.

[34] 陆守道．食品机械原理与设计［M］．北京：中国轻工业出版社，1995.

[35] 刘忠明．卧式螺旋离心机的理论计算与分析化工过程机械［D］．北京：北京化工大学，2004.

[36] 常映辉．卧式螺旋沉降离心机理论计算与分析［D］．西安：西安建筑科技大学，2006.

附　录

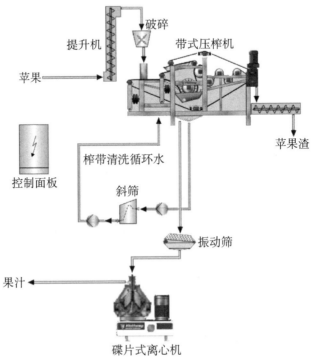

附图1　福乐伟苹果浊汁生产工艺

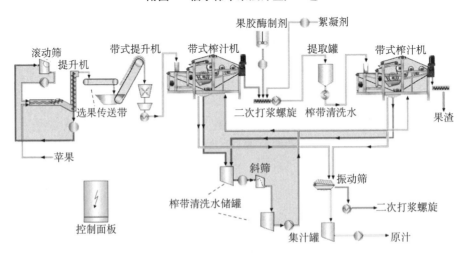

附图2　福乐伟带式榨汁机与酶解皮渣二次提取苹果汁工艺

254

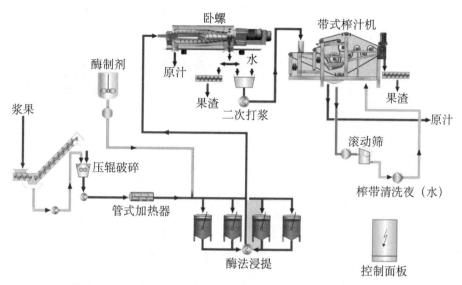

附图3　福乐伟卧螺—带式榨汁机组合制备浆果汁2段提取工艺

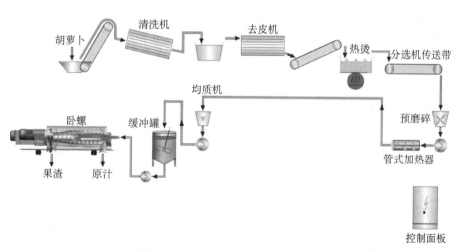

附图4　福乐伟卧螺制取胡萝卜汁工艺

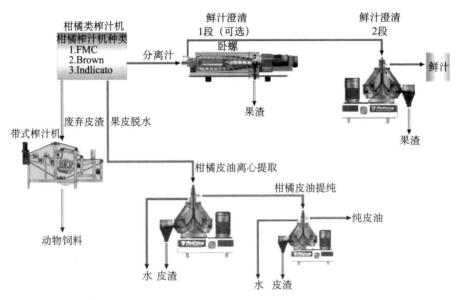

附图5 福乐伟柑橘类水果制汁工艺

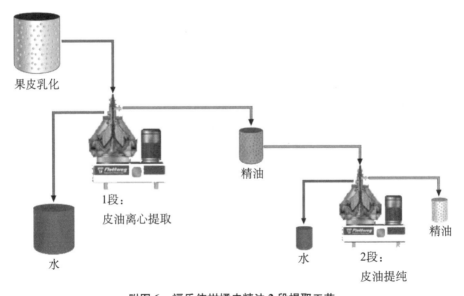

附图6 福乐伟柑橘皮精油2段提取工艺

后 记

　　本书是一本关于果汁分离技术知识非常全面的著作。本书从果汁及加工原料的基础物性、果汁分离工艺、与果汁加工相关的酶制剂及其在果汁加工中的应用几个方面，详尽地阐述了果汁分离的工艺、技术装备及其工作原理，并全面地介绍了当今主流的压榨与浸提工艺分离果汁的设备及其辅助设备。

　　本书的出版凝结了每位参与者的心血与智慧，对于书中的内容、体例的安排和资料、图片的核实，编辑都反复修改，仔细求证，以臻完善。在本书的出版过程中，要特别感谢李强编辑在出版过程中做的大量工作，这种孜孜不倦、精益求精的精神令人感佩！另外，裴丛波、毛双兰、尹群、冯潇、刘建广、卢志雄、王熙、王丽娟、康晓琳等也参与了资料整理和文字校对的工作，为本书付梓做了一定贡献，在此一并感谢。

2015 年 7 月